理解を深める
土質力学 320 問

常田 賢一　　澁谷　啓
片岡 沙都紀　河井 克之
鳥居 宣之　　新納　格
秦　吉弥

まえがき

　土質力学に関する教科書は多数出版されているが，演習問題に特化した問題集は少ないため，本書は以下の点に配慮して，土質力学の理解を深める問題集としている。

1) 対象とする読者は高等専門学校および大学の学部の学生であり，就職試験，技術士補試験あるいは土木学会の2級土木技術者試験などに必要な基礎的専門知識の習得を目標としている。なお，必然的に，社会に出ている技術者が上記試験の受験あるいは業務において，土質力学の基礎的専門知識を再復習する場合にも活用できる。

2) 本書は，教科書「基礎からの土質力学，理工図書（株）」の14章の章立ておよび内容に対応させてあり，問題集として新たに第15章を設けてある。そのため，演習問題の背景や内容については，上記の教科書を参照すると，理解を深めることができる。

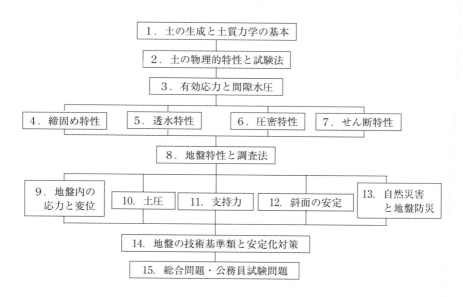

i

3) 本書は，要点，基礎・応用問題，記述問題，総合問題および公務員試験問題で構成しているが，以下の体裁とすることにより，幅広く，多様な問題を設けるとともに，全ての設問に解答を付して，理解し易くした。
   (1) 各章の冒頭に，上記の教科書の各章の内容を要約した要点を記し，演習問題の基礎知識を復習できるようにした。その際，上記教科書の章・節，図表，数式の番号を踏襲することにより，上記の教科書との対比をし易くした。そのため，本書内の要点での記載番号は整合が取れていないことがある。
   (2) 基礎・応用問題は，各章で計算問題を主体として設問し，設問の後に解答を付した。
   (3) 記述問題は，1～15章のそれぞれで設問し，解答は巻末に付した。なお，各解答には，解答の背景が確認できるように，上記の教科書の該当ページを付した。
   (4) 新たに第15章を設けて，各章の横断的，総合的な総合問題を掲載し，解答を付すとともに，過去の公務員試験問題を引用した。ここで，公務員試験問題では，平成27年度と平成28年度の国家公務員試験の一次試験と二次試験から，土質力学に関する設問を参照し，参考解答を付した。

以上，本書で掲載した基礎・応用問題など205問および記述問題115問の計320問は全て解答を付けてあり，以下の構成になっている。

第1章～第14章
・要点：目的，キーワード，概要　　　3～6頁
・基礎・応用問題　　設問＋解答　　194問題
・記述問題　　　　　設問のみ　　　112問題

第15章
・総合問題　　　　　設問＋解答　　　5問題
・公務員試験問題　　設問＋参考解答　6問題
・記述問題　　　　　設問のみ　　　　3問題

まえがき

巻末
・記述問題　　　　　解答　　　　　115 問題

　以上の方針に基づいて執筆，編集しているが，土質力学の基礎的専門知識の理解を深める演習書として，本書を活用して頂けることを願っている。
　なお，本書の主たる執筆分担の章は，下記の通りである。

　　澁谷　啓　　4，7 章　　　　新納　格　2，8，11，14，15 章
　　河井克之　3，5，15 章　　　鳥居宣之　9，12，15 章
　　秦　吉弥　6，10，13，15 章　片岡沙都紀　4，7 章
　　常田賢一　1，11，13，14，15 章

2017 年 2 月

著者一同

目　　次

まえがき

第1章　土の生成と土質力学の基本
　要点 …………………………………………………………………… 1
　基礎・応用問題 ……………………………………………………… 4
　記述問題 ……………………………………………………………… 5

第2章　土の物理的特性と試験法
　要点 …………………………………………………………………… 7
　基礎・応用問題 …………………………………………………… 11
　記述問題 …………………………………………………………… 21

第3章　有効応力と間隙水圧
　要点 ………………………………………………………………… 23
　基礎・応用問題 …………………………………………………… 26
　記述問題 …………………………………………………………… 38

第4章　締固め
　要点 ………………………………………………………………… 39
　基礎・応用問題 …………………………………………………… 42
　記述問題 …………………………………………………………… 48

目　次

第5章　透水特性
要点 …………………………………………………………………… 49
基礎・応用問題 ……………………………………………………… 52
記述問題 ……………………………………………………………… 67

第6章　圧密
要点 …………………………………………………………………… 69
基礎・応用問題 ……………………………………………………… 75
記述問題 ……………………………………………………………… 87

第7章　せん断
要点 …………………………………………………………………… 89
基礎・応用問題 ……………………………………………………… 95
記述問題 ……………………………………………………………… 113

第8章　地盤特性と調査法
要点 …………………………………………………………………… 115
基礎・応用問題 ……………………………………………………… 119
記述問題 ……………………………………………………………… 121

第9章　地盤内応力
要点 …………………………………………………………………… 123

基礎・応用問題………………………………………………… 127
　　記述問題………………………………………………………… 141

第10章　土圧

　　要点……………………………………………………………… 143
　　基礎・応用問題………………………………………………… 147
　　記述問題………………………………………………………… 169

第11章　支持力

　　要点……………………………………………………………… 171
　　基礎・応用問題………………………………………………… 175
　　記述問題………………………………………………………… 188

第12章　斜面の安定

　　要点……………………………………………………………… 189
　　基礎・応用問題………………………………………………… 193
　　記述問題………………………………………………………… 208

第13章　自然災害と地盤防災

　　要点……………………………………………………………… 209
　　基礎・応用問題………………………………………………… 213
　　記述問題………………………………………………………… 218

第14章　地盤の設計基準類と安定化対策

要点 ·· 219
基礎・応用問題 ·· 222
記述問題 ·· 225

第15章　総合問題・公務員試験問題

15.1　総合問題 ·· 227
15.2　公務員試験問題 ··· 247
記述問題 ·· 263

記述問題：解答編 ··· 265

第1章　土の生成と土質力学の基本

要点
目的：土質力学が扱う土について，生成プロセス，土の構造，土層や地盤の構成およびその取り扱い方法を知るとともに，生成の違いによる土の物理的，力学的特性の類似点，相異点を理解し，透水，圧密，せん断などの個別の特性を学ぶための基礎とする。
キーワード：岩石，風化作用，粗粒土，細粒土，地盤のモデル化，応力〜ひずみ関係

1.1.1　地質年代的な地盤の生成

　約260万年前から現在までの第四紀は，1万年前までが更新世，その後が完新世であり，現在は新生代の第四紀の完新世である。約2万年前の最終氷期までの海退は，海進に転じて海面は上昇したが，川の上流から運搬された土砂が堆積し，現在の海岸平野の沖積層が形成された。なお，地質年代的に若い1万年前以降の沖積層は充分に固結していないため，軟弱地盤と呼ばれる。

1.1.2　岩石からの土の生成

　土は，岩石（火成岩，堆積岩，変成岩）が，大気，水，植物などによる風化作用（物理的作用，化学的作用，植物的作用）により，岩塊，岩屑，土へと細片化，変質あるいは細粒化により生成される。

1.1.3　地盤の構造とモデル化

　土質力学が対象とするのは，沖積地盤（運積土が主体）および自然斜面での表層地盤（定積土が主体）である。ほぼ同じ堆積環境の下で連続して堆積した土は，同じ物理的特性や強度特性を持つと見なされて，土層の区分が行われる。各土層は三次元の深さ方向や平面方向に不均一に変化しているが，土質力学の

基礎的専門知識の範囲では，一次元の成層地盤および二次元の単一地盤に簡易化している。なお，これらのモデル化は，圧密などの特性により異なる。

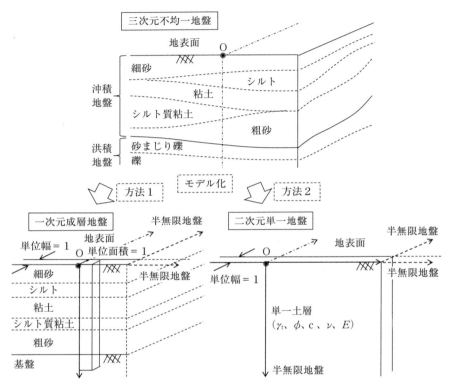

図 **1.6** 実際の地盤の構造と土質力学で想定する地盤

1.1.4 土の構造と物理的特性，力学的特性

土は三相で構成され，土粒子は土の骨格を形成する。骨格構造は粗粒土と細粒土で異なるが，骨格構造から土の透水性，せん断強度および締固めが理解できる。さらに，細粒土では，ランダム構造，綿毛構造，配向構造の骨格構造があり，力学特性が異なる。

1.1.5 土の変形特性の取り扱い

土は外力を受けて変形し，応力～ひずみ関係がある。土ではせん断ひずみを用いることが多いが，微小ひずみ領域では弾性と見なし，ひずみが大きくなると塑性状態に移行し，破壊に至る。土質力学では，取り扱う力学的な現象により，想定する応力～ひずみ関係が異なり，地盤内の応力と変位は弾性領域，土のせん断強度，土圧，支持力および斜面のすべりは破壊点，液状化は破壊点から破壊ひずみ領域で考えている。

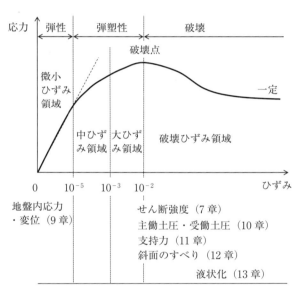

図 1.10　土質力学で考える土のひずみ領域

第1章　土の生成と土質力学の基本

基礎・応用問題

問題 1.1　以下の文の（　）に適当な数値，用語を記せ。
　地質年代の第四紀は現世から約（①）万年前までを完新世，これより古い年代を更新世という。沖積層と洪積層の境界は概ね今から（②）万年前である。岩石はその成因により火成岩，（③）および変成岩の3種類がある。岩石は大気，水および植物などによる風化作用により，細片化，変質あるいは細粒化する。この風化作用には物理的作用，（④）および植物的作用がある。

【解答】① 1　② 2　③ 堆積岩　④ 化学的作用

問題 1.2　粗粒土と細粒土の主な性質違いを3つ挙げよ。

【解答】① 粗粒土は細粒土より間隙が大きく，透水性が高いが，細粒土は小さい。② 粗粒土は一般に圧密は考えないが，細粒土は圧密を考える。③ 粗粒土のせん断強度の主要因は内部摩擦角で，細粒土は粘着力である。

問題 1.3　水の単位体積重量 γ_w が 9.81kN/m^3 であることを水の密度 $\rho_w = 1 \text{g/cm}^3$（Mg/m^3）から誘導せよ。

【解答】$\gamma_w = \rho_w \times g_n = 1{,}000 \text{kg/m}^3 \times 9.81 \text{m/sec}^2 = 9{,}810 \dfrac{\text{kg}}{\text{m}^3} \dfrac{\text{m}}{\text{sec}^2}$

　ここで，$1\text{N} = 1 \dfrac{\text{kg} \times \text{m}}{\text{sec}^2}$ であるので，

$$\gamma_w = \rho_w \times g_n = 9{,}810 \dfrac{\text{kg}}{\text{m}^3} \dfrac{\text{m}}{\text{sec}^2} = 9{,}810 \text{N/m}^3 = 9.81 \text{kN/m}^3$$

記述問題

記述 1.1　生成プロセスの違いによる岩石の種類を3つ挙げて，それらの生成プロセスを説明せよ．

記述 1.2　岩石から粘土に至るまで変化するプロセスを説明せよ．

記述 1.3　岩石の風化作用の原因を3つ挙げて，それぞれの作用の特徴を説明せよ．

記述 1.4　定積土と運積土の生成プロセスの差異を説明せよ．

記述 1.5　粗粒土の緩詰め状態と密詰め状態を比較して，それぞれのせん断強度の大小の差異を述べよ．

記述 1.6　細粒土の3つの骨格構造の名称を示し，それらの生成プロセスの差異と工学的な特徴を説明せよ．

記述 1.7　細粒土のランダム構造と配向構造を比較して，それぞれの透水性の差異を述べよ．

記述 1.8　細粒土の圧密について，土粒子の骨格構造から説明せよ．

記述 1.9　土の諸特性ごとに対象とする"応力～ひずみ関係"は異なり，土では微小ひずみ領域および破壊ひずみで考える，それぞれの土の特性を述べよ．

記述 1.10　土層の等方性と異方性について説明せよ．

記述 1.11　軟弱地盤の生成プロセスと土質力学的な特徴，課題を説明せよ．

第2章 土の物理的特性と試験法

要点

目的：土の状態を表す物理量を求めるとともに，土の粒度特性やコンシステンシーを理解し，地盤材料の工学的分類を知る。

キーワード：土の物理量，粒度，コンシステンシー，工学的分類

2.1 土の構成と状態を表す物理量

　図 2.2 の記号を用いて，主な物理量を式 (2.1)〜(2.3)，(2.6) に示す。式 (2.11) の γ_t は間隙が飽和している場合は γ_{sat} と記す。地下水位以下では浮力が作用し，式 (2.12) の水中単位体積重量 γ' となる。土の密実の程度は式 (2.13) の相対密度 Dr で表す。

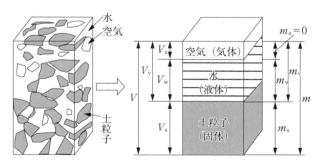

図 **2.2**　土の三相の模式

$$w = (m_\mathrm{w}/m_\mathrm{s}) \times 100\% \tag{2.1}$$

$$\rho_\mathrm{s} = m_\mathrm{s}/V_\mathrm{s} \ (\mathrm{g/cm^3, \ Mg/m^3}) \tag{2.2}$$

$$\rho_\mathrm{t} = m/V \ (\mathrm{g/cm^3, \ Mg/m^3}) \tag{2.3}$$

$$\rho_\mathrm{d} = \frac{m_\mathrm{s}}{V} = \rho_\mathrm{t}/(1+w/100) \ (\mathrm{g/cm^3, \ Mg/m^3}) \tag{2.6}$$

$$e = \frac{V_\mathrm{v}}{V_\mathrm{s}} = (V - V_\mathrm{s})/V_\mathrm{s} = V/V_\mathrm{s} - 1 = \rho_\mathrm{s}/\rho_d - 1 \tag{2.7}$$

$$n = V_\mathrm{v}/V \times 100 = (V_\mathrm{v}/(V_\mathrm{s}+V_\mathrm{v})) \times 100$$
$$= e/(1+e) \times 100 \ (\%) \tag{2.8}$$

$$S_\mathrm{r} = \frac{V_\mathrm{w}}{V_\mathrm{v}} \times 100 = \frac{w\rho_\mathrm{s}}{e\rho_\mathrm{w}} \ (\%) \tag{2.9}$$

$$\gamma_\mathrm{t} = \rho_\mathrm{t} \times g \ (\mathrm{kN/m^3}) \tag{2.11}$$

$$\gamma' = \gamma_\mathrm{sat} - \gamma_\mathrm{w} = ((\rho_\mathrm{s}-\rho_\mathrm{w})/(1+e)) \times g \ (\mathrm{kN/m^3}) \tag{2.12}$$

$$D_\mathrm{r} = ((e_\mathrm{max}-e)/(e_\mathrm{max}-e_\mathrm{min})) \times 100$$
$$= (1/\rho_\mathrm{d\,min} - 1/\rho_\mathrm{d})/(1/\rho_\mathrm{d\,min} - 1/\rho_\mathrm{d\,max}) \times 100 \ (\%) \tag{2.13}$$

ここに,w:含水比,ρ_s:土粒子の密度,ρ_t:湿潤密度,ρ_d:乾燥密度,e:間隙比,n:間隙率,S_r:飽和度,γ_t:湿潤単位体積重量,γ_sat:飽和単位体積重量,γ':水中単位体積重量,D_r:相対密度,g:重力加速度。

2.2 土の粒度

土粒子の粒径分布を粒度といい,粒径 0.075mm 未満は水中を降下する球形粒子の式 (2.19) で求められる。

$$d = \sqrt{30\eta L/\{g(\rho_\mathrm{s}-\rho_\mathrm{w})t\}} \tag{2.19}$$

ここに,d:粒径 (mm),η:水の粘性係数(20° は 1.002×10^{-3}Pa·s),L:沈降距離 (mm),g:重力加速度($980\mathrm{cm/sec^2}$),t:沈降時間 (min)。

細粒分 5% 未満において,式 (2.23) の均等係数 $U_\mathrm{c} \geqq 10$ の土を「粒径幅の広い」,$U_\mathrm{c} < 10$ を「分級された」という。$U_\mathrm{c} \geqq 10$ と式 (2.24) の曲率係数

2.3 土のコンシステンシー

$U'_\mathrm{c}=1\sim3$ を満足する場合に「粒径幅の広い」という場合もある。

$$U_\mathrm{c} = D_{60}/D_{10} \tag{2.23}$$
$$U'_\mathrm{c} = (D_{30})^2/(D_{10} \times D_{60}) \tag{2.24}$$

ここに，D_{10}：10％粒径，D_{30}：30％粒径，D_{60}：60％粒径。

2.3 土のコンシステンシー

式 (2.27) の塑性指数 I_p は土の力学的性質と密接に関係し，式 (2.28) の液性指数 I_L や式 (2.29) のコンシステンシー指数 I_c は，液性限界や塑性限界に対する自然含水比 w_n の状態を示している。

$$I_\mathrm{p} = w_\mathrm{L} - w_\mathrm{p} \tag{2.27}$$
$$I_\mathrm{L} = (w_\mathrm{n} - w_\mathrm{p})/I_\mathrm{p} \tag{2.28}$$
$$I_\mathrm{c} = (w_\mathrm{L} - w_\mathrm{n})/I_\mathrm{p} \tag{2.29}$$

ここに，w_L：液性限界（％），w_p：塑性限界（％），w_n：自然含水比（％）

2.4 地盤材料の工学的分類

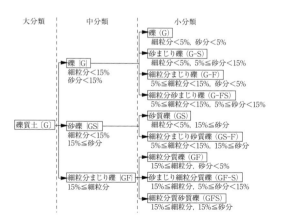

図 **2.11** 礫質土の中小分類

第 2 章　土の物理的特性と試験法

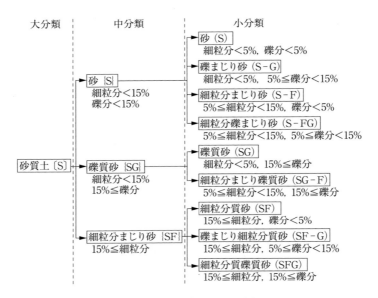

図 **2.12**　砂質土の中小分類

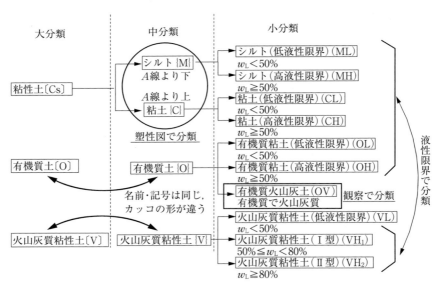

図 **2.13**　細粒土の中小分類

基礎・応用問題

問題 2.1 図は土の構成である。図中の番号の記号を答えよ。

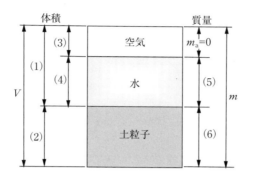

【解答】(1) V_v，(2) V_s，(3) V_a，(4) V_w，(5) m_w，(6) m_s

問題 2.2 問題 2.1 の体積，質量に関する記号を用いて，土の間隙比 e，間隙率 n（%），含水比 w（%），飽和度 S_r（%）を表せ。

【解答】 $e = \dfrac{V_a + V_w}{V_s}$, $n = \dfrac{V_a + V_w}{V} \times 100$, $w = \dfrac{m_w}{m_s} \times 100$, $S_r = \dfrac{V_w}{V_a + V_w} \times 100$

問題 2.3 $e \cdot S_r = G_s \cdot w$ を誘導せよ。ここで，e は間隙比，S_r は飽和度（%），G_s は比重，w は含水比（%）である。

【解答】土粒子および，水の密度をそれぞれ ρ_s，および ρ_w とすると，
$w = \dfrac{\rho_w V_w}{\rho_s V_s} \times 100 = \dfrac{V_w}{V_s} \times \dfrac{\rho_w}{\rho_s} \times 100 = \dfrac{V_w}{V_s} \dfrac{1}{G_s} \times 100$ よって $\dfrac{V_w}{V_s} = \dfrac{G_s w}{100}$

$S_r = \dfrac{V_w}{V_v} \times 100 = \dfrac{V_w/V_s}{(V_a + V_w)/V_s} \times 100 = \dfrac{G_s w}{e}$ から，$eS_r = G_s \cdot w$ となる。

問題 2.4 質量 46.832g のピクノメータに蒸留水を満たして質量を計ったところ $m_\mathrm{a} = 157.232$g であった．次に，ピクノメータに完全に乾燥した $m_\mathrm{s} = 22.604$g の土を入れて空気を抜いた．そのときの質量（ピクノメーター＋水＋土）は $m_\mathrm{b} = 171.281$g であった．土粒子の密度 ρ_s を求めよ．ただし，水の密度 ρ_w は 0.99820g/cm^3 とする．

【解答】$m_\mathrm{s} = 22.604$g，$m_\mathrm{a} = 157.232$g，$m_\mathrm{b} = 171.281$g であるので，

$$V_\mathrm{s} = \frac{m_\mathrm{s} + m_\mathrm{a} - m_\mathrm{b}}{\rho_\mathrm{w}} = \frac{22.604 + 157.232 - 171.281}{0.99820} = 8.570 \mathrm{cm}^3$$

よって，土粒子の密度は，$\rho_\mathrm{s} = \dfrac{m_\mathrm{s}}{V_\mathrm{s}} = \dfrac{22.604}{8.570} = 2.637$g/cm^3

問題 2.5 湿った砂の供試体の体積は 464cm^3 で，質量は 793g である．また，この砂の乾燥質量は 735g，土粒子の密度 ρ_s は 2.650g/cm^3 である．この砂の湿潤密度 ρ_t，乾燥密度 ρ_d，間隙率 n，間隙比 e，含水比 w および飽和度 S_r を求めよ．水の密度 ρ_w は 1.000g/cm^3 とする．

【解答】$V = 464$cm^3，$m = 793$g，$m_\mathrm{s} = 735$g から，$V_\mathrm{s} = m_\mathrm{s}/\rho_\mathrm{s} = 735/2.650 = 277.4$cm^3　間隙の体積は $V_\mathrm{v} = V - V_\mathrm{s} = 464 - 277.4 = 186.6$cm^3，水の質量 $m_\mathrm{w} = m - m_\mathrm{s} = 793 - 735 = 58$g，水の体積 $V_\mathrm{w} = m_\mathrm{w}/\rho_\mathrm{w} = 58/1 = 58$cm^3

よって，湿潤密度 $\rho_\mathrm{t} = m/V = 793/464 = 1.709$g/cm^3，$\rho_\mathrm{d} = m_\mathrm{s}/V = 735/464 = 1.584$g/cm^3，間隙率 $n = (V_\mathrm{v}/V) \times 100 = 186.6/464 \times 100 = 40.2$%，間隙比 $e = V_\mathrm{v}/V_\mathrm{s} = 186.6/277.4 = 0.673$，含水比 $w = m_\mathrm{w}/m_\mathrm{s} \times 100 = 58/735 \times 100 = 7.9$%，飽和度 $S_\mathrm{r} = V_\mathrm{w}/V_\mathrm{v} \times 100 = 58/186.6 \times 100 = 31.1$%

問題 2.6 土粒子の密度 ρ_s =2.650g/cm^3，間隙比 e =0.95，含水比 w =45.1％の粘性土がある。この土の湿潤密度 ρ_t と乾燥密度 ρ_d を求めよ。

【解答】 $\rho_d = \dfrac{\rho_s}{1+e} = \dfrac{2.650}{1+0.95} = 1.359\text{g/cm}^3$

$\rho_t = \rho_d \left(1 + \dfrac{w}{100}\right) = 1.359 \times \left(1 + \dfrac{45.1}{100}\right) = 1.972\text{g/cm}^3$

問題 2.7 含水比 w =15.0％の土が 3000.0g ある。これを含水比 w =20.0％にするために加える水の質量を求めよ。

【解答】 $m_s = \dfrac{m}{1+\dfrac{w}{100}} = \dfrac{3000.0}{1+\dfrac{15.0}{100}} = 2608.7\text{g}$

$w(\%) = \dfrac{m_w}{m_s} \times 100$ から，加える水の質量 $\Delta m_w = \dfrac{1}{100}\Delta w \times m_s = \dfrac{1}{100}(20.0 - 15.0) \times 2608.7 = 130.4\text{g}$

問題 2.8 含水比 7.6％，土粒子の密度 2.600g/cm^3 の砂地盤において，原位置での湿潤密度は 1.730g/cm^3 であった。この砂の最も緩い状態と最も密な状態の間隙比はそれぞれ 0.670 と 0.464 である。この砂の原位置での間隙比と相対密度 D_r を求めよ。

【解答】 乾燥密度 $\rho_d = \dfrac{\rho_t}{1+\dfrac{w}{100}} = \dfrac{1.730}{1+0.076} = 1.608\text{g/cm}^3$

原位置の間隙比は，$e = \dfrac{\rho_s}{\rho_d} - 1 = \dfrac{2.600}{1.608} - 1 = 0.617$

相対密度 $Dr = \dfrac{e_{\max} - e}{e_{\max} - e_{\min}} \times 100 = \dfrac{0.670 - 0.617}{0.670 - 0.464} \times 100 = \dfrac{0.053}{0.206} \times 100$
$= 25.7\%$

問題 2.9 土の湿潤密度 ρ_t を計測するために地表面に穴を掘った。その穴から取り出した土の質量は 1335.0g であった。次に，その穴に乾燥砂を静かに注ぎ込んだところ 1045.0g でちょうど穴が満たされた。この砂の乾燥密度は $\rho_d = 1.450\text{g/cm}^3$ である。この地盤の湿潤密度 ρ_t を求めよ。

【解答】穴の体積 $V = \dfrac{1045.0}{1.450} = 720.7\text{cm}^3$, $\rho_t = \dfrac{1335.0}{720.7} = 1.852\text{g/cm}^3$

問題 2.10 $100{,}000\text{m}^3$ の土がある。その間隙比 e は 1.220 である。この土を用いて間隙比 0.780 の盛土が何 m^3 造成できるかを求めよ。

【解答】$V = V_s + V_v = V_s\left(1 + \dfrac{V_v}{V_s}\right) = V_s(1+e)$ より, $V_s = \dfrac{V}{1+e} = \dfrac{100{,}000}{1+1.220} = 45{,}045\text{m}^3$ よって，間隙比 0.780 の場合の盛土の体積 V は, $V = V_s(1+e) = 45{,}045(1+0.780) = 80{,}180\text{m}^3$

問題 2.11 ある土の粒度をふるい分析により調べ，下表の結果が得られた。この結果をもとに粒径加積曲線を描き，10％粒径 D_{10}, 30％粒径 D_{30}, 50％粒径 D_{50}, 60％粒径 D_{60} および均等係数 U_c と曲率係数 U_c' を求めよ。

ふるいの目開き (mm)	ふるいに残留した試料 (g)
4.75	0.0
2.0	2.5
0.850	4.2
0.425	7.2
0.250	21.3
0.106	52.5
0.075	20.2
受皿	3.6

【解答】設問の表から次表が得られる。

基礎・応用問題

ふるいの目開き(mm)	残留量 (g)	通過量 (g)	通過質量百分率(%)
4.75	0.0	111.5	100.0
2.0	2.5	109.0	97.8
0.85	4.2	104.8	94.0
0.425	7.2	97.6	87.5
0.25	21.3	76.3	68.4
0.106	52.5	23.8	21.3
0.075	20.2	3.6	3.2
受皿	3.6	–	–

上記の計算結果をグラフにプロットすると，下図が得られる．

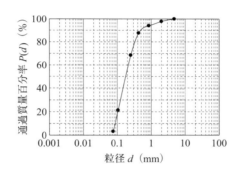

上図より，$D_{10} = 0.085$mm，$D_{30} = 0.12$mm，$D_{50} = 0.18$mm，$D_{60} = 0.22$mm

均等係数 $U_c = \dfrac{D_{60}}{D_{10}} = \dfrac{0.22}{0.085} = 2.59$，曲率係数 $U'_c = \dfrac{(D_{30})^2}{D_{10} \cdot D_{60}} = \dfrac{(0.12)^2}{0.085 \times 0.22} = 0.77$

問題 2.12 沈降分析により粒度を調べる．73.4g の乾燥土試料が入った 1,000cm^3 の懸濁液で，沈降試験開始から $t = 30$ 分経過後に，比重浮ひょうの読みが $\rho = 1.0115$ であった．このとき計測される粒径および通過質量百分率を求めよ．ただし，浮ひょうの計測深さ（有効深さ）は $L = 150$mm，試験時水温による水の粘性係数 $\eta = 1.053 \times 10^{-3}$（Pa·s），土粒子および水の密度は，そ

れぞれ $\rho_s = 2.800\text{g/cm}^3$, $\rho_w = 1.000\text{g/cm}^2$, 重力加速度は $g = 980\text{cm/s}^2$ とする。

【解答】粒径 $d = \sqrt{\dfrac{30\eta}{(\rho_s - \rho_w)g} \cdot \dfrac{L}{t}} = \sqrt{\dfrac{30 \times 1.053 \times 10^{-3}}{(2.800 - 1.000) \times 980} \cdot \dfrac{150}{30}}$
$= 0.00946\text{mm}$

$$\text{通過百分率 } P(d) = \dfrac{V}{m_s} \dfrac{\rho_s}{\rho_s - \rho_w} (\rho - \rho_w) \times 100$$
$$= \dfrac{1000}{73.4} \dfrac{2.800}{1.800} (1.0115 - 1) \times 100 = 24.4\%$$

問題 2.13 図は土の含水比 w の変化によって生じる体積変化を示したものである。図中の番号の名称を答えよ。

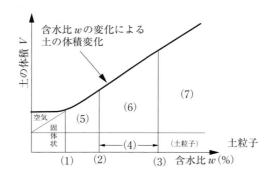

【解答】(1) 収縮限界 w_s, (2) 塑性限界 w_p, (3) 液性限界 w_L, (4) 塑性指数 I_p, (5) 半固体状, (6) 塑性状, (7) 液状

問題 2.14 ある土について液性限界試験を行った結果, 表の落下回数と含水比の関係を得た。流動曲線（落下関数と含水比の関係図）を書いて, 液性限界 w_L を求めよ。また, 塑性限界 w_p が 34.9% の場合, 塑性指数 I_p を求めよ。

落下回数（回）	48	38	23	20	16	10
含水比 w（％）	59.8	60.9	62.6	63.6	63.9	66.2

【解答】落下回数が 25 回の時の含水比をグラフから読み取る。$w_L = 62.4\%$，塑性限界が 34.9％であるので，塑性指数 I_p は $I_p = w_L - w_p = 62.4 - 34.9 = 27.5$ となる。

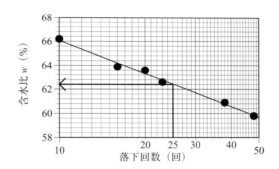

問題 2.15 ある土についてコンシステンシー限界試験を行ったところ，自然含水比 w_n は 64.8％，液性限界 w_L は 71.8％，塑性限界 w_p は 25.9％であった。塑性指数 I_p，液性指数 I_L，コンシステンシー指数 I_c を求めよ。

【解答】塑性指数：$I_p = w_L - w_p = 71.8 - 25.9 = 45.9$

液性指数：$I_L = \dfrac{w_n - w_p}{I_p} = \dfrac{64.8 - 25.9}{45.9} = 0.85$

コンシステンシー指数：$I_c = \dfrac{w_L - w_n}{I_p} = \dfrac{71.8 - 64.8}{45.9} = 0.15$

問題 2.16 試料 A（礫分 50％，砂分 50％，細粒分 0％），試料 B（礫分 5％，砂分 15％，細粒分 80％，液性限界 w_L ＝80.2％，塑性限界 w_p ＝60.2％）について，地盤材料の工学的分類名を求めよ。ただし，細粒分は粘性土［Cs］とする。塑性図の A ラインは $I_p = 0.73(w_L - 20)$，B ラインは w_L ＝50％である。

【解答】試料 A は，粗粒分 100％で礫分と砂分が同じ 50％であるので大分類は砂質土［S］となる。細粒分 5％未満で礫分 15％以上であるので，小分類は礫質砂（SG）となる。試料 B は細粒分 80％で粘性土［Cs］である。塑性図（下図）の A ラインの下に位置し，液性限界は B ライン以上の値であるので，シルト（高液性限界）（MH）となる。さらに，礫分 5％で砂分 15％であるので，礫まじり砂質シルト（高液性限界）（MHS-G）となる。

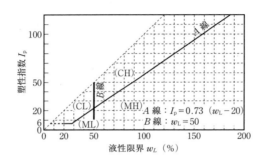

図 **2.14** 塑性図

問題 2.17 以下に 4 種類の土の通過質量百分率（％）とコンシステンシー試験の結果を示す。この表から地盤材料の工学的分類名を求めよ。ただし，細粒分は粘性土［Cs］とする。

ふるいの目開き(mm)	土質1	土質2	土質3	土質4
25				100
10				91
4.8				84
2	100		100	79
0.85	71		98	67
0.4	40		96	54
0.25	24		93	48
0.11	14	100	87	41
0.075	12	98	84	38
0.05	10	94	80	33
0.005	7	26	36	1
0.001	5	4	8	0
w_L (％)	N.P.	46	84	56
w_p (％)	N.P.	16	42	29

【解答】土質 1 は，礫分 0%，砂分 88%，細粒分 12%，コンシステンシー限界は NP である。よって，粘性土まじり砂（S-C_s）となる。土質 2 は，礫分 0%，砂分 2%，細粒分 98%，w_L=46%，I_p=30 である。砂分は 5% 未満であるので表記しない。よって，塑性図より粘土（低液性限界）（CL）となる。土質 3 は，礫分 0%，砂分 16%，細粒分 84%，w_L=84%，I_p=42 である。塑性図より細粒分はシルト（高液性限界）（MH）であるので，砂質シルト（高液性限界）（MHS）となる。土質 4 は，礫分 21%，砂分 41%，細粒分 38%，w_L=56%，I_p=27 である。細粒分質礫質砂（SFG）となる。塑性図より細粒分は粘土（高液性限界）（CH）であるので，粘土（高液性限界）質礫質砂（SCHG）となる。

問題 2.18 土質 1（礫分 3%，砂分 94%，細粒分 3% で均等係数 U_c=12）および土質 2（礫分 94%，砂分 4%，細粒分 2% で均等係数 U_c=3.5）の工学的分類を求めよ。

【解答】土質 1 は粗粒分 97% で礫分 < 砂分であるので大分類は砂質土［S］，小分類は砂（S）となる。細粒分 5% 未満で均等係数 U_c=12 であるので，粒径幅の広い砂（SW）となる。土質 2 は粗粒分 98% で礫分 > 砂分であるので大分類は礫質土［G］，小分類は礫（G）となる。細粒分 5% 未満で均等係数 U_c=3.5 であるので，分級された礫（GP）となる。

問題 2.19 液性限界 w_L または塑性限界 w_p が測定不能（NP）の粘性土［Cs］の工学的分類名は何か。

【解答】シルト｛M｝

問題 2.20 土の基本的特性に関する以下の記述の正誤を判断せよ。
(1) 粘土の塑性指数は，砂のそれよりも小さい。
(2) 土の含水比は，水の質量と土粒子の質量の比をパーセントで表したもので，100%を超えることはない。
(3) 間隙比は 1 より大きい値をとることがあるが，間隙率は 100% より大きい値にならない。
(4) 粘土の間隙比は，砂のそれよりも小さい。
(5) 土を粒径で区分すると，シルト，粘土，砂，礫の順番で粒径が大きくなる。
(6) コンシステンシー指数 I_c がゼロ以下の粘土は，乱されれば液状となって不安定な状態になる。
(7) 均等係数の小さな土は，締固めがしやすい。
(8) 飽和度とは土粒子の体積に対する間隙中の水の体積の百分率のことである。
(9) 一般に，粘土の乾燥密度は，砂の乾燥密度よりも小さい。
(10) 間隙や土粒子の体積を直接測定することは困難であるため，間隙比 e は土粒子の密度 ρ_s と乾燥密度 ρ_d から計算する。

【解答】(1) 誤り：砂は水を加えても塑性状を示さない。(2) 誤り：間隙比の大きい粘土の場合 100% を越える。(3) 正解：柔らかい粘土の間隙比は 2〜3 程度になる。間隙率 n と間隙比 e には，$n = (e/(1+e)) \times 100$ の関係がある。すなわち，間隙率は 100% より大きい値にならない。(4) 誤り：粘土の間隙比は 1〜3 程度で，砂は 1 より小さいのが普通。(5) 誤り：粘土，シルト，砂，礫の順番である。(6) 正解：コンシステンシー指数がゼロ以下の粘土は，自然含水比が液性限界に等しいかそれ以上である。(7) 誤り：均等係数が大きい土ほど，土粒子の粒径の幅が広いため，締固めはしやすくなる。これは良配合と呼ばれ，逆の場合は貧配合である。(8) 誤り：飽和度とは，土の間隙の体積に対する間隙中の水の体積の比をパーセントで表したものである。(9) 正解：粘土の間隙比は砂よりも大きいため，粘土の密度の方が小さくなる。(10) 正解：$e = (\rho_s/\rho_d) - 1$ から計算するのが一般的である。

記述問題

記述 2.1　土の基本構造を説明せよ．

記述 2.2　粒径加積曲線の定義とその活用法を説明せよ．

記述 2.3　土の懸濁液に入れた比重計の位置は，時間経過によりどのように変化するか，また，その理由を説明せよ．

記述 2.4　土の間隙にある水が，間隙を占める割合を示す指標を示し，その意味を説明せよ．

記述 2.5　塑性限界と液性限界について，それぞれの意味を述べよ．

記述 2.6　液性指数とコンシステンシー指数について，それぞれの定義と両者の関係を述べよ．

記述 2.7　砂の相対密度の定義を示し，その意味を説明せよ．

記述 2.8　土の分類に用いられる三角座標の意味と利用法を説明せよ．

第3章　有効応力と間隙水圧

要点

目的：地盤の変形や強度を予測するために，作用する応力に関わる地盤内に存在する水の影響や有効応力の考え方を理解する。

キーワード：有効応力，全応力，間隙水圧，地下水位，サクション

3.1　土中の滞水状態

　流れがなく滞水した地下水を持つ地盤内では，水圧がゼロとなる地下水位面（あるいは地下水位）が存在する（図3.1）。一般的には地下水位面以下の領域は間隙が水で満たされた飽和状態にあり，地下水位面以上の領域では地下水位面から離れるにしたがって飽和度が低下していく。地下水位面以下では正の間隙水圧が存在するが，流れのない状態では地下水位からの深度 z によって式 (3.10.2) の静水圧 u が等方的に作用する。

$$u = \gamma_{\mathrm{w}} z \tag{3.10.2}$$

　ここで，γ_{w} は水の単位体積重量である。この状態を静水圧状態という。地下水位面以上の領域では，負の水圧が作用し，その絶対値をサクションと呼ぶ。この地下水位面以上で静水圧の影響範囲を毛管水帯と呼ぶ。降雨水の浸透により地下水位面が変化し，地震の外力の作用によって水圧は変化するが，静水圧からの超過分を過剰間隙水圧という。

第 3 章 有効応力と間隙水圧

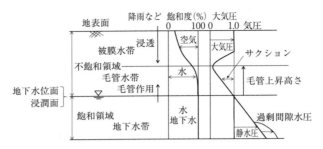

図 **3.1** 地盤内の滞水状態

3.3 応力とその基本

地盤内で発揮される応力の多くは，地盤材料の自重によって生じる．特に鉛直応力 σ_z（σ とする）は，地表面からの深度 z により，式 (3.2) で与えられる．

$$\sigma = \gamma_t z \tag{3.2}$$

ここで，γ_t は土の湿潤単位体積重量であり，σ は全応力である．また，地盤内では間隙水圧 u が作用しており，地盤の変形や強度は，全応力と間隙水圧が土粒子骨格に作用することで決定される．テルツァーギは有効応力 σ' が土粒子骨格に作用するとし，式 (3.3) の関係を示した．

$$\sigma = \sigma' + u \tag{3.3}$$

式 (3.3) は，任意の断面における全応力は，有効応力と間隙水圧の合力と釣り合う関係を示し，これを "有効応力の原理" と呼ぶ．なお，飽和状態では土粒子に作用する水圧として説明できるが，地下水位以上の不飽和領域では飽和度によって水圧の作用面積が変化するため，次式の有効飽和度 S_e を水圧に乗じて表現される．

$$\sigma = \sigma' + S_e u \tag{3.3}'$$

3.4 多様な条件による鉛直応力

地下水位の有無，地表面上の荷重の作用など，多様な条件における地盤内の応力（特に，水平面に作用する鉛直応力 σ_z）を求める必要がある．図 3.7 は基

3.4 多様な条件による鉛直応力

本的な地盤構造と土質特性である。ここで，水中単位体積重量（＝水中湿潤密度）は，水の単位体積重量（＝密度）により，式 (3.6) の関係がある。

$$\gamma' = \gamma_{\text{sat}} - \gamma_{\text{w}} \quad \text{あるいは} \quad \rho' = \rho_{\text{sat}} - \rho_{\text{w}} \tag{3.6}$$

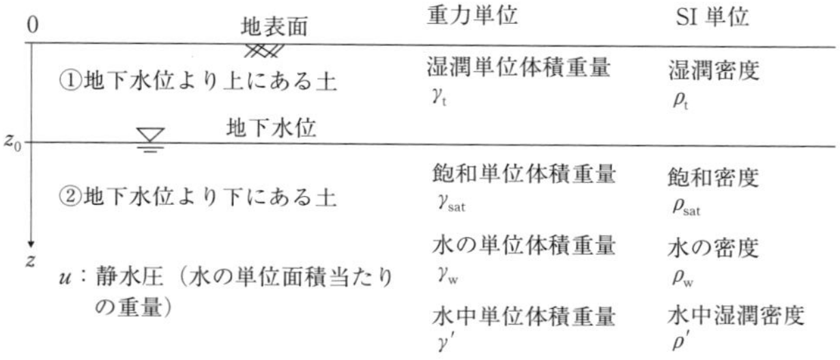

		重力単位	SI 単位
0	地表面		
	①地下水位より上にある土	湿潤単位体積重量 γ_{t}	湿潤密度 ρ_{t}
z_0	地下水位		
	②地下水位より下にある土	飽和単位体積重量 γ_{sat}	飽和密度 ρ_{sat}
z	u：静水圧（水の単位面積当たりの重量）	水の単位体積重量 γ_{w}	水の密度 ρ_{w}
		水中単位体積重量 γ'	水中湿潤密度 ρ'

図 **3.7** 地盤構造と土質特性の基本

地下水位がある地盤について例示すると，地下水位が深度 z_0 にある地盤の応力は図 3.11 になる。地下水位より上の全応力は，式 (3.7) である。

$$\sigma = \gamma_{\text{t}} z \tag{3.7}$$

また，地下水位より下の全応力，間隙水圧および有効応力は，(3.9) 式である。

$$\sigma = \gamma_{\text{t}} z_0 + \gamma_{\text{sat}}(z - z_0) \tag{3.9.1}$$

$$u = \gamma_{\text{w}}(z - z_0) \tag{3.9.2}$$

$$\sigma' = \sigma - u = \gamma_{\text{t}} z_0 + (\gamma_{\text{sat}} - \gamma_{\text{w}})(z - z_0) = \gamma_{\text{t}} z_0 + \gamma'(z - z_0) \tag{3.9.3}$$

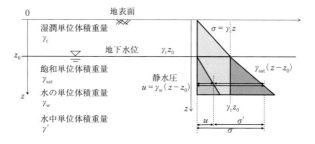

図 **3.11** 地下水位がある地盤

第 3 章　有効応力と間隙水圧

基礎・応用問題

問題 3.1　下記の（　）部を埋め，文章を完成させなさい。

　底面積 A（m^2）で，深さ z（m）の直方体の土塊があり，その質量は M（t）である。このとき，土塊の全重量 W（kN）は，重力加速度 g（m/s^2）を用いると，（ア）であり，土塊の底面に作用する鉛直応力は，（イ）となる。また，土の湿潤単位体積重量 γ_t（kN/m^3）は，（ウ）となり，（イ）に代入し，コンテナ底部に作用する鉛直応力を湿潤単位体積重量で表すと，（エ）になる。つまり，土塊の底面の鉛直応力は，土塊の底面積に関係なく，単位体積重量とその深さによって表されることが分かる。

【解答】ア：Mg, イ：$\dfrac{Mg}{A}$, ウ：$\dfrac{Mg}{Az}$, エ：$\gamma_\mathrm{t} z$

問題 3.2　層厚 3m の土層 A の下に土層 B がある地盤がある。土層 A は，土粒子比重 2.65, 間隙比 0.5, 飽和度 80％の土から成る。土層 B は，乾燥単位体積重量 16kN/m^3, 含水比 30％の土から成る。以下の問いに答えよ。
(1) 土層 A，B の湿潤単位体積重量を求めよ。ただし，水の単位体積重量は 10kN/m^3 とする。
(2) 地表面から深度 8m での鉛直全応力を求めよ。

【解答】(1) 土層 A について，土粒子が占める体積を 1 とすると，間隙体積は 0.5 となり，土全体の体積は 1.5 である。このとき，土粒子重量は $2.65 \times 10 = 26.5$ で表される。飽和度の値より，間隙 0.5 中に占める水の体積は $0.5 \times \dfrac{80}{100} = 0.4$　水の重量は $10 \times 0.4 = 4$ となり，土全体の重量は 30.5　体積で割ると，$\gamma_t = 30.5 \div 1.5 = 20.3$kN/m^3　土層 B は，土全体の体積を 1 とすると，土粒子重量は 16　含水比より，水の重量を求めると，$16 \times \dfrac{30}{100} = 4.8$　土の全重量は，20.8　よって，湿潤単位体積重量は $\gamma_t = 20.8 \div 1 = 20.8$kN/m^3
別法：定義式から，土層 A は，$\gamma_\mathrm{t}(= \rho_\mathrm{t} \cdot g) = (\rho_\mathrm{s} + eS_\mathrm{r}\rho_\mathrm{w}/100) \cdot g/(1+e) =$

$\gamma_w(\rho_s/\rho_w + eS_r/100)/(1+e) = \gamma_w(G_s + eS_r/100)/(1+e) = 10 \times (2.65 + 0.5 \times 80/100)/(1+0.5) = 10 \times 3.05/1.5 = 20.3 \mathrm{kN/m^3}$

土層 B は, $\gamma_t (= \rho_t \cdot g) = \rho_d \cdot g/(1 + w/100) = 16 \times (1 + 30/100) = 16 \times 1.3 = 20.8 \mathrm{kN/m^3}$

(2) 土層 A の下面における鉛直全応力は, $(\sigma_z)_{z=3} = \gamma_{tA} \times 3 = 20.3 \times 3 = 60.9 \mathrm{kN/m^2}$ 深度 8m の水平面の鉛直全応力は, $(\sigma_z)_{z=8} = (\sigma_z)_{z=3} + \gamma_{tB} \times (8-3) = 60.9 + 20.8 \times 5 = 164.9 \mathrm{kN/m^2}$

問題 3.3 図 (a) に示す細孔の空いた容器に土が詰まっている。この土の土粒子の単位体積重量は γ_s, 間隙比は e, 含水比は w である。水の単位体積重量を γ_w として, 次の問いに答えよ。

(1) 容器の底面に作用する鉛直応力を求めよ。
(2) この容器を図-3(b) のように深さ z の水中に沈めて飽和させた場合, 土が容器の底面に作用する鉛直応力を求めよ。
(3) (2) のとき水中単位体積重量を用いても同じになることを示せ。

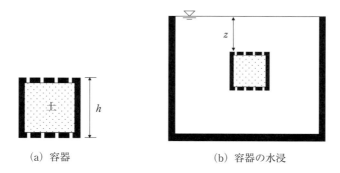

(a) 容器　　　　　(b) 容器の水浸

【解答】(1) 土粒子の体積を 1 とすると, 土粒子重量は γ_s 含水比より水の重量を求めると, $\dfrac{w\gamma_s}{100}$ このとき, 土全体の体積は $1+e$ なので, 湿潤単位体積重量は $\gamma_t = \left(r_s + \dfrac{wr_s}{100}\right)/(1+e) = \dfrac{\gamma_s}{1+e}\left(1 + \dfrac{w}{100}\right)$ よって, 底面に

作用する鉛直応力は $\gamma_\mathrm{t} h = \dfrac{\gamma_\mathrm{s} h}{1+e}\left(1+\dfrac{w}{100}\right)$

(2) 水中では飽和状態にあるので，飽和単位体積重量 $\gamma_\mathrm{sat} = \dfrac{\gamma_\mathrm{s}+e\gamma_\mathrm{w}}{1+e}$ を用いる。
底面での全応力は $\sigma = \gamma_\mathrm{w} z + \dfrac{\gamma_\mathrm{s}+e\gamma_\mathrm{w}}{1+e}h$，間隙水圧は $u = \gamma_\mathrm{w}(z+h)$
底面には有効応力が作用するので，$\sigma' = \sigma - u = \dfrac{\gamma_\mathrm{s}-\gamma_\mathrm{w}}{1+e}h$

(3) 水中単位体積重量は，$\gamma' = \gamma_\mathrm{sat} - \gamma_\mathrm{w} = \dfrac{\gamma_\mathrm{s}-\gamma_\mathrm{w}}{1+e}$
底面に作用する応力は，$\gamma' h = \dfrac{\gamma_\mathrm{s}-\gamma_\mathrm{w}}{1+e}h$ であり，(2) と同じになる

問題 3.4 地表面から 2m の深さに地下水位がある地盤がある。地表近くの土の物理試験を行ったところ，土粒子比重 2.7，含水比 30％，飽和度 80％であった。以下の問いに答えよ。

(1) この地盤の湿潤単位体積重量および飽和単位体積重量を求めよ。ただし，水の単位体積重量は $10\mathrm{kN/m}^3$ とする。

(2) 地表面から 5m の深さまでの全応力，間隙水圧，有効応力分布を求めよ。

【解答】(1) 土粒子が占める体積を $1\mathrm{m}^3$ とすると，土粒子重量は 27kN　含水比 30％なので，水の重量は $27 \times \dfrac{30}{100} = 8.1\mathrm{kN}$　水の体積は $8.1 \div 10 = 0.81\mathrm{m}^3$　飽和度が 80％での間隙体積は $0.81 \times \dfrac{100}{80} = 1.01\mathrm{m}^3$　よって，土全体の体積は $2.01\mathrm{m}^3$　湿潤単位体積重量は，$\gamma_\mathrm{t} = \dfrac{27+8.1}{2.01} = 17.5\mathrm{kN/m}^3$　飽和単位体積重量は，間隙が水で満たされた場合なので，$\gamma_\mathrm{sat} = \dfrac{27+1.01\times10}{2.01} = 18.5\mathrm{kN/m}^3$

別法：$S_\mathrm{r} = wG_\mathrm{s}/e$, $\rho_\mathrm{d} = \rho_\mathrm{s}/(1+e)$, $\rho_\mathrm{t} = \rho_\mathrm{d}(1+w/100)$ から，$\gamma_\mathrm{t} = \rho_\mathrm{t}\cdot g = \rho_\mathrm{d}\cdot g(1+w/100) = \rho_\mathrm{s}\cdot g/(1+e)\times(1+w/100) = G_\mathrm{s}\cdot\gamma_\mathrm{w}/(1+wG_\mathrm{s}/S_\mathrm{r})\times(1+w/100) = 2.7\times10/(1+30\times2.7/80)\times(1+0.3) = 35.1/2.01 = 17.5\mathrm{kN/m}^2$
飽和でも間隙比は同じなので，$e = wG_\mathrm{s}/S_\mathrm{r} = 30\times2.7/80 = w\times2.7/100$

から，$w = 300/8\%$　よって，$\gamma_{sat} = G_s \cdot r_m(1+w/100)/(1+wG_s/S_r) = 2.7 \times 10(1+3/8)/(1+1.01) = (27+10.1)/2.01 = 18.5 \mathrm{kN/m^2}$

(2) 地下水位のある深度 2m までは，鉛直全応力算定には湿潤単位体積重量を用い，地下水以下では飽和単位体積重量を用いる。また，地下水位以下では深度に応じて間隙水圧が作用し，有効応力は全応力と間隙水圧との差として計算すると，右図の応力分布になる。

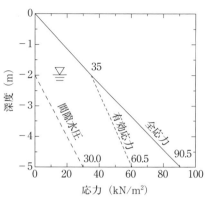

つまり，深度 2m = 全応力 = $17.5 \times 2 = 35 \mathrm{kN/m^2}$，間隙水圧 $n = 0 \mathrm{kN/m^2}$，有効応力 $\sigma' = 35 - 0 = 35 \mathrm{kN/m^2}$　深度 5m = $\sigma = 35 + 18.5 \times (5-2) = 90.5 \mathrm{kN/m^2}$　$v = 10 \times (5-2) = 30 \mathrm{kN/m^2}$，$\sigma' = 90.5 - 30 = 60.5 \mathrm{kN/m^2}$

問題 3.5　水深 100m の海底地盤で，海底から 1.5m の深さにおける全応力，間隙水圧，有効応力を求めよ。ただし，この地盤の飽和単位体積重量を $19.5 \mathrm{kN/m^3}$，水の単位体積重量を $9.8 \mathrm{kN/m^3}$ とする。

【解答】全応力は，$\sigma = 9.8 \times 100 + 19.5 \times 1.5 = 1009.3 \mathrm{kN/m^2}$　間隙水圧は，$u = 9.8 \times (100 + 1.5) = 994.7 \mathrm{kN/m^2}$　有効応力は，$\sigma' = \sigma - u = 1009.3 - 994.7 = 14.6 \mathrm{kN/m^2}$

問題 3.6　ある地盤でボーリングにより土層の柱状図を作成し，右図を得た。このとき，深度 A，B，C における鉛直全応力，間隙水圧，鉛直有効応力を求めよ。ただし，水の単位体積重量を $9.8 \mathrm{kN/m^3}$ とする。

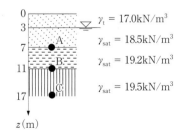

【解答】A 点：全応力 $\sigma_A = 17.0 \times 3 + 18.5 \times 4 = 125 \mathrm{kN/m^2}$

　間隙水圧 $u_A = 9.8 \times 4 = 39.2 \mathrm{kN/m^2}$

　有効応力 $\sigma'_A = \sigma_A - u_A = 125 - 39.2 = 85.8 \mathrm{kN/m^2}$

　B 点：全応力 $\sigma_B = \sigma_A + 19.2 \times 4 = 201.8 \mathrm{kN/m^2}$

　間隙水圧 $u_B = 9.8 \times 8 = 78.4 \mathrm{kN/m^2}$

　有効応力 $\sigma'_B = \sigma_B - u_B = 201.8 - 78.4 = 123.4 \mathrm{kN/m^2}$

　C 点：全応力 $\sigma_C = \sigma_B + 19.5 \times 6 = 318.8 \mathrm{kN/m^2}$

　間隙水圧 $u_C = 9.8 \times 14 = 137.2 \mathrm{kN/m^2}$

　有効応力 $\sigma'_C = \sigma_C - u_C = 318.8 - 137.2 = 181.6 \mathrm{kN/m^2}$

問題 3.7 図に示す地盤の地表面に広く盛土をしており，$60 \mathrm{kN/m^2}$ の分布荷重が作用している。このときの地盤内の鉛直全応力分布，間隙水圧分布，鉛直有効応力分布を図示せよ。

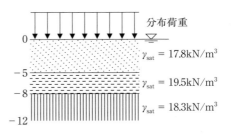

【解答】地表面分布荷重は全応力として作用するので，下図の応力分布になる。$z \leqq 0$ に注意。

全応力：$z = 0\mathrm{m}$ で，$60 \mathrm{kN/m^2}$，

　　　　$z = 0 \sim -5\mathrm{m}$ では，$\sigma = 60 - 17.8 \times z$ ∴ $z = -5\mathrm{m}$ で $149 \mathrm{kN/m^2}$

　　　　$z = -5 \sim -8\mathrm{m}$ では，$\sigma = 149 + 19.5 \times (-z - 5)$

　　　　∴ $z = -8\mathrm{m}$ で $\sigma = 207.5 \mathrm{kN/m^2}$

　　　　$z = -8 \sim -12\mathrm{m}$ では，$207.5 + 18.3 \times (-z - 8)$

　　　　∴ $z = -12\mathrm{m}$ で $280.7 \mathrm{kN/m^2}$

間隙水圧：$u = -9.8z$　$z = -5\mathrm{m}$ で，$49 \mathrm{kN/m^2}$　$z = -8\mathrm{m}$ で，$78.4 \mathrm{kN/m^2}$

　　　　　$z = -12\mathrm{m}$ で，$117.6 \mathrm{kN/m^2}$

有効応力：全応力−間隙水圧より，$z = -5$m で，$149 - 49 = 100$kN/m^2

$z = -8$m で，$207.5 - 78.4 = 129.1$kN/m^2

$z = -12$m で，$280.7 - 117.6 = 163.1$kN/m^2

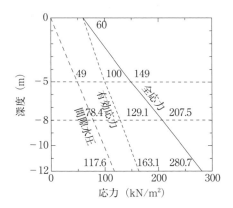

問題 3.8 図に示す湖底地盤がある。湖底から 5m までの鉛直全応力，間隙水圧，鉛直有効応力の分布を図示せよ。また，湖底を 1m 浚渫した場合の鉛直全応力，間隙水圧，鉛直有効応力の分布を，浚渫前の湖底地盤高さを 0m として示せ。ただし，水の単位体積重量を 9.8kN/m^3 とする。

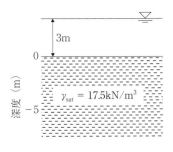

【解答】浚渫前後の応力分布を，それぞれ図 (a) および図 (b) に示す。湖底からの深度は，マイナス表記。

浚渫前：全応力 $= 9.8 \times 3 - 17.5z$　$z = 0$m で，29.4kN/m^2　$z = -5$m で，116.9kN/m^2

間隙水圧 $= 9.8 \times 3 - 9.8z$　$z = 0$m で，29.4kN/m^2　$z = -5$m で，78.4kN/m^2

有効応力 = 全応力 − 間隙水圧 = −7.7z $z = 0$m で,0kN/m² $z = -5$m で,38.5kN/m²

浚渫後：全応力と間隙水圧分布は,$z = 0 \sim -1$m で浚渫前と同じで,有効応力はゼロ。深度 −1m 以深について,

全応力 = $9.8 \times 4 - 17.5(z+1)$ $z = -1$m で,39.2kN/m² $z = -5$m で,109.2kN/m²

間隙水圧 = $9.8 \times 3 - 9.8z$ $z = -1$m で,39.2kN/m² $z = -5$m で,78.4kN/m²

有効応力 = 全応力 − 間隙水圧 = $-7.7 - 7.7z$ $z = -1$m で,0kN/m² $z = -5$m で,30.8kN/m²

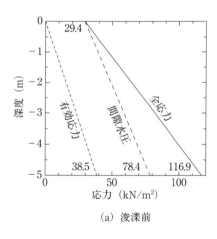

(a) 浚渫前

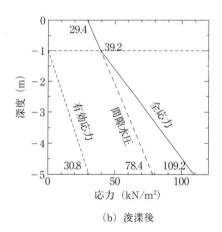

(b) 浚渫後

問題 3.9 図の地盤上で,急速に 3m の盛土（湿潤単位体積重量 20kN/m³）を構築する。このとき,水の単位体積重量を 10kN/m³ として,以下の問いに答えよ。

(1) 盛土構築前の鉛直全応力,間隙水圧,鉛直有効応力の分布を示せ。

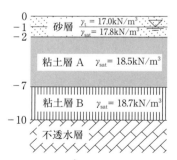

(2) 盛土構築直後の応力分布を示せ。
(3) 盛土構築後，十分に時間が経過した後の応力分布を示せ。

【解答】(1) 図 (a) の通り（算出は省略，問題 3.8 参照）。
(2) 盛土荷重は，$20 \times 3 = 60 \text{kN/m}^2$　盛土構築直後，砂層においては，間隙水圧はすぐに消散し，盛土荷重は有効応力を増加させる（図 (c)）ものの，粘土地盤では消散せず間隙水圧は増加したままの状態（図 (b)）。
(3) 時間経過後，粘土地盤においても，増加した間隙水圧が消散し，有効応力が増加する（図 (c)）。

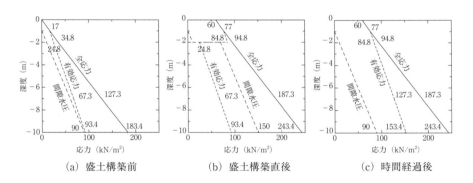

(a) 盛土構築前　　　　(b) 盛土構築直後　　　　(c) 時間経過後

問題 3.10 図の地盤がある。水の単位体積重量を 9.8kN/m^3 として，下記の問いに答えよ。

(1) 地盤内の鉛直全応力，間隙水圧，鉛直有効応力の分布を示せ。
(2) 工業用水として地下水を汲み上げたところ，地下水位が 3m 低下した。このときの鉛直全応力，間隙

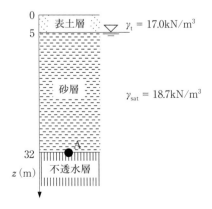

水圧，鉛直有効応力分布を示せ．ただし，地下水位の低下によって，地下水位より上の砂層の単位体積重量は5％減少するとする．
(3) さらに，地下水を汲み上げていくと，点Aでの有効応力はどのように変化していくか，地表面からの地下水位深度をd（m）として，式で示せ．

【解答】(1) 下図(a)の通り．以下，単位略．表土層：全応力$z=0$で0，$z=5$で$17.0 \times 5 = 85$，間隙水圧$= 0$，有効応力$z=0$で0，$z=5$で$85-0=85$ 砂層：$z=32$で全応力$85+18.7 \times 27 = 589.9$，間隙水圧$9.8 \times 27 = 264.6$，有効応力$589.9 - 264.6 = 325.3 \text{kN/m}^2$

(2) 低下した地下水位以上の砂層の単位体積重量は，$18.7 \times \dfrac{95}{100} = 17.8 \text{kN/m}^3$
下図(b)の通り．$z=8$で全応力$85+17.8 \times 3 = 138.4$，間隙水圧$=0$，有効応力$138.4 - 0 = 138.4$，$z=32$で全応力$138.4 + 18.7 \times 24 = 587.2$，間隙水圧$9.8 \times 24 = 235.2$，有効応力$587.2 - 235.2 = 352.0 \text{kN/m}^2$

(3) 点Aでの全応力は，$\sigma = 85 + 17.8(d-5) + 18.7(32-d) = 594.4 - 0.9d$
間隙水圧は，$u = 9.8(32-d) = 313.6 - 9.8d$
有効応力は，$\sigma' = \sigma - u = 8.9d + 280.8$

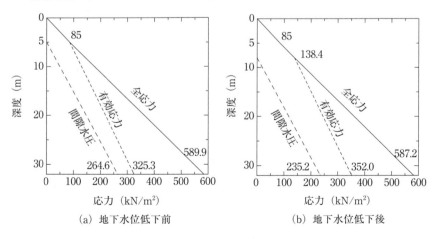

(a) 地下水位低下前　　　(b) 地下水位低下後

問題 3.11 図の一次元圧密容器にスラリー状の土試料が入っている。排水バルブのついた圧力載荷板を取り付け，300kN/m^2 の圧力を与える。このとき，排水バルブを閉じた状態と開いた状態で，土試料の中央高さで一次元容器の壁に作用する応力を，それぞれ求めよ。ただし，圧力載荷盤は重量を無視できるものとし，土試料の静止土圧係数（鉛直有効応力に対する水平有効応力の比）は $K_0 = 0.5$，水の単位体積重量は 9.8kN/m^3 とする。

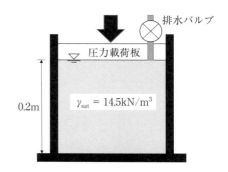

【解答】土試料中央部での鉛直応力を考える。載荷前：鉛直全応力 $\sigma = 14.5 \times 0.1 = 1.45\text{kN/m}^2$　間隙水圧 $u = 9.8 \times 0.1 = 0.98\text{kN/m}^2$　鉛直有効応力 $\sigma' = \sigma - u = 1.45 - 0.98 = 0.47\text{kN/m}^2$

バルブを閉じて載荷すると，載荷重はすべて間隙水圧として等方的に伝わり，有効応力の変化はない。よって，水平有効応力は静止土圧係数を乗じて，$0.47 \times 0.5 = 0.24\text{kN/m}^2$　間隙水圧は 300kN/m^2 なので，壁に作用する応力（水平全応力）は，$0.24 + 300 = 300.24\text{kN/m}^2$　バルブを開けて載荷した場合，載荷重は排水が十分になされると，有効応力を増加させる。よって，鉛直有効応力は $0.47 + 300 = 300.47\text{kN/m}^2$ となり，水平有効応力は $300.47 \times 0.5 = 150.24\text{kN/m}^2$　間隙水圧は載荷前と同じであり，0.98kN/m^2　壁に作用する応力は，$150.24 + 0.98 = 151.22\text{kN/m}^2$

問題 3.12 実地盤から乱すことなく完全なサンプリングを行うことができると，土中の応力状態を保持していると考えられている．図のように，海底下 7m からサンプリングを行い，室内で応力解放を行った．室内で自立している供試体中に発生している間隙水圧を求めよ．ただし，実地盤における静止土圧係数は $K_0 = 1.0$ であり，水の単位体積重量は $9.8\mathrm{kN/m^3}$ とする．

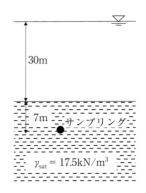

【解答】 サンプリング場所の応力状態は，鉛直全応力 $\sigma = 9.8 \times 30 + 17.5 \times 7 = 416.5\mathrm{kN/m^2}$　間隙水圧 $u = 9.8 \times 37 = 362.6\mathrm{kN/m^2}$　鉛直有効応力 $\sigma' = \sigma - u = 416.5 - 362.6 = 53.9\mathrm{kN/m^2}$

サンプリング後に応力を解放しても，有効応力が保持される．応力解放により，全応力がゼロになるので，間隙水圧は $u = \sigma - \sigma' = 0 - 53.9 = -53.9\mathrm{kN/m^2}$

問題 3.13 図のアスファルト舗装地盤が，周期 1.6 秒の長周期地震動で液状化を生じた．液状化の生じた砂層からサンプリングされた供試体で現地盤を再現し，非排水せん断試験をしたところ，1 往復のせん断で間隙水圧が $1.3\mathrm{kN/m^2}$ 増加した．地震前には地下水は静水圧分布であったことが確認されている．砂層の中央深度での応力変化に注目

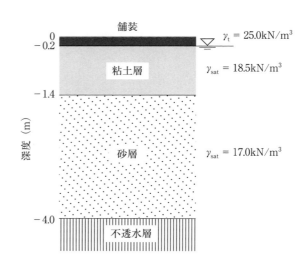

し，1往復のせん断による間隙水圧の増加量が同じとして，地震発生後，液状化が生じるのに要した時間を求めよ。ただし，水の単位体積重量を $9.8\mathrm{kN/m^3}$ とする。

【解答】砂層中央部（深度 $-2.7\mathrm{m}$）では，全応力は，$\sigma = 25 \times 0.2 + 18.5 \times 1.2 + 17.0 \times 1.3 = 49.3\mathrm{kN/m^2}$　間隙水圧は，$u = 9.8 \times 2.5 = 24.5\mathrm{kN/m^2}$　有効応力は，$\sigma' = \sigma - u = 49.3 - 24.5 = 24.8\mathrm{kN/m^2}$

有効応力がゼロになるのに要するせん断回数は $24.8 \div 1.3 = 19.1$ 回である。1回のせん断所有時間は1.6秒なので，$19.1 \times 1.6 = 30.6$ 秒後に液状化に至ったと考えられる。

問題 3.14　図の毛管水帯を有する地盤において，毛管上昇を考慮した応力分布を示せ。ただし，毛管水帯における平均有効飽和度は40％とし，水の単位体積重量は $10\mathrm{kN/m^3}$ とする。

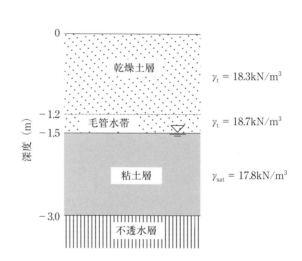

【解答】毛管水帯での間隙水圧は負圧になり，静水圧に対して有効飽和度を乗じた値となる。

全応力：$z = 0 \sim -1.2\mathrm{m}$ では，$-18.3 \times z$　$z = -1.2\mathrm{m}$ で $22.0\mathrm{kN/m^2}$

$\quad z = -1.2 \sim -1.5\mathrm{m}$ では，$22.0 + 18.7 \times (-z - 1.2)$

$\quad z = -1.5\mathrm{m}$ で $27.6\mathrm{kN/m^2}$

$\quad z = -1.5 \sim -3.0\mathrm{m}$ では，$27.6 + 17.8 \times (-z - 1.5)$

$z = -3.0$m で 54.3kN/m^2

間隙水圧：$z = -1.2 \sim -1.5$ の毛管水帯では，有効応力に寄与する間隙水圧として有効飽和度を乗ずる必要があり，$9.8 \times (-z - 1.5) \times 0.4$ となる。$z = -1.2$m では，-1.2kN/m^2　$z = -1.5$m 以深では，$9.8 \times (-z - 1.5)$　$z = -3.0$m で，14.7kN/m^2

有効応力：全応力−間隙水圧より，$z = -1.2$m で，$22.0 - (-1.2) = 23.2$kN/m^2
$z = -3.0$m で，$54.3 - 14.7 = 39.6$kN/m^2

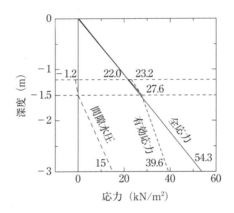

記述問題

記述 3.1　テルツァーギの有効応力の原理を説明せよ。

記述 3.2　有効応力の工学的な意味を説明せよ。

記述 3.3　池などの水底の地盤において，地盤内の有効応力は池などの水位の影響を受けるか否かについて，理由を述べて説明せよ。

記述 3.4　地盤内の地下水位が低下した直後において，地下水位より下にある粘性土層と砂質土層の間隙水圧の変化の違いを説明し，その理由を述べよ。

記述 3.5　鉛直方向に一次元の地盤に対して，地表面に等分布荷重が作用した直後において，地盤内の全応力の発生はどのようになるかを説明せよ。

第4章 締固め

要点

目的:本章では土の締固めの力学的メカニズム,室内締固め試験方法,土の締固め特性などの,土の締固めに関する基本事項を理解する。

キーワード:サクション,締固め曲線,最適含水比,最大乾燥密度,ゼロ空隙曲線,締固めエネルギー,プロクター試験,修正プロクター試験,品質規定,工法規定,締固め度

4.2 土の締固め曲線

同じ土の含水比 w を変えて一定のエネルギーで締固めると,乾燥密度 ρ_d の変化は図 4.5 のようになるが,これを土の締固め曲線と呼ぶ。なお,乾燥密度は飽和度 S_r を用いて式 (4.2) で表せる。

$$\rho_d = \frac{G_s \cdot \rho_w}{1+e} = \frac{G_s \cdot \rho_w}{1 + \dfrac{w \cdot G_s}{S_r}}$$
$$= \frac{\rho_w}{\dfrac{1}{G_s} + \dfrac{w}{S_r}} \quad (4.2)$$

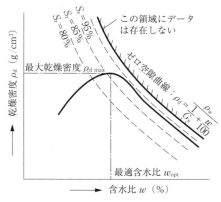

図 4.5 土の締固め曲線の特性

4.3 室内締固め試験 〜 4.5 盛土の締固め

　土の締固め特性は，規定された締固め試験方法により求める．2種類のモールドと2種類のランマーを試験の目的と土試料の最大粒径に応じて，組み合わせ（A法〜E法）て使用する．締固めのエネルギーは，式 (4.3) のエネルギー E_c で定義する．なお，A法はプロクター試験，D法は修正プロクター試験と呼ぶ．

$$E_c = (W_R \times H \times N_b \times N_L)/V \tag{4.3}$$

　ここに，W_R：ランマーの重量，H：落下高さ，N_b：一層当たりの突き固め回数，N_L：層数，V：モールドの体積．

　締固め試験では，試験後に湿潤密度 ρ_t と含水比 w を測定し，乾燥密度 ρ_d を式 (4.4) で求める．

$$\rho_d = \rho_t/(1 + w/100) \tag{4.4}$$

　土の種類によって，締固め特性は大きく異なる．図 4.7 は，締固めエネルギーの影響を示す．また，図 4.8 は，粒度配合の影響を示す．両図から，締固めエネルギーが大きいほど，粒度配合がよい（例えば，①）ほど，最適含水比が小さく，$\rho_{d\,max}$ が大きく，締固め曲線は明確なピークを示す．

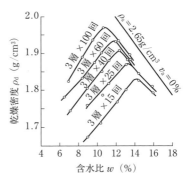

図 4.7　締固め曲線におよぼす締固めエネルギーの影響[1]

盛土の締固め施工では，盛土の品質を確認するために，盛土の締固め管理を行う。この締固め管理には，締固めた土の品質（例えば，乾燥密度）で管理する方式（品質規定）と，施工方法を規定して工法で規定する方法（工法規定）がある。

品質規定では，使用する予定の土の締固め曲線から$\rho_{d\,max}$をあらかじめ室内試験で求めておく。現場で締固め後に測定した乾燥密度をρ_dとすると，盛土の締固め度D_cは式(4.5)で定義される。

$$D_c = \rho_d / \rho_{d\,max} \times 100\% \quad (4.5)$$

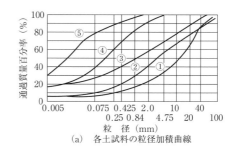
(a) 各土試料の粒径加積曲線

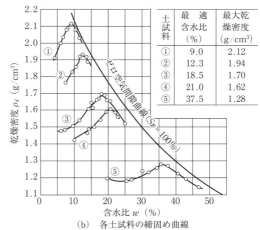
(b) 各土試料の締固め曲線

土試料	最適含水比 (%)	最大乾燥密度 (g/cm³)
①	9.0	2.12
②	12.3	1.94
③	18.5	1.70
④	21.0	1.62
⑤	37.5	1.28

図 **4.8** 粒度配合の異なる土の締固め曲線

実際の施工では，D_cの管理値（例えば，道路土工施工指針では90%）を設定して，D_cがこの管理値以上となるように締固める。

引用文献
1) 地盤工学会：土質試験（基本と手引き），2000．

第 4 章　締固め

基礎・応用問題

問題 4.1　JIS A 1210 A に従って，A-a 法で突固めによる土の締固め試験を実施した。表に試験結果を示す。締固め曲線を作図して，最適含水比 w_{opt} と最大乾燥密度 $\rho_{\mathrm{d\,max}}$ を求めよ。なお，モールドの容量は 1,000cm^3 である。

含水比 w（%）	6.8	8.5	10.5	12.5	15.2	17.2
土試料の質量（g）	1800	1905	2025	2153	2153	2122

【解答】各含水比における湿潤密度 ρ_{t}（g/cm^3）を求め，$\rho_{\mathrm{d}} = \dfrac{\rho_{\mathrm{t}}}{1+\dfrac{w}{100}}$ から乾燥密度（g/cm^3）を計算し，下表の結果が得られる。同表から下図の締固め曲線を描くと，最適含水比 w_{opt} =12.6%，最大乾燥密度 $\rho_{\mathrm{d\,max}}$ =1.920g/cm^3 が求まる。

w（%）	6.8	8.5	10.5
ρ_{t}(g/cm^3)	1.800	1.905	2.025
ρ_{d}(g/cm^3)	1.685	1.756	1.833
w（%）	12.5	15.2	17.2
ρ_{t}(g/cm^3)	2.153	2.153	2.122
ρ_{d}(g/cm^3)	1.914	1.869	1.811

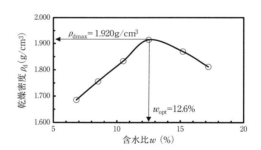

問題 4.2　砂置換法による現場密度試験を実施した。掘削孔から取り出した土の質量 m は 300g，含水比 w は 10.0%であった。この孔を埋戻した標準砂（$w = 0.0$ %）の乾燥密度 ρ_{d} は 1.500g/cm^3，埋戻しに 230g を使用した。この地盤の乾燥密度を求めよ。

【解答】V =230g/1.500=153.333cm^3，ρ_{t} =300g/153.333cm^3 = 1.957g/cm^3，$\rho_{\mathrm{d}} = 1.957/(1 + 0.1) = 1.779$g/cm^3

問題 4.3 モールドの体積が 196.25cm^3, 一層当たりの突き固め回数が 22 回, 層数は 5 層, ランマーの質量が 1kg, 落下高さ 10cm の場合, 締固め仕事量 Ec を kJ/m^3 の単位で求めよ.

【解答】$Ec = 1\text{kg} \times 22\text{回} \times 5\text{層} \times 10\text{cm}/196.25\text{cm}^3 = 0.00981\text{kN} \times 22 \times 5 \times 0.1/0.00019625 = 550\text{kJ/m}^3$

問題 4.4 締固め曲線について, (1) 同じ土で締固め仕事量 Ec を大きくした場合, (2) 締固め仕事量 Ec 一定で, 細粒分を増やした場合, それぞれ, どのような変化が生じるか述べよ.

【解答】(1) 最大乾燥密度 $\rho_{d\,\max}$ は大きくなり, 最適含水比 w_{opt} は小さくなる. 曲線の形状は, ピークが明瞭になる.
(2) 最大乾燥密度 $\rho_{d\,\max}$ は小さくなり, 最適含水比 w_{opt} は大きくなる. 曲線の形状は平たんになる.

問題 4.5 ある土採取場から採取した乱さない試料について各種の試験を行った結果, 含水比 15％, 間隙比 0.60, 土粒子密度 2.7t/m^3 が得られた. この土に加水し, 含水比を 18％にして締固め, 乾燥密度 1.8t/m^3 の盛土を造成した.
(1) 土採取場での土の飽和度, 湿潤密度, 乾燥密度を求めよ.
(2) 盛土に用いる 10,000m^3 の土材料に加える水量を求めよ.
(3) 盛土の飽和度, 湿潤密度を求めよ.
(4) 盛土施工後, 水の浸透により盛土が飽和した. このとき盛土体積が変わらないとした場合の含水比, 湿潤密度を求めよ.
(5) (4) のとき吸水により盛土体積が 5％増大した時の含水比, 湿潤密度を求めよ.

第 4 章 締固め

【解答】(1) 土採取場での土は右上図のように描け，$W_w = 2.7 \times 15\% = 0.405$，$W = 2.7 + 0.405 = 3.105$ である。

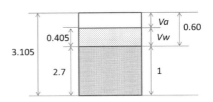

$$V_w = \frac{0.405}{1} = \frac{S_r}{100} \times 0.60,$$
$$S_r = 67.5\,(\%)$$
$$\rho_t = \frac{2.7 + 2.7 \times \frac{15}{100}}{1 + 0.60} = \frac{3.105}{1.6} = 1.94\mathrm{g/cm^3}$$
$$\rho_d = \frac{2.7}{1 + 0.60} = 1.69\mathrm{g/cm^3}$$

(2) $10{,}000\mathrm{m^3}$ に含まれる土粒子質量は $W_s = 1.69 \times 10{,}000 = 16{,}900\mathrm{t}$
含水比が $18 - 15 = 3$（％）異なるので，$\Delta W_w = 16{,}900 \times \frac{3}{100} = 507\mathrm{t}$

(3) 締固め後の土は右下図のように描け，$W_w = 2.7 \times 18\% = 0.486$，$W = 2.7 + 0.486 = 3.186$ である。

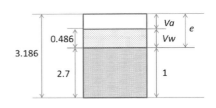

$$\rho_d = \frac{2.7}{1+e} = 1.8,\ e = 0.5$$
$$S_r = \frac{0.486/1}{0.5} \times 100 = 97.2\%$$
$$\rho_t = \frac{2.7 + 0.486}{1 + 0.5} = 2.12\mathrm{t/m^3}$$

(4) $w = \frac{1 \times 0.5}{2.7} \times 100 = 18.5\%$，$\rho_\mathrm{sat} = \frac{2.7 + 1 \times 0.5}{1 + 0.5} = 2.13\mathrm{t/m^3}$

(5) 右下図で 5% 体積が膨張すると，体積は $V = \frac{105}{100} \times (1 + 0.5) = 1.575$
体積膨張分はすべて間隙の増加分なので，
$w = \frac{1 \times 0.575}{2.7} \times 100 = 21.3\%$，$\rho_\mathrm{sat} = \frac{2.7 + 0.575}{1.575} = 2.08\mathrm{t/m^3}$

問題 4.6 全体積 $50{,}000\mathrm{m}^3$ の盛土を造成する。土取り場で湿潤密度 $\rho_\mathrm{t} = 1.96\mathrm{Mg/m}^3$, 含水比 $w = 14.1\,\%$ の土を締め固めて乾燥密度 $\rho_\mathrm{d} = 1.60\mathrm{Mg/m}^3$ としたい。土粒子密度を $\rho_\mathrm{s} = 2.70\mathrm{Mg/m}^3$, 水の密度を $\rho_\mathrm{w} = 1.00\mathrm{Mg/m}^3$ として, 土取り場において採取すべき土の質量, 体積ならびに締固めた後の土の飽和度を計算せよ。

【解答】 目標とする盛土の体積 $V = 50{,}000\mathrm{m}^3$ に含まれる土粒子質量 $m_\mathrm{s}(\mathrm{Mg})$ は,
$m_s = 1.6 \times 50{,}000 = 8.0 \times 10^4 \mathrm{Mg}$

14.1 % の含水比を持つ土で造成するため, 採取すべき水を含んだ土の質量 $m(\mathrm{Mg})$ は,
$m = 8.0 \times 10^4 \times \left(1 + \dfrac{141}{100}\right) = 9.13 \times 10^4 \mathrm{Mg}$

現場での湿潤密度が $1.96\mathrm{Mg/m}^3$ なので, 採取すべき土の体積 $V(\mathrm{m}^3)$ は
$V = \dfrac{9.13 \times 10^4}{1.96} = 4.66 \times 10^4 \mathrm{m}^3$

ここで, 造成後の体積を $V = 1$ とすると, 下図のように表せる。
したがって飽和度 $S_\mathrm{r}(\%)$ は,

$$S_r = \dfrac{V_w}{V_v} = \dfrac{V_w}{V_a + V_w} \times 100$$
$$= \dfrac{V_w}{V - V_s} \times 100 = \dfrac{\rho_t \times \dfrac{w}{100}}{1 - \dfrac{\rho_d}{\rho_s}} \times 100$$
$$= \dfrac{1.60 \times \dfrac{14.1}{100}}{1 - \dfrac{1.60}{2.70}} \times 100 = 55.37\,\%$$

(右図: $V = 1$ のとき, $V_a = V_v - V_w$, $V_w = \rho_d \times \dfrac{w}{100}$, $V_s = \dfrac{\rho_d}{\rho_s}$)

問題 4.7 ある砂質ロームについて突固め試験を行い, 表中の結果を得た。ただし, この土の土粒子密度は $\rho_\mathrm{s} = 2.66\mathrm{g/cm}^3$ であり, 使用したモールドの内容積は $V = 1{,}000\mathrm{cm}^3$, モールドの質量は $m = 2{,}258\mathrm{g}$ である。水の密度を

$\rho_w = 1.0 \text{g/cm}^3$ として，以下の問いに答えよ。

(1) 図（省略）に締固め曲線を描け。
(2) 締固め曲線より最大乾燥密度と最適含水比を求めよ。
(3) 盛土の仕様書では、突固め試験の最大乾燥密度の97%以上になるように転圧すべきことが規定されている。現場の転圧と標準試験の突固めが同じ効果をもつものとすると，施工時に許される含水比の範囲を求めよ。また，その許容限界含水比の間隙比と飽和度を求めよ。
(4) (1)で示した図中に，ゼロ空隙曲線，飽和度90%および80%における飽和度一定曲線を描け。
(5) 空気間隙率は，次式のように表せる。

$$\text{空気間隙率}\quad \alpha = \frac{\text{間隙空気の体積}}{\text{土の全体積}} \times 100$$

(1)で示した図中に，空気間隙率5%，10%の空気間隙率一定曲線を描け。

含水比 (%)	モールドおよび土の質量（g）
12.2	3,720
14.0	3,774
17.7	3,900
21.6	4,063
25.0	4,160
26.5	4,155
29.3	4,115

【解答】(1) 締固め曲線を描くために必要な乾燥密度 ρ_t は，以下の表のとおり含水比ごとに計算し，まとめることができる。

含水比 $w(\%)$	モールドおよび土の質量 m_2(g)	モールドの質量 m_1(g)	湿潤密度 $\rho_t = \dfrac{m_2 - m_1}{V}$	乾燥密度 $\rho_d = \dfrac{\rho_t}{1 + \dfrac{w}{100}}$
12.2	3,720	2,258	1.462	1.303
14.0	3,774	2,258	1.516	1.330
17.7	3,900	2,258	1.642	1.395
21.6	4,063	2,258	1.805	1.484
25.0	4,160	2,258	1.902	1.522
26.5	4,155	2,258	1.897	1.495
29.3	4,115	2,258	1.857	1.436

得られた乾燥密度を縦軸，含水比を横軸にとり，締固め曲線を描くと，右図に示す通りとなる。

(2) 右図により，最大乾燥密度 $\rho_{\mathrm{dmax}} = 1.522\mathrm{g/cm}^3$，最適含水比 $w_{\mathrm{opt}} = 25.0\%$

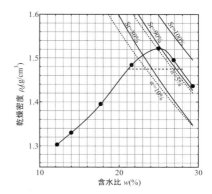

(3) 許容乾燥密度は最大乾燥密度の97%以上なので $1.522 \times \dfrac{97}{100} = 1.476\mathrm{g/cm}^3$ であり，前ページの図より含水比の範囲は21.2〜27.7%（図中の水平破線）。
許容限界含水比である21.2%および27.7%のときの間隙比は $\mathrm{e} = \dfrac{\rho_{\mathrm{s}}}{\rho_{\mathrm{d}}} - 1 = \dfrac{2.66}{1.476} - 1 = 0.802$
含水比が21.2%および27.7%のときの飽和度は $S_{\mathrm{r}} = \dfrac{w \times \rho_{\mathrm{s}}}{e \times \rho_{\mathrm{w}}}$ より

$$w = 21.2\% \quad S_{\mathrm{r}} = \dfrac{21.2 \times 2.66}{0.802 \times 1.0} = 70.3\%,$$
$$w = 27.7\% \quad S_{\mathrm{r}} = \dfrac{27.7 \times 2.66}{0.802 \times 1.0} = 91.9\%$$

(4) ゼロ空隙曲線は，土中の間隙に空気が全くない場合，すなわち飽和度 $S_{\mathrm{r}} = 100\%$，空気間隙率 $\alpha = 0\%$ のときの飽和乾燥密度 $\rho_{\mathrm{dsat}} = \dfrac{\rho_{\mathrm{w}}}{\dfrac{\rho_{\mathrm{w}}}{\rho_{\mathrm{s}}} + \dfrac{w}{100}}$ と含水比 w との関係を示した曲線である。また，飽和度一定曲線は，締め固めた土の飽和度 Sr が一定となる乾燥密度 $\rho_{\mathrm{d}} = \dfrac{\rho_{\mathrm{w}}}{\dfrac{\rho_{\mathrm{w}}}{\rho_{\mathrm{s}}} + \dfrac{w}{S_{\mathrm{r}}}}$ と含水比 w の関係を示す曲線である。双方の計算結果は下の表に示す通りであり，ゼロ空隙曲線および飽和度90%，80%時における飽和度一定曲線は前ページの図に示す通りとなる（図中の実直線）。

含水比 w(%)	飽和乾燥密度 ρ_{dsat}(g/cm^3)	乾燥密度（Sr=90%時）ρ_d(g/cm^3)	乾燥密度（Sr=80%時）ρ_d(g/cm^3)
12.2	2.008	1.955	1.892
14.0	1.938	1.881	1.815
17.7	1.809	1.746	1.675
21.6	1.689	1.624	1.548
25.0	1.598	1.530	1.453
26.5	1.551	1.482	1.404
29.3	1.495	1.426	1.347

(5) 空気間隙率一定曲線は，締め固めた土の空気間隙率が一定となる乾燥密度と含水比との関係を示す曲線である。計算結果は下の表に示す通りであり，空気間隙率 $\alpha = 5\%$，10%における空気間隙率一定曲線は p.46 の図に示す通りとなる（図中の点線）。

含水比 w(%)	乾燥密度（α=5%時）ρ_d(g/cm^3)	乾燥密度（α=10%時）ρ_d(g/cm^3)
12.2	1.908	1.807
14.0	1.841	1.744
17.7	1.718	1.628
21.6	1.605	1.520
25.0	1.518	1.438
26.5	1.473	1.395
29.3	1.420	1.345

記述問題

記述 4.1　盛土などの造成において，現場における締固め度を把握するための現場密度を計測する方法を説明せよ。

記述 4.2　土の締固め試験において，締固め度に影響する要因を5つ挙げて，それぞれの理由を説明せよ。

記述 4.3　土の締固め曲線において，最大乾燥密度，最小透水係数と最適含水比の関係を述べよ。

第 5 章 透水特性

要点

目的：地下水の流れの法則を理解し，締切構造物などからの漏水量の予測や，流れ場での応力分布を理解する。

キーワード：水頭，ダルシー法則，流線網，デュプイの仮定，揚水，浸透破壊

5.1 土中の流れとダルシー法則

土中水の流れの原動力は，間隙水の位置エネルギーの差と圧力差である。この次元の異なる状態量を長さの単位で表記したものが水頭であり，次の様に表される。

$$h = h_e + h_p \tag{5.14}$$

$$h_p = u/\gamma_w \tag{5.17}$$

ここで，h は全水頭，h_e は位置水頭（基準点からの高さ），h_p は圧力水頭，γ_w は水の単位体積重量である。土中水は全水頭の高い方から低い方へと流れる。

土中水は式 (5.2) のとおり，全水頭の変化率である動水勾配 i に比例した流速 v で流れる

$$v = ki \tag{5.2}$$

ここで，k は透水係数である。動水勾配 i は，図 5.1 の流れの中で一様であるとすると式 (5.1) で表される。

$$i = h/L \tag{5.1}$$

また，単位時間当たりの流量は，流れの断面積 A を乗じた式 (5.3) である．

$$Q = vA \qquad (5.3)$$

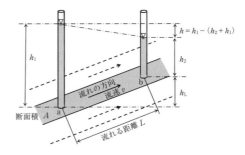

図 **5.1** 水頭と流速

5.6 フローネットによる透水量・水圧

等方性地盤の流れ場では，全水頭についてラプラス方程式が成り立ち，全水頭の等高線を表す等ポテンシャル線と，流れの方向を表す流線が直交する．等ポテンシャル線群と流線群からなるメッシュを流線網という．流れの境界条件に従って，それぞれの要素が正方形に近くなるように描くと（図解法），すべての要素における全水頭差および流量が等しくなる（図 5.7）．この関係を用いると境界における全透水量 Q は次式で表される．

$$Q = k(H_1 - H_2) \cdot N_\mathrm{f}/N_\mathrm{d} \qquad (5.25)$$

ここで，$(H_1 - H_2)$ は境界の全水頭差，N_d は等ポテンシャル線によって，N_f は流線によって分割された区画数である（図 5.8）．

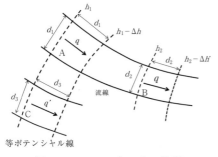

図 **5.7** フローネットの特徴

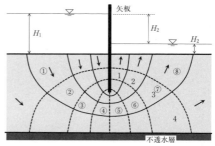

図 **5.8** フローネットによる簡易図解法

5.8 デュプイの仮定による準一様流

図 5.11(a) に示す締切堤の様に，透水性地盤内に浸潤面を持つ流れがある場合，実際の等ポテンシャル線は図 5.11(b) に示す様に曲線で示され，ab から cd への動水勾配は $\Delta h/\Delta s$ で表されるが，浸潤面が緩やかに傾斜していて一次元流れとみなすと，動水勾配は $\Delta z/\Delta x$ で仮定（デュプイの仮定）できる。

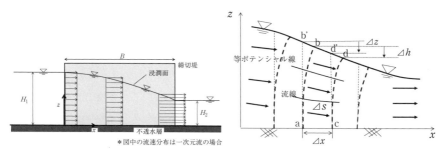

図 **5.11**(a)　締切堤の流れ：一次元流併記　　図 **5.11**(b)　デュプイの仮定

5.9 揚水と現場透水試験

現地で井戸を掘り揚水を行い，周辺の浸潤面の形状（図 5.12）からデュプイの仮定を用いて地盤の透水係数を知ることができる。

$$\langle 重力井戸\rangle \qquad k = \frac{Q}{\pi(h_2^2 - h_1^2)}\ln\frac{r_2}{r_1} \qquad (5.44)$$

$$\langle 掘抜き井戸\rangle \qquad k = \frac{Q}{2\pi(h_2 - h_1)D}\ln\frac{r_2}{r_1} \qquad (5.47)$$

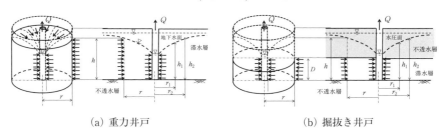

(a) 重力井戸　　　　　　　　　　(b) 掘抜き井戸

図 **5.12**　揚水による地下水の透水

第 5 章 透水特性

基礎・応用問題

問題 5.1 図に示すように置いた内径 10cm のパイプ内に透水係数 $k = 3.2 \times 10^{-5}$m/sec の砂試料が詰まった状態で通水を行っている。図に示す 2 点 A, B で,ピエゾメーターを立てたところ図示の水位が計測された。パイプ内の単位時間流量を求めよ。

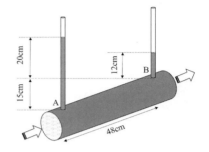

【解答】AB 間での動水勾配は, $i = (20 - 12)/48 = 0.17$　ダルシー法則を用いると, 流速 $v = 3.2 \times 10^{-5} \times 0.17 = 5.44 \times 10^{-6}$m/sec　パイプ断面積を流速に乗じると単位時間流量が求まる。よって, $q = 5.44 \times 10^{-6} \times 10^2 \times 5 \times 5 \times \pi = 4.27 \times 10^{-2}$cm^3/sec

問題 5.2 図に示す定水位透水試験を行ったところ, 水槽 2 から毎分 15cm^3 の越流量が計測された。以下の問いに答えよ。
(1) この試料の透水係数を求めよ。
(2) 水槽 2 の水面を土試料の下端まで下げた場合の 1 分間の越流量を求めよ。

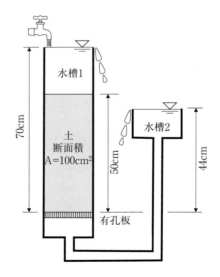

【解答】(1) 動水勾配 $i = \dfrac{70-44}{50} = 0.52$，毎分土試料を通過する水の量が $15\mathrm{cm}^3$ なので，透水速度 v は $15/100 = 0.15\mathrm{cm/min} = 2.5 \times 10^{-3}\mathrm{cm/sec}$ ダルシー法則より $k = \dfrac{v}{i} = \dfrac{2.5 \times 10^{-3}}{0.52} = 4.81 \times 10^{-3}\mathrm{cm/sec} = 4.81 \times 10^{-5}\mathrm{m/sec}$

(2) 動水勾配は $\dfrac{70}{50} = 1.4$，透水速度は $v = ki = 4.81 \times 10^{-5} \times 10^2 \times 1.4 = 6.73 \times 10^{-3}\mathrm{cm/sec}$，流量は $6.73 \times 10^{-3} \times 100 \times 60 = 40.38\mathrm{cm}^3$

問題 5.3 問題 5.2 の図の土試料の飽和単位体積重量が $\gamma_{\mathrm{sat}} = 18\mathrm{kN/m}^3$ であったとする。このとき，下記の問いに答えよ。

(1) 土試料内の全水頭，位置水頭，圧力水頭の分布を示せ。ただし，位置水頭の基準高さは土試料下端とする。

(2) 土試料の中央高さにおける全応力，間隙水圧，有効応力を求めよ。ただし，水の単位体積重量は $\gamma_{\mathrm{w}} = 9.8\mathrm{kN/m}^3$ とする。

【解答】(1) 土試料上端では，位置水頭50cm，圧力水頭は水槽1における深度20cmであり，全水頭は $50+20=70\mathrm{cm}$，下端は位置水頭0cm，圧力水頭は水槽2によって作用する $0+44=44\mathrm{cm}$ であり，全水頭は44cm．土試料は一様であるため，流れによって一定の割合で水頭が損失するので，図の直線の水頭分布になる。

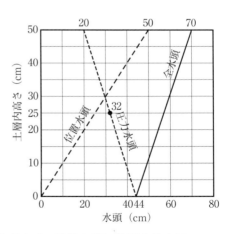

(2) 土試料中央高さ(25cm)における全応力は，試料上端に作用する水圧 $u_{\mathrm{U}} = 0.2 \times 9.8 = 1.96\mathrm{kN/m}^2$ を考慮し，$\sigma = u_{\mathrm{U}} + 0.25 \times 18 = 6.46\mathrm{kN/m}^2$ となる。中央高さでの間隙水圧は図の圧力水頭(32cm)より，$u_{\mathrm{M}} = 0.32 \times 9.8 = 3.14\mathrm{kN/m}^2$　有効応力は $\sigma' = 6.46 - 3.14 = 3.32\mathrm{kN/m}^2$

問題 5.4 図に示す定水位透水試験を行った。土試料の飽和単位体積重量は $\gamma_{sat} = 20\mathrm{kN/m^3}$, 水の単位体積重量は $\gamma_w = 9.8\mathrm{kN/m^3}$ として，下記の問いに答えよ。

(1) 土試料下端における全応力，間隙水圧，有効応力を求めよ。

(2) 右側の水槽を高くしていくと，試料下端で有効応力がゼロとなりボイリングが生じ始める。このときの動水勾配（限界動水勾配）を求めよ。

【問題】(1) 土試料下端で全応力は，試料上端に作用する水圧 $u_U = 0.2 \times 9.8 = 1.96 \mathrm{kN/m^2}$ を考慮すると，$\sigma_L = u_U + 0.5 \times 20 = 11.96 \mathrm{kN/m^2}$　間隙水圧は右側水槽によって作用する圧力水頭より，$u_L = 0.8 \times 9.8 = 7.84 \mathrm{kN/m^2}$　有効応力は $\sigma'_L = 11.96 - 7.84 = 4.12 \mathrm{kN/m^2}$

(2) 有効応力がゼロになるとき，全応力＝間隙水圧であり，下端全応力は右側水槽高差に関係がないので，$u_L = 11.96\mathrm{kN/m^2}$ となるときにボイリングが生じる。よって，$11.96 \div 9.8 = 1.22\mathrm{m}$ の高さで限界動水勾配，$i = \dfrac{1.22 - 0.7}{0.5} = 1.04$ に達する。

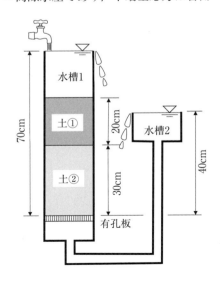

問題 5.5 右図の成層地盤で定水位透水試験を行った。土①，土② はそれぞれ透水係数が $5.0 \times 10^{-4}\mathrm{m/sec}$, $1.0 \times 10^{-4}\mathrm{m/sec}$, 飽和単位体積重量が $20\mathrm{kN/m^3}$, $18\mathrm{kN/m^3}$ であるとき，

下記の問いに答えよ。
(1) 土①，土②でのそれぞれの損失水頭を求めよ。
(2) 土①下端での有効応力を求めよ。ただし，水の単位体積重量は 9.8kN/m^3 とする。

【解答】(1) 土①，土②の損失水頭を Δh_1, Δh_2 とすると動水勾配は $\Delta h_1/20$, $\Delta h_2/30$。流速は一定なのでダルシー法則より，$v = ki = 5.0 \times 10^{-4} \times \Delta h_1/20 = 1.0 \times 10^{-4} \times \Delta h_2/30$ よって，$30\Delta h_1 = 4\Delta h_2$
また，土①，②全体での全水頭損失は $70 - 40 = 30\text{cm}$ なので，$\Delta h_1 + \Delta h_2 = 30$ 以上より，$\Delta h_1 = 3.53\text{cm}$, $\Delta h_2 = 26.47\text{cm}$

(2) 土層全体の下端を基準高差とした場合，土①下端での全水頭は (1) の結果より，$h_{1L} = 70 - 3.53 = 66.47\text{cm}$ 位置水頭は 30cm なので，圧力水頭は $66.47 - 30 = 36.47\text{cm}$ 間隙水圧は $u_{1L} = 0.3647 \times 9.8 = 3.57\text{kN/m}^2$ 全応力は $\sigma_{1L} = 0.2 \times 9.8 + 0.2 \times 20 = 5.96$，有効応力は $\sigma'_{1L} = 5.96 - 3.57 = 2.39\text{kN/m}^2$ となる。

問題 5.6 図の三層の異なる土質からから成る水平な成層地盤がある。水平方向，鉛直方向流れに対する地盤の平均透水係数を求めよ。

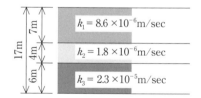

【解答】水平方向では，全ての土層で動水勾配が同じ。動水勾配を i_h とすると，それぞれの層における流速と単位奥行きあたりの流量は，$v_1 = k_1 i_h$, $q_1 = 7v_1$, $v_2 = k_2 i_h$, $q_2 = 4v_2$, $v_3 = k_3 i_h$, $q_3 = 6v_3$ である。水平方向の総流量は $q = q_1 + q_2 + q_3 = 7 \times 8.6 \times 10^{-6} i_h + 4 \times 1.8 \times 10^{-6} i_h + 6 \times 2.3 \times 10^{-5} i_h = 2.054 \times 10^{-4} i_h$ (m^2/sec)。平均流速は $v_h = 2.054 \times 10^{-4} i/17$ (m/sec)。ダルシー法則 $v_v = k_h i_h$ を考慮すると，$k_h = 2.054 \times 10^{-4}/17 = 1.2 \times 10^{-5}$ (m/sec)

鉛直方向では，各層で損失する水頭を h_1, h_2, h_3 とすると，各層の流速は，

$v_1 = k_1 \dfrac{h_1}{7}$, $v_2 = k_2 \dfrac{h_2}{4}$, $v_3 = k_3 \dfrac{h_3}{6}$ であり，連続条件より $v_1 = v_2 = v_3 = v_\mathrm{v}$　このとき，$h_1 = \dfrac{7v_\mathrm{v}}{k_1}$, $h_2 = \dfrac{4v_\mathrm{v}}{k_2}$, $h_3 = \dfrac{6v_\mathrm{v}}{k_3}$ である。全損失水頭は $h = h_1 + h_2 + h_3$，全体での動水勾配は $i_\mathrm{v} = h/17$　ダルシーの法則 $v_\mathrm{v} = k i_\mathrm{v}$ を考慮すると，$v_\mathrm{v} = k_\mathrm{v} \left(\dfrac{7v_\mathrm{v}}{k_1} + \dfrac{4v_\mathrm{v}}{k_2} + \dfrac{6v_\mathrm{v}}{k_3} \right) / 17$ より，$k_\mathrm{v} = 5.2 \times 10^{-6}$ m/sec
別法：$k_\mathrm{h} = \Sigma k_i \cdot d_i / D$, $k_\mathrm{v} = D / \Sigma (d_i / k_i)$ を適用。

問題 5.7　図の装置を用いて変水位透水試験を行ったところ，350 秒後にスタンドパイプ内の水位が 40cm から 35cm に低下した。この土の透水係数を求めよ。

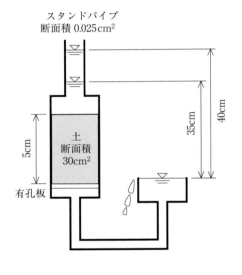

【解答】スタンドパイプ内の水位高さ H が微小な時間 dt で dH 低下するとき，スタンドパイプ内の降下水量は，$-0.025 dH$　試料の透水係数 k とした場合，ダルシー法則より流速は $v = k \dfrac{H}{5}$　dt の間に試料を通過する水量は $Q = 30k \dfrac{H}{5} dt = 6kH dt$　スタンドパイプの降下水量と試料通過水量は等しいので，$-0.025 dH = 6kH dt$, $-\dfrac{0.025}{H} dH = 6k dt$

$t = 0 \to 350$ ($H = 40 \to 35$) で積分すると，$0.025 \int_{35}^{40} \dfrac{1}{H} dH = 6k \int_0^{350} dt$, $0.025 (\ln 40 - \ln 35) = 6k \times 350$　よって，$k = 1.59 \times 10^{-6}$ cm/sec $= 1.59 \times 10^{-8}$ m/sec

参考：$k = [aL / A(t_2 - t_1)] \times \ln(H_1 / H_2)$

問題 5.8 50m 離れて運河と河川が平行して流れている。これらの下部地盤には不透水性の粘土層で挟まれた厚さ 1m の砂層地盤があり，運河の水がこの砂層を通って河川へと漏出している。運河の水位面は河川の水位面よりも 5m 高く，砂層の透水係数は $k = 3.8 \times 10^{-4}$m/sec である。運河の延長 100m からの 1 日の漏水量 Qm^3 を求めよ。

【解答】動水勾配 $i = \dfrac{5}{50} = 0.1$ なので，運河から河川への流速は $v = ki = 3.8 \times 10^{-4} \times 0.1 = 3.8 \times 10^{-5}$m/sec 単位変換を行うと，$v = 3.8 \times 10^{-5} \times 60 \times 60 \times 24 = 3.28$m/day

延長 100m あたりの漏水面積は 100m^2 なので，1 日当たり漏水量は $Q = vAt = 3.28 \times 100m^2 \times 1$ 日 $= 328$m^3

問題 5.9 図の透水性地盤に深さ 5m まで止水矢板を打ち込み，片側に 6m の水位で貯水をした。地盤の透水係数を $k = 1.0 \times 10^{-6}$m/sec とした場合，矢板右側の奥行き 1m あたりの地表面の漏水量は，1 日当たりでどのくらいになるか，流線網を描いて求めよ。

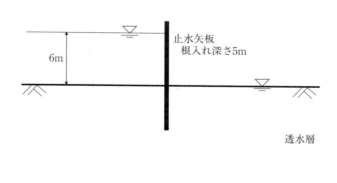

【解答】図解法によって求められた流線網の例を下図に示す。実線は等ポテンシャル線，破線は流線を表す。これらの線群は互いに直交し，区切られた要素は正方形を示しておく必要がある。流線網を描く手順として，まず境界条件を明らかにする。この場合，止水矢板左側，右側の地表面はそれぞれひとつの等ポテンシャル線であり，矢板面（左面→右面）および不透水層との境界はひとつの流線である。そして，少しずつ流線，等ポテンシャル線を描き直しながら完成させる。

下図では，透水層は流線によって $N_f = 5$ 区画，等ポテンシャル線によって $N_d = 9$ 区画に分割されている。透水係数は $k = 1.0 \times 10^{-6} \times 60 \times 60 \times 24 = 8.64 \times 10^{-2}$ m/day　奥行き 1m 当たりの日漏水量は $Q = k\Delta h \dfrac{N_f}{N_d} = 8.64 \times 10^{-2} \times 6 \times \dfrac{5}{9} = 0.288$ m^3

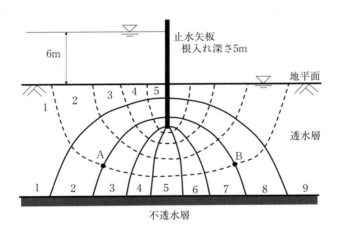

問題 5.10　問題 5.9 で描いた流線網において，深さ 9m の位置にある点 A および B での全応力，間隙水圧，有効応力を求めよ。ただし，透水層の飽和単位体積重量は 20kN/m^3，水の単位体積重量は 10kN/m^3 とする。

【解答】矢板前後の地表面で損失水頭は 6m　等ポテンシャル線によって流れ方

向に 9 区画に分割されているので，隣り合う等ポテンシャル線間の損失水頭は $6/9 = 0.67$m　地表面を位置水頭の基準高さとすると，点 A, B とも位置水頭は -9m　全水頭は点 A で $6-0.67\times 2 = 4.66$m, 点 B で $0.67\times 2 = 1.34$m　圧力水頭は全水頭と位置水頭の差なので，圧力水頭は点 A で $4.66 - (-9) = 13.66$m, 点 B で $1.34 - (-9) = 10.34$m　水圧は圧力水頭と水の単位体積重量の積で表されるので，間隙水圧は点 A で $13.66 \times 10 = 136.6$kN/m^2, 点 B で $10.34 \times 10 = 103.4$kN/m^2　全応力は，それぞれの点での上載圧なので，点 A では $\sigma_A = 6 \times 10 + 9 \times 20 = 240$kN/m^2, 点 B では $\sigma_B = 9 \times 20 = 180$kN/m^2　有効応力＝全応力-間隙水圧より，点 A で $\sigma'_A = 240 - 136.6 = 103.4$kN/m^2, 点 B で $\sigma'_B = 180 - 103.4 = 76.6$kN/m^2

問題 5.11　問題 5.9 において左側の貯水位を上げていく場合，矢板先端右側地盤においてボイリング破壊を生じる。この場合，貯水位についてボイリングへの安全率を求めよ。

【解答】 矢板先端右側の全応力は，$\sigma = 5 \times 20 = 100$kN/m^2　左側貯水位が Hm のとき，矢板先端の全水頭は $H/2$m　位置水頭は -5m なので，圧力水頭は $H/2 + 5$m　間隙水圧は $(H/2 + 5) \times 10$kN/m^2 で，これが全応力と等しくなるときボイリングが生じる。このとき，$H = 10$m である。現在の貯水位（6m）の安全率は，$F = 10/6 = 1.7$

問題 5.12　図のように，重力式ダムの下の地盤の流線網が与えられており，この地盤の透水係数は 5.0×10^{-5}m/sec である。以下の問いに答えよ。
(1) 奥行き 1m 当たりの 1 時間当たりの漏水量を求めよ。
(2) 点 A, B においてダムの底に作用する揚圧力を求めよ。ただし，水の単位体積重量は 10kN/m^3 とする。

第 5 章　透水特性

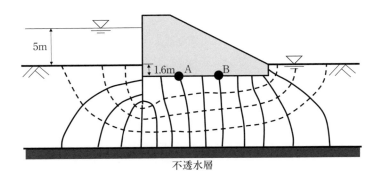

【解答】(1) 図より流線で区切られた部分 $N_\mathrm{f} = 4$, 等ポテンシャル線で区切られた部分 $N_\mathrm{d} = 14$　単位をそろえると，透水係数は，$k = 5.0 \times 10^{-5} \times 60 \times 60 = 0.18$m/時　1 時間当たりの漏水量は $Q = k\Delta h \dfrac{N_\mathrm{f}}{N_\mathrm{d}} = 0.18 \times 5 \times \dfrac{4}{14} = 0.257$m^3

(2) 地表面を位置水頭の基準とすると，上流側で全水頭 5m，下流側で全水頭 0m　点 A，B それぞれの全水頭は　点 A：$5 \cdot \dfrac{7}{14} = 2.5$m，点 B：$5 \cdot \dfrac{5}{14} = 1.79$m　位置水頭は，どちらも -1.6m なので，圧力水頭は点 A：$2.5 - (-1.6) = 4.1$m　点 B：$1.79 - (-1.6) = 3.39$m　よって，間隙水圧，つまり揚圧力は，点 A：41.0kN/m^2，点 B：33.9kN/m^2

問題 5.13　地表面に地下水位がある透水性地盤 (飽和単位体積重量) 17kN/m^3，透水係数 3.2×10^{-6}m/sec に地下構造物を建設するため，止水矢板を施工し，地下水位低下させながら 7m 掘削し，図の状態にある．以下の問いに答えよ．
(1) 現在の水位を維持するために必要な排水ポンプの容量を求めよ．ただし，掘削面の奥行き延長は 100m とする．
(2) 掘削面から 1m 下の点 A における全応力，間隙水圧，有効応力を求めよ．ただし，水の単位体積重量は 10kN/m^3 とする．
(3) 掘削側の水位を下げていった場合，点 A でボイリングが生じる水位を求めよ．

基礎・応用問題

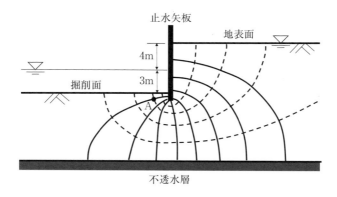

【解答】(1) 図より流線で区切られた部分 $N_f = 5$，等ポテンシャル線で区切られた部分 $N_d = 9$　単位をそろえると，透水係数は，$k = 3.2 \times 10^{-6} \times 60 \times 60 = 0.01152\text{m/時}$　1 時間当たりの掘削面からの漏水量は $Q = Lk\Delta h \dfrac{N_f}{N_d} = 100 \times 0.01152 \times 4 \times \dfrac{5}{9} = 2.56\text{m}^3$

(2) 掘削面を位置水頭の基準とすると，掘削面で，位置水頭 0m + 圧力水頭 3m =，全水頭 3m　よって，点 A における全水頭は，$3 + 4 \cdot \dfrac{1}{9} = 3.44\text{m}$　位置水頭は，-1m なので圧力水頭は 4.44m　間隙水圧は，44.4kN/m^2　全応力は，$\sigma = 3 \times 10 + 1 \times 17 = 47\text{kN/m}^2$　有効応力は，$\sigma' = 47 - 44.4 = 2.6\text{kN/m}^2$

(3) 水位が H のとき，点 A における圧力水頭は，$H + (7 - H) \cdot \dfrac{1}{9} - (-1) = \dfrac{8}{9}H + \dfrac{16}{9}$，間隙水圧は（圧力水頭 $\times 10 =$）$\dfrac{80}{9}H + \dfrac{160}{9}\text{kN/m}^2$　全応力は，$\sigma = H \times 10 + 1 \times 17 = 10H + 17\text{kN/m}^2$　全応力と間隙水圧が等しいときボイリングが生じることから，$H = 0.7\text{m}$

問題 5.14　滞水層の透水性を調べるために，現場揚水試験を行った。厚さ 17m の砂層の下に粘土層があり，地下水位は地表下 1.5m で滞水している。砂層の透水係数を求めるために 1 本の井戸を掘り，5m および 10m 離れて水位観測孔を設けた。揚水量が毎秒 840cm^3 のときに定常状態に達して，水位も地表下 5.20m および 3.50m に落ち着いた。この砂層の透水係数を求めよ。また，井戸

の直径が1.2mであるとすると，定常水位は地表からどれだけの位置か求めよ．

【解答】ここで，粘土層は不透水層と考えられ，現場揚水試験の地下水面形状を表す式は，下図において，$Q \ln r = \pi k h^2 + C$（ここで，Cは積分定数）．2箇所の観測孔より透水係数を求めると，

$$k = \frac{Q}{\pi(h_2^2 - h_1^2)} \ln\left(\frac{r_2}{r_1}\right) \tag{1}$$

揚水量 $Q = 840 \text{cm}^3$ であり，

$r_1 = 500 \text{cm}$ のとき， $h_1 = 1,700 - 520 = 1,180 \text{cm}$,

$r_2 = 1,000 \text{cm}$ のとき， $h_2 = 1,700 - 350 = 1,350 \text{cm}$

式(1)に代入すると，

$$k = \frac{840}{\pi(1,350^2 - 1,180^2)} \ln\left(\frac{1,000}{500}\right) = 4.31 \times 10^{-4} \text{cm/sec}$$
$$= 4.31 \times 10^{-6} \text{m/sec}$$

井戸の水位は，式(1)で $r = 60\text{cm}$ のときの，h_0 を求めればよい．$r_1 = 500\text{cm}$ の

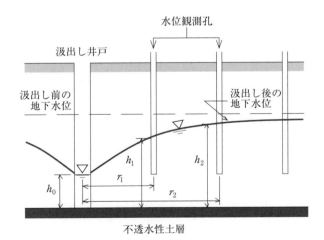

とき $h_1 = 1180$ cm を満たすので，$C = 840\ln(500) - \pi \cdot 4.31 \times 10^{-4} \cdot 1180^2 = 3334.92$　井戸の縁に相当する $r = 60$ cm での h を求めると

$$h_0 = \sqrt{\frac{Q\ln r - C}{\pi k}} = \sqrt{\frac{840\ln(60) - 3334.92}{\pi \cdot 4.31 \times 10^{-4}}} = 277.58 \text{cm}$$

よって地表下 $1700 - 277.58 = 1422.42$ cm

問題 5.15　地表近辺は，厚い粘土層に覆われ，その下に不透水粘土層にはさまれる形で厚さ 1.5m の砂層が存在する。この砂層に含まれる地下水は被圧されており，粘土層を貫通するように掘られた井戸では，奥行き 1m 当たり毎分 1.8m^3 の水を汲み上げている。この井戸から 5m および 30m 離れた場所に観測井を設け，水位を調べたところ，それぞれ砂層下部より 2.20m，3.15m であった。この透水層の透水係数を求めよ。

【解答】 下図のような掘抜き井戸による揚水試験を考える。2 個所の観測孔より透水係数を求めると，

$$k = \frac{Q}{2\pi(h_2 - h_1)D}\ln\left(\frac{r_2}{r_1}\right)$$

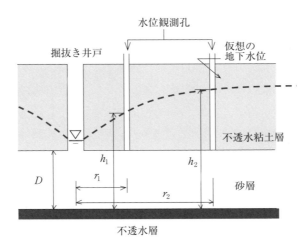

揚水量は毎分 $Q = 1.8\mathrm{m}^3$，砂層厚さ $D = 1.5\mathrm{m}$，$r_1 = 5\mathrm{m}$ のとき，$h_1 = 2.20\mathrm{m}$，$r_2 = 30\mathrm{m}$ のとき，$h_2 = 3.15\mathrm{m}$ を代入すると，

$$k = \frac{1.8}{2\pi(3.15 - 2.20) \times 1.5} \ln\left(\frac{30}{5}\right) = 0.36 \mathrm{m/min}$$
$$= 6.0 \times 10^{-3} \mathrm{m/sec}$$

問題 5.16 図のように傾斜 $15°$ の斜面があり，地表面から 1.5m の岩盤上を風化した土が覆っている。この風化層内で斜面と平行に地表面から 0.3m の位置に浸潤線が形成されている。このとき，岩盤に作用する水圧を求めよ。ただし，水の単位体積重量は $10\mathrm{kN/m}^3$ とする。

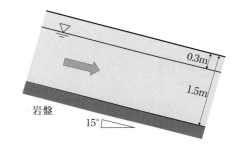

【解答】斜面に平行な一様流なので，右図の等ポテンシャル線（破線）が描ける。このとき，同じ等ポテンシャル線上にある点 A と B では全水頭が等しい。位置水頭の差は，$h_e = 1.2\cos 15°$ なので，圧力水頭は点 B の方が $h_p = 1.2\cos 15°$ だけ大きくなる。浸潤面上の点 A の圧力水頭はゼロなので，点 B における間隙水圧は $u = 1.2\cos 15° \times 10 = 11.6\mathrm{kN/m}^3$

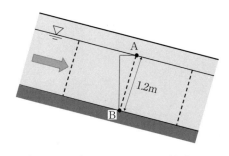

問題 5.17 図に示す透水係数 $k = 5.0 \times 10^{-6}$m/sec の材料から成る締切堤がある。締切堤の左側下端を $(x, z) = (0, 0)$ とし，浸潤面の式を求めよ。また，単位奥行当たりの 1 日の流量を求めよ。

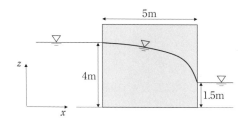

【解答】透水係数の単位を変換する。$k = 5.0 \times 10^{-6} \times 60 \times 60 \times 24 = 0.432$m/day　単位奥行当たりの流量 Q とすると，水平方向の流速 v を用いて，$Q = vz$ となる。デュプイの仮定より $v = -k\dfrac{dz}{dx}$ を代入すると，$Qdx = -kzdz$　両辺を積分すると $Qx = -\dfrac{k}{2}z^2 + C$。ここで，$C$ は積分定数，$x = 0$ のとき，$z = 4$ より，$C = 3.456$　$x = 5$ のとき，$z = 1.5$ を代入すると，$Q = 0.594$m^3/day　浸潤面は次式で与えられる。

$$z^2 = 16 - 2.75x$$

問題 5.18 鉛直方向と水平方向の透水係数が，それぞれ k_v, k_h と異なる異方性透水地盤の場合（図 (a)），連続式がラプラス式を満たさないため，図解法によって流線網を求めることができない。その場合，図の縮尺を水平方向に $\sqrt{k_v/k_h}$ 倍して（図 (b)），流線網を描き，縮尺を元に戻す（図 (c)）ことにより，図解法が適用可能であることを示せ。

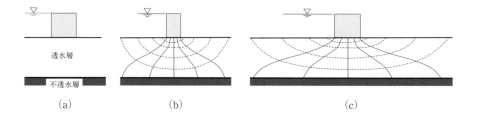

【解答】右図の二次元流れ場の微小要素 $dxdz$ を考える。要素への流入量は $v_x dz + v_z dx$, 流出量は $\left(v_x + \frac{\partial v_x}{\partial x}dx\right)dz + \left(v_z + \frac{\partial v_z}{\partial z}dz\right)dx$ であり，連続条件より流入量 = 流出量。$dxdz$ はゼロではないので，$\frac{\partial v_x}{\partial x} + \frac{\partial v_z}{\partial z} = 0$ の連続式が得られる。ここで，ダルシー法則 $v_x = -k_h \frac{\partial h}{\partial x}$, $v_z = -k_v \frac{\partial h}{\partial z}$ を連続式に代入すると，$k_h \frac{\partial^2 h}{\partial x^2} + k_v \frac{\partial^2 h}{\partial z^2} = 0$ となり，ラプラス式を満たさない。ここで，$X = \sqrt{\frac{k_v}{k_h}} \cdot x$ を適用すると，$\frac{\partial X}{\partial x} = \sqrt{\frac{k_v}{k_h}}$ となり，連続式の第 1 項は $k_h \frac{\partial^2 h}{\partial x^2} = k_h \frac{\partial}{\partial x}\left(\frac{\partial h}{\partial x}\right) = k_h \frac{\partial}{\partial x}\left(\frac{\partial X}{\partial x}\frac{\partial h}{\partial X}\right) = \sqrt{k_v k_h}\frac{\partial}{\partial x}\left(\frac{\partial h}{\partial X}\right) = \sqrt{k_v k_h}\frac{\partial X}{\partial x}\frac{\partial}{\partial X}\left(\frac{\partial h}{\partial X}\right) = k_v \frac{\partial^2 h}{\partial X^2}$ よって，連続式は $\frac{\partial^2 h}{\partial X^2} + \frac{\partial^2 h}{\partial z^2} = 0$ となり X-z 空間でラプラス方程式を満たすようになり，図解法が適用できる。なお，以上は異方性透水地盤の図解法である。

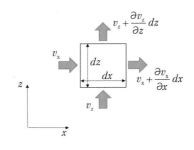

問題 5.19 次ページの図のように，堤内（図の右）側にドレーンを設置した河川堤防がある。この河川堤防の計画高水位は 6m であり，浸潤線が堤内側ドレーンに達した状態の流線網が描かれている。堤体の透水係数は $k = 1.5 \times 10^{-6}$m/sec である。以下の問いに答えよ。

(1) 堤防延長 100m 毎に堤内において，堤防からの漏水の処理をしなければならないが，1 時間当たりの漏水の流量を求めよ。
(2) 堤体内で生じる局所動水勾配の最大値を求めよ。なお，ドレーン近くの等ポテンシャル線の間隔が最も狭い箇所の流線表を 0.8m とする。

基礎・応用問題

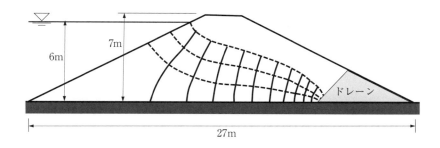

【解答】(1) 図より流線で区切られた部分 $N_\mathrm{f} = 3$,等ポテンシャル線で区切られた部分 $N_\mathrm{d} = 11$。単位をそろえると,透水係数および 1 時間当たりの漏水量は,それぞれ,$k = 1.5 \times 10^{-6} \times 60 \times 60 = 5.4 \times 10^{-3}$ m/時

$$Q = Lk\Delta h \frac{N_\mathrm{f}}{N_\mathrm{d}} = 100 \times 5.4 \times 10^{-3} \times 6 \times \frac{3}{11} = 0.88 \mathrm{m}^3$$

(2) 等ポテンシャル線間の全水頭差は $\dfrac{6}{11}$ m 右図より,最も等ポテンシャル線の間隔が狭い箇所での流線長は 0.8 m であるので,局所動水勾配は $\dfrac{6}{11} \div 0.8 = 0.68$

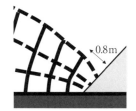

記述問題

記述 5.1 透水係数に影響する要因を 4 つ挙げ,それぞれどのように影響するかを述べよ。

記述 5.2 堆積により水平方向に成層構造になっている地盤について,水平方向と鉛直方向の透水係数の関係を説明せよ。

記述 5.3 地下水の流れにおいてベルヌーイの定理を考える場合,無視するエネルギーを挙げ,その理由を説明せよ。

記述 5.4 土の透水で考える水頭の意味を説明し,水頭を 3 種類挙げて,それ

らの関係を説明せよ．

記述 5.5　地下水位が標高の低い場所から高い場所に流れる場合について，その理由を述べよ．

記述 5.6　フローネットによる図解法の意味と利点を説明せよ．

記述 5.7　不透水層の基盤上の透水地盤が矢板で仕切られ，上下流に水位差がある二次元の流れの場において，フローネットを描く際に，明らかな等ポテンシャル線および流線を，それぞれ 2 つずつ示せ．

記述 5.8　フローネットを描く場合の留意点を 3 つ挙げて，説明せよ．

記述 5.9　不透水層上の締切り土堤の左右に水位差がある場合の締切り堤内の浸透について，デュプイの仮定を説明し，その効用を述べよ．

記述 5.10　重力井戸と掘り抜き井戸による揚水試験の目的と計測項目を説明せよ．

第6章 圧密

要点

目的：土あるいは地盤に特有な現象である圧密について，その発生機構，進行過程，圧密理論およびそれに基づく沈下量などの圧密特性の予測，圧密試験を理解する。

キーワード：$e \sim \log p$ 曲線，正規圧密，過圧密，過圧密比，K_0 圧密，テルツァーギの一次元圧密理論，体積圧縮係数，時間係数，圧密度，沈下量，圧密試験，$\sqrt{t}$ 法，$\log t$ 法，一次圧密，二次圧密

6.1 圧密の機構

圧密とは，外荷重により上昇した間隙水圧により，間隙水が排水されて，土が体積収縮する変形の時間的遅れ現象であり，体積収縮（＝圧縮）により密度が増加することに由来する。

6.2 圧密による応力，変形の変化

圧密により粘土層の応力や変形の特性が時間変化する。応力では全応力 σ，間隙水圧 u および有効応力 σ' が，変形では鉛直ひずみ ε がある。体積圧縮係数 m_v は，式 (6.1) のように鉛直ひずみ ε で表わされる。

$$m_\mathrm{v} = (\Delta V_\mathrm{v}/V_0)/p = (\Delta z/H)/p = \varepsilon/p \tag{6.1}$$

6.3 圧密の進行過程

圧密圧力と間隙比の関係を $e \sim \log p$ 曲線で表すと直線関係になる。この直線

は式 (6.4) で表され，係数の C_c（> 0）は圧縮指数である．通常の粘土の圧縮指数は 0.2〜0.9 の範囲の値をとることが多い．

$$e - e_0 = C_c \log\,(p_0/p) \tag{6.4}$$

現在の原位置での圧密圧力は，有効土被り圧 p_0 である．また，圧密試験から得られる圧密降伏応力 p_c は先行圧密応力と等しいが，p_c と p_0 との大小関係は，式 (6.5) の過圧密比で表わされる．

$$\text{過圧密比}: \text{OCR} = p_c/p_0 \tag{6.5}$$

ここで，p_c は p_0 以上であるので過圧密比は 1 以上であるが，過圧密比が 1 である粘土は正規圧密粘土，1 より大きい粘土は過圧密粘土と呼ぶ．

なお，圧密圧力の除荷過程では，圧密過程と同様に $e\sim\log p$ の関係では式 (6.6) の直線で近似でき，係数 C_s は膨張指数（> 0）である．

$$e - e_0 = C_s \log\,(p_0/p) \tag{6.6}$$

6.4 圧密の理論

地下水位以下にある層厚 H で飽和した粘土層がある．半無限に広がる地盤の地表面に，荷重 p が作用すると，粘土層では圧密が発生し，間隙水の排水による圧密の結果，地表面（あるいは粘土層上面）では沈下が発生する．深度方向および時間経過による圧密の進行は，テルツァーギの（一次元）圧密理論で取り扱われる（図 6.9）．

式 (6.15) は，圧密方程式の一般解である．

$$u = \frac{2}{H} \sum_{n=1}^{\infty} \left[\exp\left\{ -\left(\frac{2n-1}{2}\pi\right)^2 \cdot T_v \right\} \cdot \cos\left(\frac{2n-1}{2}\pi\frac{z}{H}\right) \right. \\ \left. \times \int_0^H u_0(z) \cos\left(\frac{2n-1}{2}\pi\frac{z}{H}\right) dz \right] \tag{6.15}$$

6.4 圧密の理論

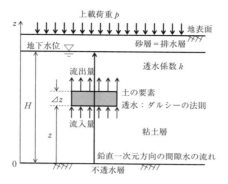

図 **6.9** 一次元圧密理論の地盤モデル

ここで，式中の T_v は式 (6.16) で定義される時間係数（無次元量）であるが，時間 t と比例関係にある。

$$T_v = \frac{c_v t}{H^2} \tag{6.16}$$

なお，荷重の作用時に粘土層内に発生する間隙水圧 $u_0(z) = p$ の場合，式 (6.15) は式 (6.17) になる。式 (6.17) の $u(z)$ を図化すると図 6.10 になる。

$$u = \frac{4p}{\pi} \sum_{n=1}^{\infty} \frac{(-1)^{n+1}}{(2n-1)} e^{-\left(\frac{2n-1}{2}\pi\right)^2 T_v} \cdot \cos\left(\frac{2n-1}{2}\pi \frac{z}{H}\right) \tag{6.17}$$

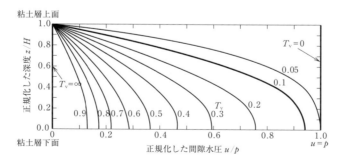

図 **6.10** 正規化された深さ方向の正規化された間隙水圧の分布の時間変化

6.5 圧密の予測

圧密の開始から終了までの間の圧密の進行度合いは，有効応力 σ'，間隙水圧 u，鉛直ひずみ ε および沈下量 S について，圧密開始時で $\sigma' = 0$，$u = u_0$，$\varepsilon = 0$，$S = 0$，圧密終了時で $\sigma = \sigma'_\mathrm{f}$，$u = 0$，$\varepsilon = \varepsilon_\mathrm{f}$，$S = S_0$ とすると，圧密度として，それぞれ式 (6.18) で定義される。

$$U = \frac{\sigma'}{\sigma'_\mathrm{f}} = \frac{u_0 - u}{u_0} = \frac{\varepsilon - \varepsilon_0}{\varepsilon_\mathrm{f} - \varepsilon_0} = \frac{S}{S_0} \tag{6.18}$$

また，粘土層全体の圧密度 $U(T_\mathrm{v})$ は，粘土層全体の平均的な間隙水圧から，式 (6.19) で求まる。

$$U(T_\mathrm{v}) = \frac{\bar{u}_0 - \bar{u}}{\bar{u}_0} = 1 - \frac{\int_0^H u(z)dz}{\int_0^H u_0(z)dz} \tag{6.19}$$

間隙水圧分布 $u_0(z) = p$ とすると，圧密度は式 (6.21) で得られる。

$$U(T_\mathrm{v}) = 1 - \frac{8}{\pi^2} \sum_{n=1}^\infty \frac{1}{(2n-1)^2} e^{-\left(\frac{2n-1}{2}\pi\right)^2 \cdot T_\mathrm{v}} \tag{6.21}$$

式 (6.21) は図 6.12 になるが，片面排水の粘土層で，u_0 は一様分布の場合である。

圧密による影響の沈下量は，圧密度による算定式 (6.33) で得られる。さらに，圧密終了時は $U(T_\mathrm{v}) = 1.0$ なので，最終沈下量 S_0 は式 (6.34) で得られる。

$$S = m_\mathrm{v} H \bar{u}_0 U(T_\mathrm{v}) \tag{6.33}$$

$$S_0 = m_\mathrm{v} H \bar{u}_0 \tag{6.34}$$

その他の沈下量の算出方法は，

(1) 間隙比 e の変化による方法：$S = \Delta e \cdot H/(1 + e_0)$ (6.36)

ここに，e_0：圧密開始時の間隙比，Δe：圧密による間隙比の減少量（> 0）

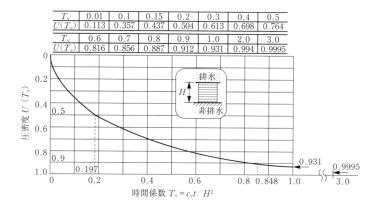

図 **6.12** 圧密度 $U(T_v)$ と時間係数 T_v の関係例（片面排水，u_0 一様分布）

(2) 含水比 w の変化による方法：$S = \rho_s \cdot \Delta w \cdot H / (\rho_w + \rho_s w_0)$ (6.37)

ここに，w_0：圧密開始時の含水比，Δw：含水比の減少量（> 0），ρ_s：粘土の密度，ρ_w：水の密度

(3) 有効上載圧 p の変化による方法：$S = H \cdot C_c / (1+e_0) \times \log[p_2/p_1]$ (6.38)

ここに，p_1, p_2：圧密開始時，圧密進行時の有効上載圧，C_c：圧縮指数，e_0：圧密開始時の間隙比

6.6 圧密試験

圧密沈下量の予測には，粘土の圧密係数 c_v が必要であるが，圧密試験で求める。試験結果から圧縮曲線を描き，圧密降伏圧力 p_c を求めるが，キャサグランデ法と三笠法がある。また，圧密係数を求める方法には，$\sqrt{t}$ 法と $\log t$ 法がある。$\sqrt{t}$ 法は圧密度 $U = 90\%$ の時間係数が $T_v = 0.848$ であること，$\log t$ 法は圧密度 $U = 50\%$ の時間係数が $T_v = 0.197$ であることを利用している。

$\sqrt{t}$ 法では式 (6.40) により圧密係数を算出する。

$$c_v = T_v H^2 / t = 0.848 H^2 / t_{90} \tag{6.40}$$

$\log t$ 法では図 6.23 のように，縦軸に変位計の読み d，横軸に経過時間 t とした圧密量～時間曲線の d～$\log t$ 曲線を描く。圧密度 50％に相当する圧密量 d_{50} から，圧密時間 t_{50} により，式 (6.44) により圧密係数を算出する。

$$c_\mathrm{v} = T_\mathrm{v} H^2 / t = 0.197 H^2 / t_{50} \tag{6.44}$$

圧密量～時間曲線において，圧密度 100％までの領域を一次圧密，それ以降の領域を二次圧密と呼ぶ。なお，通常，圧密は一次圧密を対象とする。

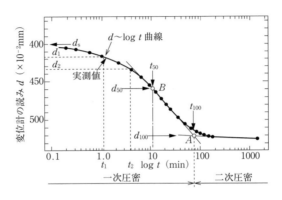

図 **6.23** $\log t$ 法による圧密係数の求め方

基礎・応用問題

問題 6.1 上部のみ砂層と接している層厚 3m の飽和粘土層がある。構造物の建設により，均等に圧密荷重が載荷されて間隙比が 2.00 から 1.60 に減少した。この粘土層の沈下量を求めよ。

【解答】粘土層に生じる鉛直ひずみの変化 $\Delta\varepsilon$ は次式で計算できる。

$$\Delta\varepsilon = -\frac{\Delta e}{1+e_0} = -\frac{e-e_0}{1+e_0} = -\frac{1.6-2.0}{1+2.0} = 0.13333$$

したがって，粘土層の沈下量 S は鉛直ひずみの変化 $\Delta\varepsilon$ と層厚 H から次のようになる。

$$S = \Delta\varepsilon H = 0.13333 \times 3.0 = 0.4\text{m}$$

問題 6.2 上下を砂層に挟まれた層厚 4m の飽和粘土層がある。粘土層中央部における有効土被り圧は $\sigma'_v = 60\text{kN/m}^2$ であるが，盛土を建設することにより有効応力が $\sigma'_v = 40 \text{ kN/m}^2$ 増加し，一様に圧密が発生した。この粘土層の圧密沈下量を求めよ。ただし，粘土層の体積圧縮係数は $m_v = 0.0025\text{m}^2/\text{kN}$ である。

【解答】粘土層に生じる鉛直ひずみの変化量 $\Delta\varepsilon$ は次式を使って計算できる。すなわち，$\Delta\varepsilon = m_v \Delta\sigma'_v = 0.0025 \times 40.0 = 0.1$

したがって，$S = \Delta\varepsilon H = 0.1 \times 4.0 = 0.4\text{m}$

問題 6.3 上下を砂層に挟まれた層厚 5m の飽和した正規圧密粘土層がある。粘土層中央部における有効土被り圧は $\sigma'_v = 30\text{kN/m}^2$ であるが，盛土を建設することにより有効応力が $\sigma'_v = 50 \text{ kN/m}^2$ 増加し，一様に圧密が発生した。この粘土層の圧密沈下量を求めよ。ただし，粘土層の初期間隙比は $e_0 = 1.80$，圧縮指数は $C_c = 0.75$ である。

【解答】間隙比の変化 Δe は，次式などから計算できる．すなわち，

$$\Delta e = e - e_0 = -C_c \log \left(\frac{\sigma'_v + \Delta \sigma'_v}{\sigma'_v} \right)$$

$$= -0.75 \times \log \left(\frac{30.0 + 50.0}{30.0} \right) = -0.3195$$

したがって，鉛直ひずみの変化 $\Delta \varepsilon$ は，

$$\Delta \varepsilon = -\frac{\Delta e}{1 + e_0} = -\frac{-0.3195}{1 + 1.8} = 0.1141$$

ゆえに，沈下量は，$S = \Delta \varepsilon H = 0.1141 \times 5.0 = 0.5705 \mathrm{m}$

問題 6.4 上下を砂層に挟まれた層厚 3m の飽和した過圧密粘土層がある．粘土層中央部における有効土被り圧が $\sigma'_v = 60 \mathrm{kN/m^2}$ であるが，盛土を建設することにより有効応力が $\sigma'_v = 80 \ \mathrm{kN/m^2}$ 増加し，一様に圧密が発生した．この粘土層の圧密沈下量を求めよ．ただし，粘土層の初期間隙比は $e_0 = 1.60$，圧縮指数は $C_c = 0.45$，膨潤指数は $C_s = 0.045$，圧密降伏応力は $\sigma'_{vc} = 80 \mathrm{kN/m^2}$ である．

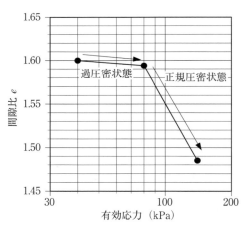

【解答】過圧密領域，すなわち，$\sigma'_v = 60\mathrm{kN/m^2}$ から圧密降伏応力 ($\sigma'_{vc} = 80\mathrm{kN/m^2}$) までの間隙比の変化量 Δe^O は，

$$\Delta e^O = -C_s \log \left(\frac{\sigma'_{vc}}{\sigma'_v} \right) = -0.045 \log \left(\frac{80}{60} \right) = -0.0056$$

正規圧密領域，すなわち，圧密降伏応力 ($\sigma'_{vc} = 80\mathrm{kN/m^2}$) から増加後の有効

応力 ($\sigma'_v + \Delta\sigma'_v = 60 + 80 = 140 \text{kN/m}^2$) までの間隙比の変化量 Δe^N は，

$$\Delta e^N = -C_c \log\left(\frac{\sigma'_v + \Delta\sigma'_v}{\sigma'_{vc}}\right) = -0.45 \log\left(\frac{140}{80}\right) = -0.1094$$

したがって，有効土被り圧が 60kN/m^2 から 140kN/m^2 に増加するときの間隙比の変化量 Δe は，$\Delta e = \Delta e^O + \Delta e^N = -0.0056 - 0.1094 = -0.1150$

次に，鉛直ひずみの変化 $\Delta\varepsilon$ は，$\Delta\varepsilon = -\dfrac{\Delta e}{1+e_0} = -\dfrac{-0.1150}{1+1.6} = 0.04423$

ゆえに沈下量は，$S = \Delta\varepsilon H = 0.04423 \times 3.0 = 0.133 \text{m}$

問題 6.5 圧縮指数 $C_c = 0.5$ および膨潤指数 $C_s = 0.05$ である粘土層がある。この粘土層は正規圧密状態において，上載圧 10kN/m^2 において間隙比が $e_0 = 2.25$ である。この粘土層が上載圧 40kN/m^2 を受けて正規圧密状態にあるとき，以下の問いに答えよ（右図参照）。

(1) 上載圧 40kN/m^2 における間隙比を求めよ。

(2) (1) の状態から載荷をして，上載圧の増加が $\sigma_v = 40 \text{kN/m}^2$ である時，圧密終了時の間隙比を求めよ。

(3) (2) の状態から除荷をして，上載圧 40kN/m^2 になった時の間隙比を求めよ。

(4) (3) の状態から載荷をして，上載圧の増分が $\sigma_v = 80 \text{kN/m}^2$ である時，圧密終了時の間隙比を求めよ。

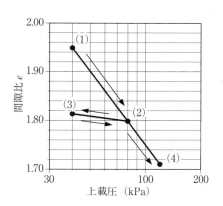

【解答】 (1) 上載圧 40kN/m^2 における間隙比を e_1 とすれば，e_1 は現在の粘土の状態が正規圧密状態であるので，次式となる。ただし，p_1 は 40kN/m^2 である。

$$e_1 = e_0 - C_c \log\left(\frac{p_1}{p_0}\right) = 2.25 - 0.5 \log\left(\frac{40}{10}\right) = 2.25 - 0.3010$$
$$= 1.9490$$

(2) (1) の状態から上載圧を $\sigma_v = 40\text{kN/m}^2$ だけ増加させたときの上載圧を p_2 とすれば，$p_2 = 40 + 40 = 80\text{kN/m}^2$

また，この過程も正規圧密状態のままなので，圧密終了時の間隙比 e_2 は，

$$e_2 = e_1 - C_c \log\left(\frac{p_2}{p_1}\right) = 1.9490 - 0.5 \log\left(\frac{80}{40}\right)$$
$$= 1.9490 - 0.1505 = 1.7985$$

(3) (2) の状態から除荷されて上載圧 $p_3 = 40\text{kN/m}^2$ になった。この過程は除荷過程であるので，明らかに過圧密状態である。したがって，その間隙比 e_3 は次のようになる。

$$e_3 = e_2 - C_s \log\left(\frac{p_3}{p_2}\right) = 1.7985 - 0.05 \log\left(\frac{40}{80}\right)$$
$$= 1.7985 + 0.0151 = 1.8135$$

(4) (3) の状態から $\sigma_v = 80\text{kN/m}^2$ が加えられると，上載圧は $p_4 = 120\text{kN/m}^2$ になる。このため，p_4 は (3) の状態の先行圧密圧力（圧密降伏応力）$p_c = 80\text{kN/m}^2$ を超えているので，先行圧密圧力（圧密降伏応力）に達するまでは過圧密状態，先行圧密圧力（圧密降伏応力）を越えると正規圧密状態となる。よって，圧密終了時の間隙比 e_4 は，

$$e_c = e_3 - C_s \log\left(\frac{p_c}{p_3}\right) = 1.8135 - 0.05 \log\left(\frac{80}{40}\right)$$
$$= 1.8135 - 0.0151 = 1.7985$$
$$e_4 = e_c - C_c \log\left(\frac{p_4}{p_c}\right) = 1.7985 - 0.5 \log\left(\frac{120}{80}\right)$$
$$= 1.7985 - 0.0880 = 1.7105$$

問題 6.6 図のように厚さ 5m の砂層の下に厚さ 10m の正規圧密状態の粘土層がある。最初，地表面下 1m の位置にあった地下水位が，地下水のくみ上げのために 3m 低下した時，この粘土層の圧密沈下量を求めよ。ただし，砂層は地下水面より上では $\gamma_t = 17.64\text{kN/m}^3$，地下水面以下では $\gamma_{sat} = 19.6\text{kN/m}^3$ である。また，粘土層の初期間隙比は $e_0 = 1.52$，圧縮指数は $C_c = 0.90$，飽和単位体積重量は $\gamma_{sat} = 16.66\text{kN/m}^3$ である。ただし，粘土に作用する有効応力は粘土の中心 A で代表させてよい。ただし，水の単位体積重量は 9.8kN/m^3

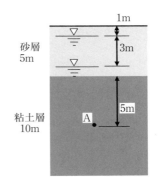

【解答】砂の湿潤単位体積重量：$\gamma_{t,\text{sand}} = 17.64\text{kN/m}^3$，
砂の水中単位体積重量：$\gamma'_{\text{sand}} = \gamma_{sat} - \gamma_w = 9.8\text{kN/m}^3$，
粘土の水中単位体積重量：$\gamma'_{\text{clay}} = \gamma_{sat} - \gamma_w = 6.86\text{kN/m}^3$

(1) 地下水が低下する前に A 点に作用していた有効応力 σ'_I
 地表面から地下水位面までの距離：$h_1 = 1.0\text{m}$，地下水位面から粘土層までの距離：$h_2 = 4.0\text{m}$，粘土層上面から A 点までの距離：$h_3 = 5.0\text{m}$

$$\sigma'_\text{I} = \gamma_{t,\text{sand}} \times h_1 + \gamma'_{\text{sand}} \times h_2 + \gamma'_{\text{clay}} \times h_3$$
$$= 17.64 \times 1.0 + 9.8 \times 4.0 + 6.86 \times 5.0 = 91.14\text{kN/m}^2$$

(2) 地下水が低下した後に A 点に作用している有効応力 σ'_II
 地表面から地下水位面までの距離：$h_1 = 4.0\text{m}$，地下水位面から粘土層までの距離：$h_2 = 1.0\text{m}$，粘土層上面から A 点までの距離：$h_3 = 5.0\text{m}$

$$\sigma'_\text{II} = \gamma_{t,\text{sand}} \times h_1 + \gamma'_{\text{sand}} \times h_2 + \gamma'_{\text{clay}} \times h_3$$
$$= 17.64 \times 4.0 + 9.8 \times 1.0 + 6.86 \times 5.0 = 114.66\text{kN/m}^2$$

したがって，地下水位の低下による間隙比の変化 Δe は，

$$\Delta e = -C_\mathrm{c} \log\left(\frac{\sigma'_{II}}{\sigma'_I}\right) = -0.9 \log\left(\frac{114.66}{91.14}\right) = -0.08973$$

次に,鉛直ひずみの変化 $\Delta\varepsilon$ は,$\Delta\varepsilon = -\dfrac{\Delta e}{1+e_0} = -\dfrac{-0.08973}{1+1.52} = 0.0356$

よって,沈下量は,$S = \Delta\varepsilon H = 0.0356 \times 10.0 = 0.356\mathrm{m}$

問題 6.7 層厚 6m の一様な粘土層(体積圧縮係数 $m_\mathrm{v} = 4.0 \times 10^{-3} \mathrm{m}^2/\mathrm{kN}$,透水係数 $k = 1.0 \times 10^{-4}\mathrm{m/day}$)がある。いま,等分布荷重 $50\ \mathrm{kN/m^2}$ が地盤表面に載荷された時,以下の問いに答えよ。ただし,水の単位体積重量は $9.81\mathrm{kN/m^3}$,時間係数 $T_\mathrm{v50\%} = 0.197$ である。
(1) この粘土層の両面排水条件下において,50%圧密に要する時間を求めよ。
(2) 片面排水条件下において,50%圧密に要する時間を求めよ。
(3) 片面排水,両面排水条件における最終沈下量を計算せよ。

【解答】(1) 両面排水条件であるので排水距離 $\overline{H}$ は層厚 H の $\dfrac{1}{2}$ である3mとなる。また,圧密係数 c_v は,

$$c_\mathrm{v} = \frac{k}{\gamma_\mathrm{w} m_\mathrm{v}} = \frac{1 \times 10^{-4}}{9.81 \times (4.0 \times 10^{-3})} = 2.548 \times 10^{-3}\mathrm{m^2/day}$$

時間係数 T_v と圧密時間 t,$\overline{H}$ および c_v の関係は $T_\mathrm{v} = \dfrac{c_\mathrm{v}}{\overline{H}^2}t$,つまり,$t = \dfrac{\overline{H}^2}{c_\mathrm{v}}T_\mathrm{v}$

したがって,$t_{50\%} = \dfrac{\overline{H}^2}{c_\mathrm{v}}T_\mathrm{v50\%} = \dfrac{3^2}{2.548 \times 10^{-3}} \times 0.197 = 695.73\mathrm{day}$

(2) 片面排水条件のときの排水距離 $\overline{H}$ は層厚 H と等しいので,$\overline{H} = 6\mathrm{m}$

したがって,$t_{50\%} = \dfrac{\overline{H}^2}{c_\mathrm{v}}T_\mathrm{v50\%} = \dfrac{6^2}{2.548 \times 10^{-3}} \times 0.197 = 2{,}782.90\mathrm{day}$

(3) 片面排水,両面排水の最終沈下量は等しい。体積圧縮係数 m_v は $4.0 \times 10^{-3}\mathrm{m^2/kN}$ であるので,$\Delta\sigma = 50\mathrm{kN/m^2}$ である時に粘土層に生じるひずみは,$\varepsilon = m_\mathrm{v} \times \Delta\sigma = 4 \times 10^{-3} \times 50 = 0.2$

したがって,最終沈下量 S_f は,$S_\mathrm{f} = \varepsilon \times H = 0.2 \times 6 = 1.2\mathrm{m}$

問題 6.8 上下を砂層に挟まれた層厚 3m の飽和粘土層において，盛土の建設により圧密が発生した。この粘土層が最終沈下量の 90% まで圧密が進行するのに要する時間を求めよ。ただし，粘土層の圧密係数 $c_v = 60\text{cm}^2/\text{day}$，時間係数 $T_{v90\%} = 0.848$ である。

【解答】 砂層は排水層と見なすが，粘土層の上下に存在するので，両面排水条件である。したがって，排水距離 $\overline{H}$ は，$\overline{H} = \dfrac{300}{2} = 150\text{cm}$

ここで，問題 6.7 の解答のように，$t = \dfrac{\overline{H}^2}{c_v}T_v$ を使えば，90% の圧密に要する時間は，$t_{90\%} = \dfrac{\overline{H}^2}{c_v}T_{v90\%} = \dfrac{150^2}{60} \times 0.848 = 318.0\text{day}$

問題 6.9 層厚 6.0m の飽和粘土層の上下面が砂層に接している。粘土層中央における有効土被り圧が $\sigma_v' = 20\text{kN/m}^2$ であり，盛土建設によって $\sigma_v' = 50\text{kN/m}^2$ の荷重が増加した時，1 年間に 50% の圧密が生じた。透水係数を $k = 8.0 \times 10^{-5}\text{m/day}$ として，この粘土層の最終沈下量を求めよ。ただし，時間係数 $T_{v50\%} = 0.197$ とする。

【解答】 1 年間（$= 365.24\text{day}$）に 50% の圧密が生じたことから，圧密係数 c_v が求められる。すなわち，$T_v = \dfrac{c_v}{\overline{H}^2}t$ から $c_v = \dfrac{T_v \overline{H}^2}{t}$ また，粘土層は砂層に挟まれているので，両面排水条件と見なせるので，排水距離は $\overline{H} = 6/2 = 3\text{m}$

よって，圧密係数 c_v は，$c_v = T_v\dfrac{\overline{H}^2}{t} = 0.197\dfrac{3^2}{365.24} = 4.854 \times 10^{-3}\text{m}^2/\text{day}$

次に，体積圧縮係数 m_v は，$m_v = \dfrac{k}{\gamma_w c_v} = \dfrac{8 \times 10^{-5}}{9.8 \times (4.854 \times 10^{-3})} = 1.682 \times 10^{-3}\text{m}^2/\text{kN}$

さらに，圧密終了時点において，この粘土層におけるひずみは，$\varepsilon = m_v \times \Delta\sigma_v' = 1.682 \times 10^{-3} \times 50 = 8.408 \times 10^{-2}$

したがって，圧密終了時点においてこの粘土層の沈下量は，$S_f = \varepsilon \times H =$

$8.408 \times 10^{-2} \times 6 = 0.5045\text{m}$

問題 6.10 下面は不透水層に，上面は砂層に挟まれた厚さ 3.0m の均質な正規圧密粘土層がある．この粘土層に一様な荷重 $\sigma'_v = 50\text{kN/m}^2$ が載荷された時，以下の問いに答えよ．なお，この粘土の標準圧密試験（試料厚さ 2.0cm，両面排水条件）において 50%圧密に達するのに 30 分を要した．また，この粘土の体積圧縮係数は $m_v = 0.002\text{m}^2/\text{kN}$ で，時間係数は $T_{v50\%} = 0.197$ とする．

(1) この粘土の圧密係数を求めよ．
(2) この粘土層が 50%圧密に達するのに必要な時間を求めよ．
(3) この粘土層の 50%圧密時における沈下量を求めよ．

【解答】(1) 圧密係数 c_v は標準圧密試験の結果から求めることができる．標準圧密試験における供試体の厚さは 2cm であり，また，両面排水条件であるので，その排水距離 $\overline{H}$ は，$\overline{H} = \dfrac{2}{2} = 1\text{cm} = 0.01\text{m}$　50%圧密に要する時間は 30 分であるので，日に直すと 0.02083day となる．よって，c_v は，
$c_v = T_{v50\%} \dfrac{\overline{H}^2}{t} = 0.197 \dfrac{0.01^2}{0.02083} = 9.456 \times 10^{-4} \text{m}^2/\text{day}$

(2) 粘土層の下面は不透水層であるので，その排水距離 $\overline{H}$ は層厚と等しいので，$\overline{H} = 3.0\text{m}$ となる．よって，$t = \dfrac{\overline{H}^2}{c_v} T_v = \dfrac{3^2}{9.456 \times 10^{-4}} \times 0.197 = 1875.0\text{day}$

(3) $m_v = 0.002\text{m}^2/\text{kN}$ であるので，この粘土層の最終沈下量 S_f は，$S_f = m_v \times \Delta\sigma'_v \times H = 0.002 \times 50 \times 3 = 0.3\text{m}$
したがって，50%圧密時の沈下量は，$S = \dfrac{U}{100} S_f = \dfrac{50}{100} \times 0.3 = 0.15\text{m}$

問題 6.11 上下を砂層にはさまれた厚さ 10m の飽和粘土層がある．この層の中央部から試料を採取して圧密試験を行った結果，圧密係数 c_v =48.5cm^2/day であった．この地盤に構造物が建てられた場合，構造物荷重による沈下量は 100cm と推定されている．圧密度 $U = 50\%$ の時の時間係数 T_v =0.197，$U = 30\%$ の

時の時間係数 $T_v = 0.071$ とする。

(1) 50cm の沈下量に達するのに要する日数を求めよ。

(2) 1年（365日）後の粘土層の圧密度およびそのときの沈下量 S を求めよ。

【解答】(1) 両面排水であるので排水距離は，$H/2 = 10\text{m}/2 = 500\text{cm}$ となる。したがって，沈下時間 t は，

$$t = \frac{T_v(H/2)^2}{c_v} = \frac{0.197 \times 500^2}{48.5} = 1015.5 \text{ 日}$$

(2) $t = 365$ 日に対する時間係数 $T_v = \dfrac{t \times c_v}{(H/2)^2} = \dfrac{365 \times 48.5}{500^2} = 0.071$

ここで，$T_v = 0.071$ に対応する圧密度は 30% であるので，沈下量 $S = 100\text{cm} \times 0.3 = 30\text{cm}$

問題 6.12 層厚 4m の正規圧密粘土地盤に等分布荷重 20kN/m^2 を加えた。圧密沈下量を求めよ。ただし，粘土地盤の土被りによる有効応力は 39.3kN/m^2，間隙比は 1.5，圧縮指数 $C_c = 0.8$ とする。

【解答】 $S = \dfrac{C_c}{1+e_0} \times H \times \log \dfrac{p}{p_0} = \dfrac{0.8}{1+1.5} \times 4 \times \log \dfrac{39.3+20}{39.3} = 0.23\text{m}$

問題 6.13 図のように地盤に厚さ 2m の盛土をする。①の単位体積重量 γ_t は 18kN/m^3，②は 16.5kN/m^3，③の γ' は 9.2kN/m^3 である。粘土層④の γ' は 7.0kN/m^3，初期間隙比 e_0 は 1.60，圧縮指数 C_c は 0.87 とする。

(1) 粘土層④が正規圧密粘土の場合の沈下量を求めよ。

(2) 粘土層④が過圧密粘土の場合の圧密による間隙比の変化量 Δe と沈下量を求めよ。過圧密領域の圧縮指数 C_C は正規圧密領域の 0.114 倍，圧密降伏応力 p_c は 62.0kN/m^2 とし，他の物性は上記と同じとする。

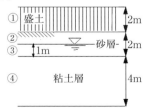

【解答】(1) $\Delta p' = 18\text{kN/m}^3 \times 2\text{m} = 36.0\text{kN/m}^2$ であり，粘土層の中心深さにおける盛土載荷前の有効応力は，$p'_0 = 16.5\text{kN/m}^3 \times 1\text{m} + 9.2\text{kN/m}^3 \times 1\text{m} + 7.0\text{kN/m}^3 \times 2\text{m} = 39.7\text{kN/m}^2$

よって，$S = \dfrac{C_c}{1+e_0} h \log \dfrac{p'}{p_{o'}} = \dfrac{0.87}{1+1.6} \times 400 \times \log \dfrac{39.7+36}{39.7} = 37.5\text{cm}$

(2) $\Delta e = 0.114 \times C_c \times \log \dfrac{p_c}{p_{o'}} + C_c \times \log \dfrac{p'}{p_c} = 0.099 \times \log \dfrac{62}{39.7} + 0.87 \times \log \dfrac{39.7+36}{62} = 0.0946$

$S = h \times \dfrac{\Delta e}{1+e_0} = 400 \times \dfrac{0.0946}{1+1.6} = 14.6\text{cm}$

問題 6.14 上下が排水層で挟まれた粘土層がある。最初に，この粘土層の層厚は H であったが，その半分を削って砂層に置換した場合の圧密時間を求めよ。また，初めの層厚 H の 3 分の 1 だけ削った場合の圧密時間を求めよ。

【解答】圧密度と時間係数は唯一の関係なので，時間係数の比較を行えばよい。層厚 H のときの時間係数は $T_v = \dfrac{c_v t}{(H/2)^2}$ なので，置換しない場合の圧密時間 $t_1 = \dfrac{T_v}{c_v}\left(\dfrac{H}{2}\right)^2$　半分を砂層に置換すると，排水距離が半分になるので，上式で $t_2 = \dfrac{T_v}{c_v}\left(\dfrac{H/2}{2}\right)^2 = \dfrac{t_1}{4}$　3 分の 1 を置換すると，排水距離が 3 分の 2 になるので，$t_2 = \dfrac{T_v}{c_v}\left(\dfrac{2H/3}{2}\right)^2 = \dfrac{4t_1}{9}$

問題 6.15 厚さ 5m の砂層の下に 1m の粘土層がある。地下水位が地表から -1m にあったが，工事のために -3m まで低下した。粘土層に生じる圧縮ひずみ量を求めよ。また，粘土の体積圧縮係数を求めよ。さらに，地下水位低下後，地表面に $p = 15\text{kN/m}^2$ の荷重を載せたときの体積圧縮係数を求めよ。ただし，砂層では $\gamma_t = 17.5\text{kN/m}^3$，$\gamma_{sat} = 20\text{kN/m}^3$，粘土層は正規圧密状態にあるものとし，$C_c = 0.60$，$e_0 = 2.0$，$\gamma_{sat} = 15.7\text{kN/m}^3$ とする。

【解答】図のような地盤を考える。

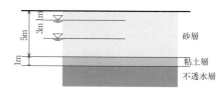

○粘土層中央では水位変化前
- 全応力：砂層（地下水位以上）$17.5 \times 1 = 17.5\text{kN/m}^2$
  砂層（地下水位以下）$20 \times 4 = 80\text{kN/m}^2$
  粘土層 $15.7 \times 0.5 = 7.85\text{kN/m}^2$
- 間隙水圧：水深 4.5m なので，$4.5 \times 9.8 = 44.1\text{kN/m}^2$
- 有効応力：$17.5 + 80 + 7.85 - 44.1 = 61.25\text{kN/m}^2$

○水位変化後
- 全応力：砂層（地下水位以上）$17.5 \times 3 = 52.5\text{kN/m}^2$
  砂層（地下水位以下）$20 \times 2 = 40\text{kN/m}^2$
  粘土層 $15.7 \times 0.5 = 7.85\text{kN/m}^2$
- 間隙水圧：水深 2.5m なので，$2.5 \times 9.8 = 24.5\text{kN/m}^2$
- 有効応力：$52.5 + 40 + 7.85 - 24.5 = 75.85\text{kN/m}^2$

正規圧密状態なので，水位変化後の間隙比は，$e = e_0 - C_\text{c} \log_{10} \dfrac{p}{p_0} = 2.0 - 0.6 \log_{10} \dfrac{75.85}{61.25} = 1.944$　ひずみは，$\varepsilon = \dfrac{\Delta e}{1 + e_0} \times 100 = \dfrac{2.0 - 1.944}{1 + 2.0} \times 100 = 1.87\%$　体積圧縮係数は，$m_\text{v} = \dfrac{\varepsilon}{\Delta \text{p}} = \dfrac{0.0187}{(75.85 - 61.25)} = 1.28 \times 10^{-3} \text{m}^2/\text{kN}$

さらに，地表面に $p = 15kN/m^2$ の荷重を載せると，$e = e_0 - C_\text{c} \log_{10} \dfrac{p}{p_0} = 2.0 - 0.6 \log_{10} \dfrac{75.85 + 15}{61.25} = 1.897$　ひずみは，$\varepsilon = \dfrac{\Delta e}{1 + e_0} \times 100 = \dfrac{1.944 - 1.897}{1 + 1.944} \times 100 = 1.60\%$　体積圧縮係数は，$m_\text{v} = \dfrac{\varepsilon}{\Delta \text{p}} = \dfrac{0.0160}{15} = 1.07 \times 10^{-3}\text{m}^2/\text{kN}$

問題 6.16 厚さ 2cm の粘土試料の圧密試験の結果，最初の 18 分で 50％圧密に達した。同じ排水条件にある厚さ 4m の同じ粘土層が 50％圧密に要する日数を求めよ。

【解答】時間係数 $T_v = \dfrac{c_v t}{D^2}$，ここで c_v：圧密係数，t：時間，D：排水長。

厚さ 2cm の粘土試料では $T_{v1} = \dfrac{c_v \cdot 0.3}{2^2}$　厚さ 4m では $T_{v2} = \dfrac{c_v t}{400^2}$

時間係数は排水条件によって圧密度と一意の関係。また圧密係数は，荷重段階によって同一の土では固有の値。よって，$T_{v1} = T_{v2}$ とすると，$t = 12{,}000$ hour → 500 日

問題 6.17 層厚 30m の粘土地盤上に構造物を築造したところ，沈下量が 20cm に達したところで停止した。構造物による平均圧力が 120KPa であるとした場合，圧縮係数 a_v，体積圧縮係数 m_v を求めよ。なお，粘土地盤の初期間隙比は 0.8 である。

【解答】圧縮係数 $a_v = \dfrac{\Delta e}{\Delta p}$　層厚 30m 中の固体部分の高さは $\dfrac{30}{1+e} = \dfrac{30}{1.8} = 16.67$m，間隙部分 13.33m　沈下量 20cm は間隙部分の圧縮によるので，$\Delta e = 0.8 - \dfrac{13.33 - 0.2}{16.67} = 0.0124$

よって，$a_v = \dfrac{0.0124}{12} = 1.03 \times 10^{-3}$ (m²/tf)

体積圧縮係数 $m_v = \dfrac{\Delta V/V}{\Delta p} = \dfrac{0.2/30}{120} = 5.56 \times 10^{-5}$ m²/kN

問題 6.18 上下面とも砂層にはさまれた厚さ 10m の飽和粘土層が，幅広い構造物荷重によって圧密され，その最終圧密沈下量が 60cm と推定されている。この粘土層の圧密係数は，圧密試験の結果から $c_v = 3.0 \times 10^{-2}$ (cm²/min) であった。ただし，時間係数 $T_{v50} = 0.197$

(1) 最終圧密沈下量の半分の沈下量の達する日数を求めよ。

(2) 1年後の粘土層の圧密度とそのときの圧密沈下量を求めよ。

(3) もし，粘土層の下面だけが不透水性の基盤であるとした場合の，1年後の圧密沈下量を求めよ。

【解答】(1) $0.197 = \dfrac{3.0 \times 10^{-2}}{500^2} t_{50}$　$t_{50} = 1642000\,\text{min} = 1140\,\text{day}$

(2) 1年は525600minであり，$T = \dfrac{3.0 \times 10^{-2}}{500^2} 525600 = 0.063$　要点の図6.12より $U = 28\%$　よって，$S = S_{\text{final}} U = 60 \times 0.28 = 16.8\,\text{cm}$

(3) 片面排水の時，排水距離 $D = 1000\,\text{cm}$　$T = \dfrac{3.0 \times 10^{-2}}{1000^2} 525600 = 0.0158$，要点の図6.12より $U = 13\%$

$$S = S_{\text{final}} U = 60 \times 0.13 = 7.8\,\text{cm}$$

記述問題

記述6.1　一次圧密と二次圧密の差異を説明せよ。

記述6.2　同じ層厚の粘土層の片面排水と両面排水について，圧密時間と圧密量の差異を述べよ。

記述6.3　圧密において，間隙水圧と有効応力の関係を説明せよ。

記述6.4　先行圧密応力と圧密降伏応力について，それぞれの意味と両者の関係を説明せよ。

第 7 章　せん断

要点

目的：土のせん断現象は，土圧，支持力，斜面安定などに深く関係するため，せん断による土の強さと変形性に関する諸現象および基礎理論を理解する。

キーワード：モールの応力円，極，用極法，主応力面，最大主応力，最小主応力，せん断応力，せん断強度，（正・負）のダイレイタンシー，内部摩擦角，粘着力，強度増加率，クーロンの破壊規準，モール・クーロンの破壊規準と，スケンプトンの間隙圧係数，一軸圧縮試験，三軸圧縮試験，一面せん断試験，一軸圧縮強度，鋭敏比，非圧密非排水（UU）試験，圧密非排水（CU，$\overline{\text{CU}}$）試験，圧密排水（CD）試験，ストレスパス

7.1　モールの応力円

互いに直交する z 面と x 面に作用する 3 つの応力成分 $(\sigma_x, \sigma_z, \tau_{zx})$ が与えられたとき，任意の方向にある面（a 面）に作用する直応力とせん断応力 (σ_a, τ_a) が求められ，式 (7.3) の関係が得られる。

$$\left(\sigma_a - \frac{\sigma_z + \sigma_x}{2}\right)^2 + \tau_a^2 = \left(\frac{\sigma_z - \sigma_x}{2}\right)^2 + \tau_{zx}^2 = R^2 \tag{7.3}$$

図 7.4 は，$\sigma_z > \sigma_x$ における式 (7.3) の関係である。応力 (σ_a, τ_a) は a の関数であり，a が変化したときの (σ_a, τ_a) の軌跡は半径 R の円となり，これをモールの応力円という。ここで，点 P_P は面に対する極であり，モールの応力円上の点 (σ_z, τ_{zx}) を通り，σ_z が作用している面の方向の直線とモール円の交点である。極を利用すると，任意の方向の面上の応力成分を図解法（用極法と呼ぶ）で簡単に求められる。

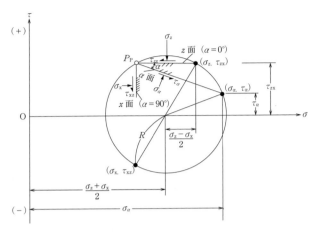

図 **7.4** モールの応力円

せん断応力がゼロの面は主応力面であり，主応力面に作用する直応力を主応力という．主応力には図 7.6 の最大主応力 σ_1 と最小主応力 σ_3 があり，半径 $R = (\sigma_1 + \sigma_3)/2$ である．

モールの応力円におけるせん断応力の最大値は，

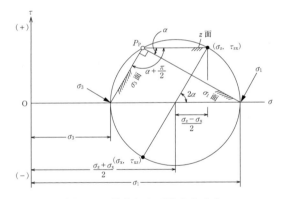

図 **7.6** 最大および最小主応力

$$\tau_{\max} = \frac{\sigma_1 - \sigma_3}{2} = \sqrt{\left(\frac{\sigma_z - \sigma_x}{2}\right)^2 + \tau_{zx}^2} \tag{7.7}$$

7.2 せん断変形とダイレイタンシー

図7.8は，2通りのパターンでせん断された土要素の変形である。ここで，初期状態で密に詰まった土がせん断変形を受けると土粒子の乗り越え現象が発生し，体積が膨張する（図7.8(b)）。土に特有なこの変形特性を（正の）ダイレイタンシーといい，ゆるい状態にある土の場合は体積が収縮するが，負のダイレイタンシーと呼ぶ。

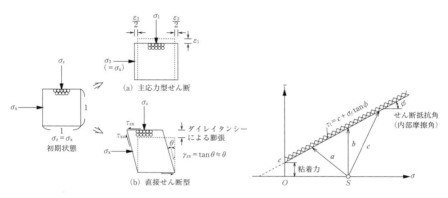

図 7.8　主応力載荷型と直接せん断型の変形モード

図 7.13　クーロンの破壊規準

7.3　モール・クーロンの破壊規準

図7.13はσとτの関係であり，図中の式(7.13)の直線は土の破壊点であり，同直線を越える応力状態はない。

$$\tau_f = c + \sigma_f \tan\phi \tag{7.13}$$

ここで，cは粘着力，ϕはせん断抵抗角（内部摩擦角）。式(7.13)のように，τとσの関係を直線で表記した式(7.13)をクーロンの破壊規準という。

図7.15は，3種類の拘束応力（σ_3）により得られた破壊時のモール円群であ

るが，これらの応力円群を包み込む線を破壊包絡線という．破壊包絡線の直線近似をモール・クーロンの破壊規準といい，式 (7.14) で表す．

$$\sigma_{1f} - \sigma_{3f} = 2c \cdot \cos\phi + (\sigma_{1f} + \sigma_{3f})\sin\phi \tag{7.14}$$

ここで，σ_{1f}, σ_{3f} は，それぞれ破壊時の最大主応力および最小主応力である．

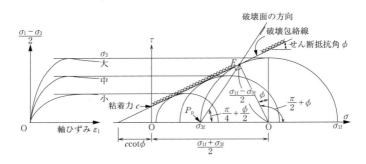

図 **7.15** モール・クーロンの破壊規準

7.4 間隙圧係数

非排水状態において，荷重の載荷直後に土要素に発生する過剰間隙水圧 Δu は，式 (7.16) である．

$$\Delta u = B\{\Delta\sigma_3 + A(\Delta\sigma_1 - \Delta\sigma_3)\} \tag{7.16}$$

ここで，係数 A, B はスケンプトンの間隙圧係数である．飽和土の場合，近似的に $B = 1.0$ とされ，式 (7.16) は，$\Delta u_f = \Delta\sigma_{3f} + A(\Delta\sigma_{1f} - \Delta\sigma_{3f})$ となる．

7.5 せん断試験

せん断試験は，地盤や土構造物の安定性の予測や評価のために，原地盤のせん断強度を求めることが目的である．従って，現場の応力の変化の仕方や排水条件をできる限り忠実に再現することが重要である．そのためのせん断試験の

方法には，せん断の前の圧密の有無や排水状態に応じて，以下の3種類がある。
(1) 非圧密非排水（UU）試験：圧密をしていない状態で，非排水でせん断を行う試験であり，非圧密非排水試験（UU試験）と呼ぶ。代表的な試験法には一軸圧縮試験があるが，乱さない試料（強度 q_u）と室内で含水比が変化しないように練返した試料（q_{ur}）の一軸圧縮試験を実施し，両強度の比は，式(7.22)の鋭敏比で定義される。鋭敏比は，施工中などの攪乱による影響，強度の低下の度合いを表す。

$$S_t = \frac{q_u}{q_{ur}} \tag{7.22}$$

(2) 圧密非排水（CU, $\overline{CU}$）試験：土を圧密すれば強くなるが，圧密圧力による非排水せん断強度の変化を求める試験を圧密非排水試験（CU試験）といい，間隙水圧を計る場合を $\overline{CU}$ 試験という。圧密圧力 p_0' による非排水せん断強度 c_u は，$c_u = m \cdot p_0'$ となるが，式(7.26)の m は（非排水せん断）強度増加率と呼ぶ。

$$m = \frac{\sin \phi'}{1 + (2A_f - 1) \cdot \sin \phi'} \tag{7.26}$$

(3) 圧密排水（CD）試験：供試体を所定の圧密応力で圧密した後に，排水状態でせん断する試験を圧密・排水試験（CD試験）という。

7.8 地盤の安定問題

図7.36に示すように，粘土地盤上に盛土を施工する場合，地表面に土を盛る速度がとても速く，非排水状態でせん断され，盛土が完成した直後から排水が徐々に始まると想定する。

正規圧密粘土地盤の場合（a図），盛土荷重が増加する過程では，間隙圧係数 $A > 0$ であるから正の過剰間隙水圧が蓄積し，安全率が低下し，盛土完了時に U 点で最小となるが，時間の経過とともに安全率が増加する。つまり，正規圧密粘土地盤上の盛土の安定問題では，盛土完成直後における地盤のせん断破壊の危険性が最も高くなる。

一方，過圧密された粘土地盤の場合（b 図）は，非排水せん断時に負の過剰間隙水圧が発生し，安全率が低下し，盛土完了後も過剰間隙水圧が消散する過程で，安全率が引き続き減少する。つまり，過圧密粘土地盤上の盛土の安定問題では，盛土完成後から長い年月が経ってからの方がせん断破壊の危険性が高い。

このように，せん断破壊を伴う地盤の安定問題では，土要素のせん断挙動を正しく理解することが必要である。

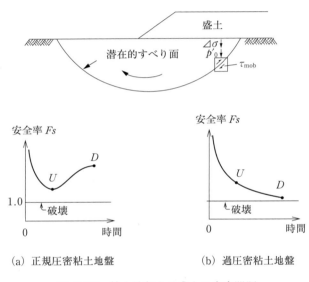

図 **7.36** 粘土地盤上の盛土の安定問題

基礎・応用問題

問題 7.1 粘着力 $c = 0\,\mathrm{kPa}$ の土要素が破壊した際，その応力状態は図に示す通りであった。このとき，下記の問いに答えよ。

(1) この応力状態をモールの応力円で描き，破壊包絡線，極の位置を図示せよ。
(2) この土の内部摩擦角 ϕ を求めよ。
(3) この土の破壊面に作用する直応力とせん断応力を求めよ。

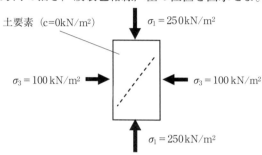

【解答】(1) モール円は，2点 $(250, 0)$ $(100, 0)$ を通る点となり，図に示すようになる。ここで，破壊包絡線は $c = 0\,\mathrm{kPa}$ なので，原点 $(0, 0)$ を通り，モール円に接する直線となる。また，極は最大主応力面，最小主応力面の交点となる。

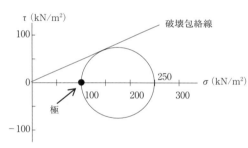

(2) (1) より，モール円の半径は，$(250-100)/2 = 75$ より $(175, 0)$ となる。したがって，内部摩擦角 ϕ は，下図のように求められる。

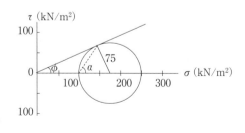

$$\phi = \sin^{-1}\frac{75}{175} = 25.3°$$

(3) 破壊面の角度は，図中の破線で示す箇所となるので，水平方向から $(90 +$

25.3)/2 = 57.7°　したがって，破壊面に作用する直応力とせん断応力は，以下のようになる。

$$\sigma = \frac{\sigma_1 + \sigma_3}{2} + \frac{\sigma_1 - \sigma_3}{2}\cos 2\alpha = \frac{250 + 100}{2}$$
$$+ \frac{250 - 100}{2}\cos(2 \times 57.7) = 142.8 \text{kN/m}^2$$
$$\tau = \frac{\sigma_1 - \sigma_3}{2}\sin 2\alpha = \frac{250 - 100}{2}\sin(2 \times -57.7) = 67.8 \text{kN/m}^2$$

問題 7.2　図に示すように，土要素の水平面に鉛直応力 $\sigma_v = 700$ kN/m^2，せん断応力 $\tau = 200$kN/m^2，鉛直面に水平応力 $\sigma_h = 300$kN/m^2，せん断応力 $\tau = -200$kN/m^2 が働いているとする。
このとき，下記の問いに答えよ。
(1) この応力状態をモールの応力円で描き，極，最大・最小主応力面を図示せよ。
(2) 図中の破線で示すように，水平面から 45° 傾いた面に働く垂直応力 σ とせん断応力 τ をモール円に図示し，その値を求めよ。

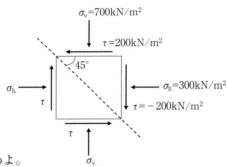

【解答】(1) モール円は，2 点 (700, 200)，(300, −200) を通る点となり，円の中心は ((700+300)/2, 0) = (500, 0) となるので，図に示すようになる。こ

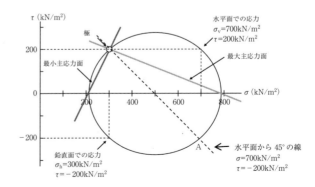

こで，極は水平面に作用している応力の点 (700, 200) から，水平線を引いた交点である。また，最大主応力面および最小主応力面は，図の通り，極から最大主応力の点，最小主応力の点に引いた線となる。

(2) 水平面から 45° 傾いた面に働く垂直応力 σ とせん断応力 τ は，図のように極から 45° の線を引いてモールの円との交点として求める（図の A）。したがって，垂直応力：$\sigma = 700\text{kN/m}^2$，せん断応力：$\tau = -200\text{kN/m}^2$

問題 7.3 ある砂地盤から採取した砂質土を用いて，一面せん断試験を行ったところ，破壊時の直応力 σ とせん断応力 τ はそれぞれ 200kN/m^2，140kN/m^2 であった。この砂質土の粘着力 $c = 0\text{kN/m}^2$ として，この砂質土の内部摩擦角 ϕ を求めよ。

【解答】直応力 $\sigma = 200\text{kPa}$，せん断応力 $\tau = 140\text{kPa}$，粘着力 $c = 0$ の破壊包絡線の傾きが $\tan\phi$ となるので，図のようになる。したがって，内部摩擦角は，

$$\phi = \tan^{-1}\frac{140}{200} = 35.0°$$

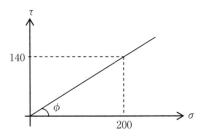

問題 7.4 図に示すように，ある砂試料（粘着力 $c = 0\text{kN/m}^2$）を用いて一面せん断試験を行った。鉛直荷重一定で試験を行ったところ，破壊時のせん断応力 $\tau = 100\text{kN/m}^2$，垂直応力 $\sigma = 100\text{kN/m}^2$ であった。破壊時のモールの応力円を描き，破壊包絡線，破壊面，極，最大・最小主応力面を図示せよ。ただし，破壊面は水平とすること。

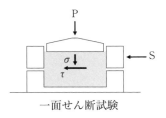

一面せん断試験

【解答】破壊時のモールの応力円，破壊包絡線，破壊面，極，最大・最小主応力面はそれぞれ，図に示すようになる。ここで，破壊包絡線は，$c = 0 \text{kN/m}^2$ なので，原点 $(0, 0)$，破壊点 $(\sigma_\text{f}, \tau_\text{f}) = (100, 100)$ を通る直線となる。モールの応力円は，$(200, 0)$ を中心とする。破

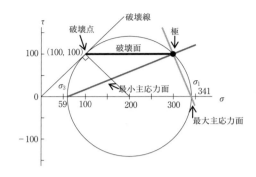

壊面は，破壊点に水平に引いた面となる。極は，破壊面とモール円との交点である。最大主応力面，最小主応力面は，極より最大主応力 $(\sigma_1, 0)$ および最小主応力 $(\sigma_3, 0)$ の点の方向に，それぞれ引いた面となる。

問題 7.5 ある粘性土を用いて定体積一面せん断試験を 2 回実施したところ，表の結果を得た。この土の内部摩擦角 ϕ' および粘着力 c' を求めよ。

	初期鉛直応力	破壊時の鉛直応力	破壊時のせん断応力
1回目	100 kN/m^2	80 kN/m^2	60 kN/m^2
2回目	200 kN/m^2	160 kN/m^2	100 kN/m^2

【解答】表より，クーロンの破壊基準は図のようになる。したがって，内部摩擦角 ϕ' および粘着力 c' は，

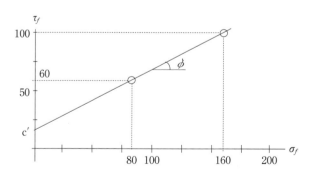

$$\phi' = \tan^{-1} \frac{100 - 60}{160 - 80} = 26.6°$$

$$c' = \tau_\text{f} - \sigma_\text{f} \tan \phi' = 60 - 80 \times \tan 26.6 = 19.9 \text{kN/m}^2$$

問題 7.6 ある土に対して一面せん断試験を実施した。試験時の鉛直応力を $100\mathrm{kN/m^2}$ に保ったまません断をしたところ，破壊時のせん断応力が $75\mathrm{kN/m^2}$ であった。次に，この鉛直応力を $250\mathrm{kN/m^2}$ に上げ，一定に保ったまません断したところ，破壊時のせん断応力が $130\mathrm{kN/m^2}$ であった。この土の内部摩擦角 ϕ' と粘着力 c' を求めよ。

【解答】 クーロンの破壊基準は，鉛直応力 σ，破壊時のせん断応力 τ_f を用いて，
$\tau_\mathrm{f} = c' + \sigma_\mathrm{f} \tan\phi'$
したがって，一面せん断試験結果を代入すると，以下の2式となり，これらを解いて求める内部摩擦角 ϕ' と粘着力 c' は，

$$\left.\begin{array}{l} 75 = c' + 100 \times \tan\phi' \\ 130 = c' + 250 \times \tan\phi' \end{array}\right\} \quad \phi' = 20.1°,\ c' = 38.3\mathrm{kN/m^2}$$

問題 7.7 円柱供試体を用いた土の三軸圧縮試験において，せん断中の供試体に作用する主応力状態を，a) 等方圧密応力 σ'_0，b) 軸差応力 σ_d による三軸せん断の2つに分けて説明せよ。

【解答】 三軸試験用の供試体の表面にはせん断応力が作用していないので，鉛直応力 σ'_v と水平応力 σ'_h はともに主応力である。次ページの図 a) に示すように，三軸圧縮試験は，まず原位置の有効拘束圧に相当する初期有効応力 σ'_0 で等方圧密を行う。このとき，$\sigma'_\mathrm{v} = \sigma'_\mathrm{h} = \sigma'_0$ となっており，等方圧密状態ではすべての主応力の大きさは等しくなる。次に，図 b) に示すように，等方圧密状態から軸差応力 σ_d のみを増加させて軸圧縮せん断を行う。軸差応力は，軸圧縮力を供試体の断面積で除したものであり，せん断開始時はゼロである。三軸圧縮時における主応力の関係は，a) の等方圧密状態と b) の軸差応力状態を重ね合わせたものであり，このときの最大主応力，最小主応力，軸差応力の関係は，図 c) になる。

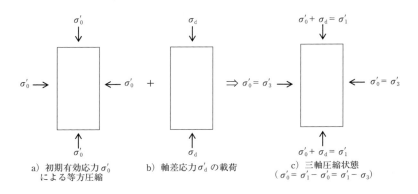

a) 初期有効応力 σ'_0 による等方圧縮　　b) 軸差応力 σ'_d の載荷　　c) 三軸圧縮状態 ($\sigma'_0 = \sigma'_1 - \sigma'_0 = \sigma'_1 - \sigma_3$)

問題 7.8 乾燥した砂 ($c = 0\mathrm{kN/m^2}$, $\phi = 35.5°$) を用いて三軸圧縮試験を行った。側圧が $\sigma_3 = 150\mathrm{kN/m^2}$ の時, 破壊時の主応力差 $(\sigma_1 - \sigma_3)_\mathrm{f}$ を求めよ。

【解答】 モール・クーロンの破壊基準:$\sigma_1 - \sigma_3 = 2c\cos\phi + (\sigma_1 + \sigma_3)\sin\phi$ において, 乾燥砂より $c = 0\mathrm{kN/m^2}$ の場合を考えれば, $\sigma_1 - \sigma_3 = (\sigma_1 + \sigma_3)\sin\phi$ したがって, 最大主応力 σ_1 は, 最小主応力 $\sigma_3 = 150\mathrm{kN/m^2}$ より以下になる。

$$\sigma_1 = \frac{1+\sin\phi}{1-\sin\phi}\sigma_3 = \frac{1+\sin 35.5°}{1-\sin 35.5°} \times 150$$
$$= 3.77 \times 150 = 565.5\mathrm{kN/m^2}$$

ゆえに, 求める破壊時の主応力差は $(\sigma_1 - \sigma_3)_\mathrm{f} = 565.5 - 150 = 415.5\mathrm{kN/m^2}$

問題 7.9 ある砂試料 (粘着力 $c = 0\mathrm{kN/m^2}$) を用いて三軸圧縮試験を行った。下記の問いに答えよ。

(1) 図に示すように, 側圧 (拘束圧力) が $\sigma_\mathrm{c} = 200\mathrm{kN/m^2}$ で一定な三軸圧縮試験を行った。破壊時の軸差応力 $\sigma_\mathrm{d} = 400\mathrm{kN/m^2}$ であった。破壊時のモールの応力円を描き, 破壊包絡線, 破壊面, 最大・最小主応力面, 極を図示せよ。

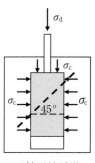

三軸圧縮試験

(2) 破壊時において水平面から 45° 傾いた面に働く直応力 σ とせん断応力 τ をモール円に図示し，それぞれの値を求めよ．

【解答】(1) 最大主応力 σ_1，最小主応力 σ_3 は，$\sigma_1 = \sigma_c + \sigma_d = 200 + 400 = 600 \mathrm{kN/m^2}$，$\sigma_3 = \sigma_c = 200 \mathrm{kN/m^2}$　したがって，破壊時のモールの応力円，破壊包絡線，破壊面，最大・最小主応力面，極はそれぞれ，図に示すようになる．ここで，破壊包絡線は，$c = 0 \mathrm{kN/m^2}$ なので，原点 $(0, 0)$ とモール円の接点（破壊点）を通る直線となる．最大主応力面，最小主応力面は，最大主応力 σ_1 および最小主応力 σ_3 が作用する面となり，その交点が極となる．破壊面は，極と破壊点を通る直線となる．

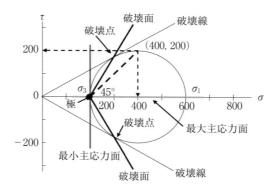

(2) 上図のように，水平である最大主応力面と 45° 傾いた面は $(400, 200)$ を通るので，$\sigma = 400 \mathrm{kN/m^2}$，$\tau = 200 \mathrm{kN/m^2}$ である．なお，算定式によれば，以下の通りである．

$$\sigma = \frac{\sigma_1 + \sigma_3}{2} + \frac{\sigma_1 - \sigma_3}{2} \cos 2\alpha = \frac{600 + 200}{2}$$
$$+ \frac{600 - 200}{2} \cos(2 \times -45°) = 400 \mathrm{kN/m^2}$$
$$\tau = \frac{\sigma_1 - \sigma_3}{2} \sin \alpha = \frac{600 - 200}{2} \sin(2 \times -45°) = 200 \mathrm{kN/m^2}$$

問題 7.10　地下水位以下から採取した 2 つの飽和土試料に対して，三軸圧縮試験機を用いて非圧密非排水三軸圧縮試験を行った．下記の問いに答えよ．

(1) 1 つ目の土試料は，拘束圧を $\sigma_3 = 50\mathrm{kN/m^2}$ としてせん断したところ，軸応力 $\sigma_1 = 100\mathrm{kN/m^2}$，間隙水圧 $u_\mathrm{f} = 45\mathrm{kN/m^2}$ のときに破壊に至った．このときの強度定数（内部摩擦角 ϕ_u，粘着力 c_u）を求めよ．

(2) 2 つ目の土試料は，拘束圧を $\sigma_3 = 100\mathrm{kN/m^2}$ に上げてせん断を行った．破壊時の軸応力 σ_1 と間隙水圧 u_f をそれぞれ求めよ．

【解答】 (1) 1 つ目の土試料における全応力時のモール円（実線）および有効応力時のモール円（破線）は図のようになる．したがって，求める強度定数は，

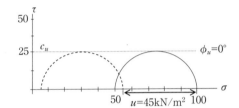

$$\phi_\mathrm{u} = 0°$$
$$c_\mathrm{u} = \frac{100 - 50}{2} = 25\mathrm{kN/m^2}$$

(2) 非圧密非排水三軸圧縮試験では，拘束圧を上げるとその分だけ間隙水圧も上昇する．そのため，拘束圧を $100\mathrm{kN/m^2}$ とすると，その上昇分（$=50\mathrm{kN/m^2}$）が間隙水圧となるので，破壊時の軸応力および間隙水圧は，$\sigma_1 = 50 + 100 = 150\mathrm{kN/m^2}$，$u_\mathrm{f} = 45 + 50 = 95\mathrm{kN/m^2}$

問題 7.11　最大主応力が $\sigma_1 = 350\mathrm{kN/m^2}$，最小主応力が $\sigma_3 = 100\mathrm{kN/m^2}$ を受けている地盤において，最大主応力面から反時計回りに $30°$ 傾いた面に作用する直応力とせん断応力を求めよ．

【解答】直応力およびせん断応力は，最大主応力 σ_1，最小主応力 σ_3 を用いて，

$$\sigma = \frac{\sigma_1 + \sigma_3}{2} + \frac{\sigma_1 - \sigma_3}{2}\cos 2\theta, \quad \tau = -\frac{\sigma_1 - \sigma_3}{2}\sin 2\theta$$

最大主応力面と 30° で交わる面に作用しているので，$\theta = -30°$ から，

$$\sigma = \frac{350 + 100}{2} + \frac{350 - 100}{2}\cos(2 \times -30°) = 287.5 \mathrm{kN/m^2}$$

$$\tau = \frac{350 - 100}{2}\sin(2 \times -30°) = 108.3 \mathrm{kN/m^2}$$

問題 7.12 地下水位以下からサンプリングした 2 つの土試料に対して，三軸圧縮試験装置を用いて圧密非排水せん断試験を実施した．この内，1 つの試験における破壊時のモール円を全応力表示したところ，$\sigma_{3f} = 50 \mathrm{kN/m^2}$，$\sigma_{1f} = 120 \mathrm{kN/m^2}$ であり，破壊時の間隙水圧 $u_f = 20 \mathrm{kN/m^2}$ であった．全応力と有効応力表示のモール円を描き，ϕ_{cu} と ϕ' を求めよ．なお，c_{cu} と c' はともに 0 kN/m² とする．

【解答】問題文より，全応力および有効応力表示における破壊時のモールの応力円は，それぞれ下左図，下右図になる．したがって，内部摩擦角は，

$$\phi_{cu} = \sin^{-1}\frac{\dfrac{120 - 50}{2}}{\dfrac{50 + 120}{2}} = 24.3° \quad \phi' = \sin^{-1}\frac{\dfrac{100 - 30}{2}}{\dfrac{30 + 100}{2}} = 32.6°$$

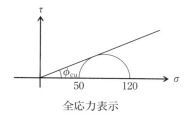

全応力表示

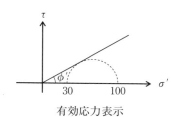

有効応力表示

問題 7.13 ある地盤から土試料（内部摩擦角 $\phi = 30°$，粘着力 $c = 0\mathrm{kN/m^2}$）を採取し，拘束圧を $78\mathrm{kN/m^2}$ として圧密非排水三軸圧縮試験を行ったところ，破壊時の間隙水圧は $30\mathrm{kN/m^2}$ となった。この土試料の破壊時の軸差応力を求めよ。

【解答】最小主応力 $\sigma_3 = 78 - 30 = 48\mathrm{kN/m^2}$ となり，この土試料の破壊時のモールの応力円および破壊包絡線は図のようになる。このとき，最大主応力 σ_1 は，

$$\frac{\sigma_1 + \sigma_3}{2} \times \sin\phi = \frac{\sigma_1 - \sigma_3}{2}$$

$$\frac{\sigma_1 + 48}{2} \times \sin 30° = \frac{\sigma_1 - 48}{2}$$

$$\sigma_1 = 144\mathrm{kN/m^2}$$

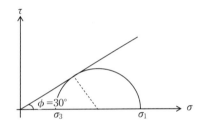

よって，軸差応力は，$\sigma_1 - \sigma_3 = 144 - 48 = 96\mathrm{kN/m^2}$

問題 7.14 ある砂質土供試体を用いて，拘束圧 $200\mathrm{kN/m^2}$ での圧密排水三軸圧縮試験を実施したところ，ピストンによる圧縮応力が $520\mathrm{kN/m^2}$ のときに破壊した。この土の粘着力を $0\ \mathrm{kN/m^2}$ とするとき，下記の問いに答えよ。
(1) この砂質土供試体の内部摩擦角 ϕ_d を求めよ。
(2) 水平から $45°$ だけ傾いた面に作用する，破壊時のせん断応力 τ_f を求めよ。

【解答】(1) $\sigma_3 = 200\mathrm{kN/m^2}$, $\sigma_1 = 520 + 200 = 720\mathrm{kN/m^2}$ より，破壊時のモールの応力円は図のようになる。また，モール円の半径は，$(\sigma_1 - \sigma_3)/2 = (720 - 200)/2 = 260$　したがって，内

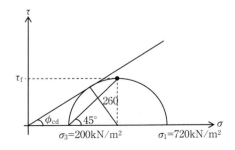

部摩擦角 ϕ_d は,

$$\phi_d = \sin^{-1}\left(\frac{260}{460}\right) = 34.4°$$

(2) 前ページの図中に示すように,水平から 45° 傾いた面に作用するせん断応力 τ は,モール円の半径に等しい。したがって,$\tau = 260 \text{kN/m}^2$

問題 7.15 地下水位以下にある粘性土地盤から,サンプリングした試料から,2 つの円柱供試体を作成し,圧密・非排水三軸圧縮試験を実施した。

一つ目の試料は圧密応力 $\sigma_3 = 80 \text{kN/m}^2$ で圧密した後に非排水せん断したところ,破壊時の軸差応力 $(\sigma_1 - \sigma_3)$ と間隙水圧 u はともに 60kN/m^2,二つ目の試料は圧密応力 $\sigma_3 = 160 \text{kN/m}^2$ で圧密した後にせん断したところ,破壊時の軸差応力 $(\sigma_1 - \sigma_3)$ と間隙水圧 u はともに 110kN/m^2 だった。全応力表示のモール円から得られる内部摩擦角 ϕ_{cu},粘着力 c_{cu} と有効応力表示のモール円から得られる内部摩擦角 ϕ',粘着力 c' をそれぞれ求めよ。

【解答】 全応力表示(下左図)および有効応力表示(下右図)のモール円になるので,内部摩擦角および粘着力は幾何学的に求めると,

$$(x + 110) : (x + 215) = 30 : 55 \quad x = 16 \quad \text{よって,}$$

$$\phi_{cu} = \sin^{-1} \frac{30}{110 + 16} = 13.8° \quad c_{cu} = 16 \times \tan\phi_{cu} = 3.9 \text{kN/m}^2$$

$$(y + 50) : (y + 105) = 30 : 55 \quad 5y = 16 \quad \text{よって,}$$

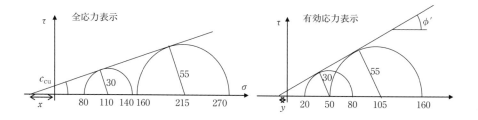

$$\phi' = \sin^{-1}\frac{30}{50+16} = 27.0°, \ c' = 16 \times \tan\phi' = 8.2\text{kN/m}^2$$

問題 7.16 粘着力がゼロ（$c, c' = 0\text{kN/m}^2$）である正規圧密粘土に対して，側圧 $\sigma_\text{c} = 300\text{kN/m}^2$ で圧密非排水三軸圧縮試験を行った。軸差応力 σ_d が 400kN/m^2 となったところで最大となり破壊が生じた。なお，破壊時の間隙水圧は $u = 100\text{kN/m}^2$ であった。以下の問いに答えよ。

(1) 全応力と有効応力表示による破壊時の最大主応力（σ_1, σ_1'）と最小主応力（σ_3, σ_3'）を求めよ。

(2) 破壊時の全応力と有効応力表示によるモールの応力円と破壊線を図示し，この砂の有効応力表示での内部摩擦角 ϕ' を求めよ。

【解答】(1) 全応力表示における破壊時の各主応力は，$\sigma_1 = \sigma_\text{d} + \sigma_\text{c} = 400 + 300 = 700\text{kN/m}^2$　$\sigma_3 = \sigma_\text{c} = 300\text{kN/m}^2$

また，有効応力表示における破壊時の各主応力は，間隙水圧を考慮して，$\sigma_1' = \sigma_1 - u = 700 - 100 = 600\text{kN/m}^2$　$\sigma_3' = \sigma_3 - u = 300 - 100 = 200\text{kN/m}^2$

(2) 原点からモールの応力円の中心までの長さは，$(\sigma_1' + \sigma_3')/2$，モールの応力円の半径は $(\sigma_1' - \sigma_3')/2$ となる。したがって，モール円（全応力：実線，有効応力：破線）および破壊線（全応力：実線，有効応力：破線）は図のようになり，内部摩擦角 ϕ' は，$\sin\phi' = \dfrac{\sigma_1' - \sigma_3'}{\sigma_1' + \sigma_3'} = \dfrac{600 - 200}{600 + 200} = 0.5$　$\phi' = \sin^{-1}(0.5) = 30°$

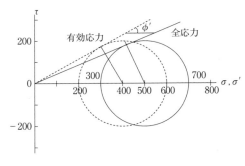

問題 7.17 右図に示す応力状態において，A–B 面に働く応力を求めよ。また，最大主応力，最小主応力を求めよ。

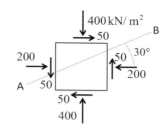

【解答】右図のように，応力 (200, 50) の座標から，応力の作用面である鉛直面の方向とモール円の交点が極になる。極を通り，A–B 面の方向のモール円との交点である星印が A–B 面上の (σ, τ) である。中心が (300, 0) のモール円の方程式は $(\sigma - 300)^2 + \tau^2 = 12{,}500$

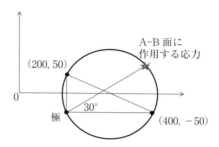

極と星印を通る線の方程式は $\tau = (\sigma - 200)\tan 30° - 50$　両方程式の交点では，$\sigma = 392 \mathrm{kN/m^2}$，$\tau = 63.4 \mathrm{kN/m^2}$　また，最大主応力，最小主応力は応力円上 $\tau = 0$ の時の σ を求めればよい。最大主応力 $300 + \sqrt{12{,}500} = 412 \mathrm{kN/m^2}$　最小主応力 $300 - \sqrt{12{,}500} = 188 \mathrm{kN/m^2}$

問題 7.18 ある粘性土試料について圧密非排水三軸圧縮試験を行った結果，表に示す値を得た。このとき，圧密による強度増加率 c_u/p を求めよ。

	拘束圧 σ_c (kN/m^2)	最大軸差応力 σ_d (kN/m^2)	過剰間隙水圧 u (kN/m^2)
1回目	50	68	68
2回目	100	102	102
3回目	150	136	136
4回目	200	170	170

【解答】強度増加率は，横軸に圧密圧力 p（$=\sigma_3=\sigma_c$），縦軸に非排水せん断強さ c_u（$=(\sigma_3-\sigma_1)/2=\sigma_d/2$）をとったものとなるので，表より右図が得られるので，強度増加率は，

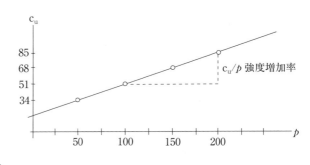

$$c_u/p = \frac{85-51}{200-100} = 0.34$$

問題 7.19 以下の文章の空欄に当てはまる用語を，下記の①～⑩ から選び，解答欄に番号を記入せよ。

三軸試験では，圧密・せん断時の排水条件を変えることにより，3 つの試験方法が可能である。このうち，プレローディング工法などによって圧密が促進された後の強度予測やその後の急速載荷による安定問題を検討する際には（ ア ）試験が実施されることが多く，三軸試験以外のせん断試験では，（ イ ）一面せん断試験がこの試験方法に該当する。また，載荷・掘削後，長時間経ってからの安定問題を検討する際には（ ウ ）試験を実施され，（ エ ）一面せん断試験がこの試験方法に該当する。テルツァーギは，土の変形・強度特性は（ オ ）に支配されると提唱している。よって，上記に示すような試験から得られる強度定数はせん断開始時の（ オ ）が同じであれば，同じ値が得られる。粘性土において，せん断を始めるときの応力状態が同じであれば，せん断強度は正規圧密と過圧密状態のうち（ カ ）状態のほうが大きくなる。

① 正規圧密，② 過圧密，③ 圧密排水せん断，④ 圧密非排水せん断，⑤ 非圧密非排水せん断，⑥ 定圧，⑦ 定体積，⑧ 全応力，⑨ 有効応力，⑩ 間隙水圧

【解答】（ア）④，（イ）⑦，（ウ）③，（エ）⑥，（オ）⑨，（カ）②

問題 7.20 三軸試験装置を用いて，飽和砂質土供試体を $100\mathrm{kN/m^2}$ まで等方圧縮した後に，非排水状態にして軸圧を $300\mathrm{kN/m^2}$，側圧を $200\mathrm{kN/m^2}$ になるまで増加させた。この土供試体の間隙比を 1.0，水と土骨格の各圧縮率の比が $C_\mathrm{w}/C_\mathrm{s} = 0.005$ となる時，この土供試体の間隙水圧を求めよ。ただし，間隙圧係数 $A = 0.8$ とする。

【解答】 間隙圧係数 B $(0 \leqq B \leqq 1)$ は，間隙比 e，$C_\mathrm{w}/C_\mathrm{s}$ を用いて，

$$B = \frac{1}{1 + \dfrac{e}{1+e} \times \dfrac{C_\mathrm{w}}{C_\mathrm{s}}} = \frac{1}{1 + \dfrac{1}{1+1} \times 0.005} = 0.9975 \fallingdotseq 1.0$$

したがって，間隙水圧 Δu は，間隙比係数 A，B を用いると，

$$\begin{aligned}\Delta u &= B\{\Delta\sigma_3 + A(\Delta\sigma_1 - \Delta\sigma_3)\} \\ &= 1.0\{(200-100) + 0.8\{(300-100) - (200-100)\}\} \\ &= 180\mathrm{kN/m^2}\end{aligned}$$

問題 7.21 ある粘性土地盤に盛土を施工することになり，すべり破壊が発生するかどうかを検討することとした。この地盤の強度定数は $c' = 15\mathrm{kN/m^2}$，$\phi' = 25°$ であった。下記の問いに答えよ。

(1) 盛土を施工するにあたり，次ページの図のようなすべり破壊が予想される面（破線）において，せん断応力 $\tau = 50\mathrm{kN/m^2}$，垂直応力 $\sigma = 120\mathrm{kN/m^2}$ が発生している。また，盛土施工直後には，地盤内に過剰間隙水圧 $u = 50\mathrm{kN/m^2}$ が発生していることが予想される。このとき，すべり破壊が発生するかどうかを検討せよ。

(2) 盛土施工から時間が経過し，地盤内の過剰間隙水圧が消散した場合，すべり破壊が発生するかどうかを検討せよ。

第 7 章 せん断

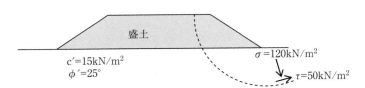

【解答】(1) 盛土施工直後の予想すべり面では，地盤内に過剰間隙水圧 u が発生し，すべり面に作用する垂直方向の有効応力がその分だけ減少することになる。今，地盤内の土は有効応力表記における強度定数 (c', ϕ') が与えられているので，せん断強さ s は，$s = c' + (\sigma - u)\tan\phi' = 15 + (120 - 50) \times \tan 25° = 47.6 \mathrm{kN/m^2}$　一方，現在発生しているせん断応力は $\tau = 50 \mathrm{kN/m^2}$ であり，$s < \tau$ となるので，すべり破壊を発生する。

(2) 施工後時間が経過し，地盤内の過剰間隙水圧が消散しているので，$u = 0$ のときのせん断強さは，$s = c' + (\sigma - u)\tan\phi' = 15 + (120 - 0) \times \tan 25° = 71.0 \mathrm{kN/m^2}$

したがって，$s > \tau$ となるのですべり破壊は発生しない。

問題 7.22　ある粘性土地盤において原位置ベーンせん断試験を実施したところ，回転時のトルクの最大値 $M_{\max} = 10 \mathrm{N \cdot m}$ となった。ベーン幅 5cm，ベーン高さ 10cm のベーンを使用した場合，この試験より得られた非排水せん断強さ c_u を求めよ。

【解答】ベーンせん断試験から得られる非排水せん断強さ c_u は，回転時の最大トルク数 $M_{\max}$，ベーンの直径 D，ベーンの高さ H より，

$$c_\mathrm{u} = \frac{M_{\max}}{\pi \left(\dfrac{D^2 H}{2} + \dfrac{D^3}{6}\right)} = \frac{10}{\pi \left(\dfrac{0.05^2 \times 0.1}{2} + \dfrac{0.05^3}{6}\right)} = 21.8 \mathrm{kN/m^2}$$

問題 7.23 ある乱さない飽和粘性土試料について一軸圧縮試験を行ったところ，一軸圧縮強さは 125kN/m² となった。以下の問いに答えよ。

(1) この粘性土試料の強度定数 ϕ_u, c_u を求めよ。

(2) 試験後，この粘性土試料を十分に練り返してから整形し，再度一軸圧縮試験を行ったところ，一軸圧縮強さは 52kN/m² に低下した。この粘性土試料の鋭敏比 S_t を求めよ。

【解答】(1) 一軸圧縮試験におけるモールの応力円は，右図のようになる。したがって，強度定数は，

$\phi_u = 0°$

$c_u = \dfrac{q_u}{2} = \dfrac{125}{2} = 62.5 \text{kN/m}^2$

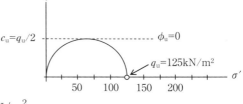

(2) 鋭敏比 S_t は，乱さない試料の一軸圧縮強さ q_u と，乱した試料の一軸圧縮強さ q_{ur} の比であるので，$S_t = q_u/q_{ur} = 125/52 = 2.4$

問題 7.24 ボーリング孔から採取した不撹乱試料を直径 50mm, 高さ 100mm に整形して一軸圧縮試験を行ったところ，右図の結果を得た。この土試料の非排水せん断強さ c_u を求めよ。ただし，断面積 A は変化しないものとする。

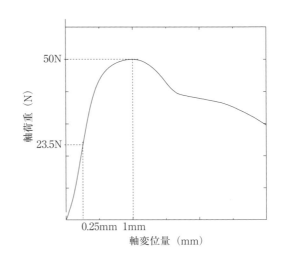

【解答】図より，軸変位量 1mm，軸荷重 10kN のときに最大荷重 $P_{\max}$ となっているので，一軸圧縮強さ q_u は以下のように求められる。

$$A = \frac{\pi O^2}{4} = \frac{25\pi}{4} \mathrm{cm}^2 = 1.96 \times 10^{-3} \mathrm{m}^2$$

$$q_\mathrm{u} = \frac{P_{\max}}{A} = \frac{50}{1.96 \times 10^{-3}} = 25{,}510.2 \mathrm{N/m}^2 = 25.5 \mathrm{kN/m}^2$$

したがって，非排水せん断強さ c_u は，$c_\mathrm{u} = \dfrac{q_\mathrm{u}}{2} = \dfrac{25.5}{2} = 12.75 \mathrm{kN/m}^2$

問題 7.25 液状化に関する以下の文章の空欄に当てはまる用語を，下記の①～⑭ から選び，解答欄に番号を記入せよ。

液状化は，粒子が均質な砂が（ ア ）堆積している地盤で，かつ（ イ ）が高い場合に発生しやすい。液状化の発生原因として，地震動により砂地盤が（ ウ ）を受けると，（ エ ）のダイレイタンシーにより砂は体積（ オ ）しようとするが，地震によるせん断は短い時間で行われるため，透水係数が大きい砂であっても地震時は（ カ ）条件に近いため，体積（ オ ）しないで，（ キ ）が上昇する。（ キ ）が上昇すると，（ ク ）は減少する。さらに，地震動の繰り返しにより，（ ケ ）がさらに蓄積していくので，最後には（ ク ）は 0 になり，完全な液状化状態に至る。

① せん断応力，② 有効応力，③ 全応力，④ 間隙水圧，⑤ 過剰間隙水圧，⑥ 排水，⑦ 非排水，⑧ 収縮，⑨ 膨張，⑩ 負，⑪ 正，⑫ 緩く，⑬ 密に，⑭ 地下水位

【解答】（ア）⑫，（イ）⑭，（ウ）①，（エ）⑩，（オ）⑧，（カ）⑦，（キ）④，（ク）②，（ケ）⑤

記述問題

記述 7.1 間隙水圧係数について，正規圧密粘土と過圧密粘土の差異を述べよ。

記述 7.2 全応力法と有効応力法の差異を述べよ。

記述 7.3 モールの応力円，クーロンの破壊基準，モール・クーロンの破壊基準の関係を述べよ。

記述 7.4 粘性土の鋭敏比について，定義と工学的な意味を説明せよ。

記述 7.5 用極法の特徴とその利用方法について説明せよ。

記述 7.6 土に固有なダイレイタンシーについて説明し，液状化との関係を述べよ。

記述 7.7 ストレスパスの意味と活用法を述べよ。

第8章 地盤特性と調査法

要点

目的:土質や地盤構成を調べ,地盤定数を評価する方法を理解する。
キーワード:サウンディング,標準貫入試験,地盤定数

8.1 ボーリング調査

標準貫入試験で得られる N 値とは,標準貫入試験用サンプラーを土中へ0.3m貫入させるために,ハンマー(質量 63.5 ± 0.5 kg)を高さ 76 cm ± 1 cm から自由落下させた回数である。乱した試料も採取できる。

8.2 サウンディング

スクリューポイントを装着したロッドを地面に垂直に設置し,1kNまでの重りを段階的に載荷し,ロッド上端のハンドルを回転させて貫入し,貫入量25cm毎の半回転数を記録する。式(8.5)と式(8.6)に平板載荷試験による許容支持力 q_a との関係式,式(8.7)に国土交通省告示第1113号(平成13年7月2日施行)における長期許容支持力の算定式を示す。

$$q_a = 0.00003(W_{sw})^2 \quad 荷重 W_{sw} \leq 1\text{kN のみで貫入の場合} \quad (8.5)$$

$$q_a = 30 + 0.8 \times N_{sw} \quad 荷重 (W_{sw} = 1\text{kN}) の$$
$$回転で貫入の場合 \quad (8.6)$$

$$q_a = 30 + 0.6 \times \overline{N}_{sw} \quad (8.7)$$

ここに,q_a:長期許容支持力 (kN/m²):W_{sw}:重りの荷重 (N), N_{sw}:貫入1m当たりの半回転数(回/m), $\overline{N}_{sw}$:基礎底部から下方2m以内の N_{sw} の平均値。

8.5 地盤定数の評価方法

粘性土のコンシステンシーと粘着力 c は，表 8.4 および表 8.6 や式 (8.9) で評価し，砂質土の相対密度とせん断抵抗角 ϕ は，表 8.5 および表 8.6 や式 (8.10) などから求められる。単位体積重量は，工学的分類にコンシステンシーや相対密度の評価を加えて，表 8.6 や表 8.7 から評価し，変形係数は式 (8.11) から求められる。これらの関係に室内土質試験・原位置試験による方法を加えて整理すると表 8.8 になる。なお，N 値が 300 以下の礫状や土砂状の岩の単位体積重量以外の地盤定数は，表 8.8 に示すように，岩種ごとに評価できる。

$$c = q_u/2 = 6.25 \times N \quad \text{テルツァーギ・ペックの式} \tag{8.9}$$

$$\phi = 15 + \sqrt{15 \times N} \ (N \geq 5) \quad \text{道路橋示方書} \tag{8.10}$$

$$E_{\mathrm{plt}} = E_0 = 4 \times E_{\mathrm{pmt}} = 4 \times E_c = 4 \times 700 \times N \tag{8.11}$$

ここに，c：粘着力 ($\mathrm{kN/m^2}$)，q_u：一軸圧縮強さ ($\mathrm{kN/m^2}$)，N：N 値，ϕ：せん断抵抗角 (°)，E_{plt}：平板載荷試験の繰返し曲線から求めた変形係数の $\frac{1}{2}$ ($\mathrm{kN/m^2}$)，E_{pmt}：孔内水平載荷試験から得られた変形係数 ($\mathrm{kN/m^2}$)，E_0：N 値を 2800 倍した変形係数 ($\mathrm{kN/m^2}$)，E_c：一軸圧縮試験または三軸圧縮試験から求めた変形係数 ($\mathrm{kN/m^2}$)。

表 8.4 N 値と一軸圧縮強さおよびコンシステンシーの関係 [1]

N 値	q_u ($\mathrm{kN/m^2}$)	コンシンステンシー
0〜2	0.0〜24.5	非常に軟らかい
2〜4	24.5〜49.1	軟らかい
4〜8	49.1〜98.1	中位の
8〜15	98.1〜196.2	硬い
15〜30	196.2〜392.4	非常に硬い
30〜	392.4〜	固結した

引用文献

1) 地盤調査法改訂編集委員会：地盤調査の方法と解説，地盤工学会，2004.
2) 日本道路協会：道路橋示方書・同解説 I 共通編 IV 下部構造編，2002.
3) 日本道路公団：設計要領第二集，1995.

8.5 地盤定数の評価方法

表 8.5 N 値とせん断抵抗角と相対密度の関係[1)]

N 値 (相対密度)	せん断抵抗角 ϕ (°)				
	Terzaghi Peck	Meyerhof	Dunhum	大崎[※1]	道路橋[※2]
0〜4 (非常に緩い)	28.5>	30>	①粒子丸・粒度一様 $\sqrt{12N}+15$ ②粒子丸・粒度良 $\sqrt{12N}+20$ ③粒子角・粒度一様 $\sqrt{12N}+25$	$\sqrt{20N}+15$	$\sqrt{15N}+15$ ($N≧5$)
4〜10 (緩い)	28.5〜30	30〜35			
10〜30 (中位の)	30〜36	35〜40			
30〜50 (密な)	36〜41	40〜45			
>50 (非常に密な)	>41	>45			

※1：建築基礎構造設計指針に引用されている。
※2：道路橋示方書 1996 年版以前で採用されていた。

表 8.7 土質と地盤定数の関係[3)]

種類		状　態		単位 体積重量 (kN/m³)	せん断 抵抗角 (°)	粘着力 (kN/m²)
盛土	礫及び 礫混り砂	締固めたもの		20	40	0
	砂	締固めたもの	粒度の良いもの	20	35	0
			粒度の悪いもの	19	30	0
	砂質土	締固めたもの		19	25	30 以下
	粘性土	〃		18	15	50 以下
自然地盤	礫	密実なものまたは粒度の良いもの		20	40	0
		密実でないものまたは粒度の悪いもの		18	35	0
	礫混り砂	密実なものまたは粒度の良いもの		21	40	0
		密実でないものまたは粒度の悪いもの		19	35	0
	砂	密実なものまたは粒度の良いもの		20	35	0
		密実でないものまたは粒度の悪いもの		18	30	0
	砂質土	密実なものまたは粒度の良いもの		19	30	30 以下
		密実でないものまたは粒度の悪いもの		17	25	0
	粘性土	固いもの　（指で強く押し多少凹む）		18	25	50 以下
		やや軟らかいもの 　　　（指で中程度の力で貫入）		17	20	30 以下
		軟らかいもの（指が容易に貫入）		16	15	15 以下
	粘土及び シルト	固いもの　（指で強く押し多少凹む）		17	20	50 以下
		やや軟らかいもの 　　　（指で中程度の力で貫入）		16	15	30 以下
		軟らかいもの（指が容易に貫入）		14	10	15 以下

第 8 章 地盤特性と調査法

表 8.6 土質と単位体積重量の関係 [2)]

(kN/m³)

地盤	土質	緩いもの	密なもの
自然地盤	砂および砂礫	18	20
自然地盤	砂質土	17	19
自然地盤	粘性土	14	18
盛土	砂および砂礫	20	
盛土	砂質土	19	
盛土	粘性土（ただし $w_L<50\%$）	18	

注）地下水位以下にある土の単位体積重量は，それぞれ表中の値から 9kN/m³ を差し引いた値としてよい。

表 8.8 地盤定数評価方法一覧

方法	土質		粘着力 c (kN/m²)	せん断抵抗角 ϕ (°)	単位体積重量 (kN/m³)
室内土質試験・原位置試験による	粘土シルト粘性土	盛土裏込め土	下記と工学的分類を合わせて評価	三軸圧縮試験（UU 条件） 三軸圧縮試験（$\overline{CU}$ 条件）	土の湿潤密度試験
		自然地盤	一軸圧縮試験 三軸圧縮試験（UU 条件） 三軸圧縮試験（$\overline{CU}$ 条件）	三軸圧縮試験（UU 条件） 三軸圧縮試験（$\overline{CU}$ 条件）	
	砂礫砂砂質土	盛土裏込め土	下記と工学的分類を合わせて評価	三軸圧縮試験（CD 条件）	
		自然地盤	完新世：下記と工学的分類を合わせて評価，更新世以前：三軸圧縮試験（CD 条件）		
	岩盤		原位置試験：平板載荷試験，ブロックせん断試験 室内試験：三軸圧縮試験，一軸圧縮試験，一面せん断試験，一軸引張試験（代わりに圧裂試験）などの組合せ	速度検層（原位置試験）などの組合せ	コアサンプルの実測
標準貫入試験の N 値による	粘土シルト粘性土	盛土裏込め土	下記と工学的分類を合わせて評価	工学的分類と合わせて評価	工学的分類と合わせて評価
		自然地盤	$c=6.25N$, $c=10N$ など		
	砂礫砂砂質土	盛土裏込め土	工学的分類を合わせて評価	下記と工学的分類を合わせて評価	
		自然地盤		$\phi=15+\sqrt{15N}$ など	
	岩盤（D 級または N 値 300 以下）		・砂岩・礫岩・深成岩類 $c=0.155N^{0.327}\times 98$（標準偏差 0.218） ・安山岩 $c=0.258N^{0.334}\times 98$（標準偏差 0.384） ・泥岩・凝灰岩・凝灰角礫岩 $c=0.165N^{0.606}\times 98$（標準偏差 0.218）	・砂岩・礫岩・深成岩類 $\phi=5.1\log N+29.3$（標準偏差 4.4） ・安山岩 $\phi=6.82\log N+21.5$（標準偏差 7.85） ・泥岩・凝灰岩・凝灰角礫岩 $\phi=0.888\log N+19.3$（標準偏差 9.78）	$(1.173+0.4\log N\times 9.8)$
工学的分類による	粘土シルト粘性土	盛土裏込め土	表 8.4・表 8.7 で評価	$w_L<50\%$（低液性限界）は 25°または表 8.7 で評価	表 8.6・表 8.7 で評価
		自然地盤	表 8.4・表 8.7 で評価	表 8.7 で評価	
	砂礫砂砂質土	盛土裏込め土	表 8.7 で評価	礫質土＝3.5°，砂質土＝30°または表 8.5・表 8.7 で評価	
		自然地盤	完新世：表 8.7 で評価 更新世以前：最大 50kN/m²（表 8.6）	表 8.5・表 8.7 で評価	
	岩盤		岩種および岩級に応じて一般的値から推定		

基礎・応用問題

問題 8.1 （　）に適切な語句を下から選んで，その番号を解答欄に記入せよ。
（　1　）はボーリングと最も併用される（　2　）である。この試験から得られる（　3　）とは，標準貫入試験用サンプラーを土中に（　4　）貫入させるため，質量（　5　）±（　6　）のハンマーを高さ（　7　）±（　8　）から（　9　）させた（　10　）である。

ア：密実硬軟，イ：地層連続，ウ：回数，エ：回転，オ：0.5kg，カ：76cm，キ：地質種類，ク：1cm，ケ：自由落下，コ：標準貫入試験，サ：耐震設計，シ：N値，ス：0.3m，セ：63.5kg，ソ：土質特性，タ：ポータブルコーン貫入試験，チ：1kN，ツ：25cm，テ：半回転数，ト：原位置試験，ナ：64.5kg，ニ：75cm，ヌ：スウェーデン式サウンディング試験，ネ：1N，ノ：0.5kN

【解答】(1) コ，(2) ト，(3) シ，(4) ス，(5) セ，(6) オ，(7) カ，(8) ク，(9) ケ，(10) ウ

問題 8.2 表のスウェーデン式サウンディングの試験結果において，①〜⑤の許容支持力 q_a (kN/m²) について，荷重で貫入した場合は $q_a = 3 \times 10^{-5}(W_{sw})^2$，荷重1kNと回転で貫入した場合は $q_a = 30 + 0.8 \times N_{sw}$ で求めよ。なお，W_{sw} は荷重 (N)，N_{sw} は貫入1m当たりの半回転数 (回/m) である。

荷重 W_{sw} (N)	半回転数 Na	貫入量 L(cm)	1m当たりの半回転数 N_{sw}	許容支持力 q_a(kN/m²)
500		30		①
750		10		②
1000		15		③
同上	4	25	16	④
同上	14	25	56	⑤

【解答】① $q_\mathrm{a} = 3 \times 10^{-5}(W_\mathrm{sw})^2 = 3 \times 10^{-5}(500)^2 = 7.5\mathrm{kN/m^2}$
② $q_\mathrm{a} = 3 \times 10^{-5}(750)^2 = 16.9\mathrm{kN/m^2}$
③ $q_\mathrm{a} = 3 \times 10^{-5}(1000)^2 = 30\mathrm{kN/m^2}$
④ $q_\mathrm{a} = 30 + 0.8(N_\mathrm{sw}) = 30 + 0.8 \times 16 = 42.8\mathrm{kN/m^2}$
⑤ $q_\mathrm{a} = 30 + 0.8 \times 56 = 74.8\mathrm{kN/m^2}$

問題 8.3 （　）に適切な言葉または数字を記入せよ．

擁壁の調査深度は，擁壁高の（　①　）を基本とする．更新世時代以前の地質を確認するなど軟弱層のないことなどが確実な場合は（　②　）にできる．ただし，地下水位下で N 値 ≤ 15 の（　③　）が連続する場合，液状化判定を行う必要から深度20mまで延長する．この深度内であっても，擁壁高8m以下は N 値30以上の（　④　）の地層を3m程度以上または杭径の4倍以上，8mを越える場合は（　⑤　）を確認した場合はこれ以上の深度の調査は必要ない．

【解答】① 3倍，② 1.5倍，③ 沖積層，④ 更新世時代以前，⑤ 耐震設計上の基盤

問題 8.4 下記の①，②および③のせん断抵抗角 ϕ と粘着力 c を求めよ．
① N 値 $= 9$ の完新世に堆積した砂質土地盤
② N 値 $= 3$ の完新世に堆積した粘土地盤
③ N 値 $= 30$ の更新世の砂質土地盤

【解答】①完新世時代のゆるい砂質土地盤は，表8.7の「自然地盤」の「砂質土」の「密実でないものまたは粒度の悪いもの」相当であるので，$c = 0\mathrm{kN/m^2}$，表8.5を参考にして式(8.10)から $\phi = 15 + \sqrt{15 \times N} = 15 + \sqrt{15 \times 9} = 27°$ となる．②完新世の軟らかい粘土地盤は，表8.4を参考にして式(8.9)から，

$c = 6.25 \times 3 = 18.8\text{kN/m}^2$，表 8.7 の「自然地盤」の「粘土及びシルト」の「軟らかいもの」相当として $\phi = 10°$ となる。③更新世の密実な砂質土は，粘着力 c とせん断抵抗角 ϕ の両方を評価できる。よって，式 (8.9) から $c = 6.25 \times 30 = 188\text{kN/m}^2$，式 (8.10) から $\phi = 15 + \sqrt{15 \times N} = 15 + \sqrt{15 \times 30} = 36°$ となる。ただし，式 (8.9) は粘性土の式であるので値が大きすぎる。表 8.7 の「自然地盤」の「砂質土」の「密実なものまたは粒度の良いもの」相当として，$c = 30\text{kN/m}^2$ とする。

記述問題

記述 8.1　標準貫入試験を説明し，その特徴および得られる土層の特性を述べよ。

記述 8.2　N 値の工学的な意味を述べよ。

記述 8.3　スウェーデン式サウンディング試験を説明し，その特徴を述べよ。

記述 8.4　スウェーデン式サウンディング試験で，住宅基礎地盤の長期支持力を求める方法を述べよ。

記述 8.5　ボーリング調査で調査深度を決定する考え方を述べよ。

記述 8.6　信頼できる N 値の目安を示せ。

記述 8.7　地質調査結果から室内試験を実施するか否かの判断の目安を述べよ。

記述 8.8　地質調査結果から液状化判定に必要な室内試験を述べよ。

記述 8.9　耐震設計上のごく軟弱な土層とは何か。

記述 8.10　地盤定数を評価する際に留意すべき点を述べよ。

記述 8.11　単位体積重量を推定する方法を述べよ。

記述 8.12　粘着力 c を推定する方法を述べよ。

記述 8.13　せん断抵抗角 ϕ を推定する方法を述べよ。

記述 8.14　変形係数 E を推定する方法を述べよ。

記述 8.15　斜面にすべりの前兆が見られた場合，その進行をモニタリングする方法を説明せよ。

記述 8.16　現地踏査の目的と留意点を述べよ。

第9章 地盤内応力

要点

目的：地表面に作用する荷重は，集中荷重，帯状荷重などの局部載荷などであり，地盤内の応力増分は一様にならず，二次元あるいは三次元の応力増分あるいは変位となるため，様々な局部載荷重によって発生する地盤内の応力増分および変位の推定方法を理解する。

キーワード：重ね合わせの原理，集中荷重，線状荷重，帯状荷重，台形帯状分布荷重，円形分布荷重，長方形分布荷重，オスターバーグの図表，ニューマークの図表，影響円法，圧力球根（アイソバール），影響値（ブーシネスク指数），影響係数（沈下係数），接地圧（地盤反力）

9.1 弾性地盤の応力と変位

三次元 x-y-z 座標系の地盤内にある微小な立方体の土要素の各面に作用する応力は，直応力およびせん断応力である。未知数の直応力は σ_x，σ_y および σ_z，せん断応力は $\tau_{xy} = \tau_{yx}$，$\tau_{yz} = \tau_{zy}$，$\tau_{xz} = \tau_{zx}$ である。

弾性状態にあるとする地盤では，地表面に複数の局部荷重が作用した場合，地盤内に発生する応力増分，変位は，各荷重による応力増分などを単純に加算して求められる。このような特性を"重ね合せの原理"と呼ぶ。

9.2 単一集中荷重による地盤内鉛直応力増分と影響値

地表面の原点に集中荷重 P が作用した場合，座標 (x, y, z) の微小土要素の中心点 A に作用する直応力，せん断応力および変位の増分は，ブーシネスクによる解析解として得られるが，鉛直方向の直応力の増分は，式 (9.7) で与えられ

る.ここで,$r = \sqrt{x^2 + y^2 + z^2}$,であり,$I_\sigma$ は影響値(ブーシネスク指数).

$$\Delta\sigma_z = \frac{3P}{2\pi}\frac{z^3}{r^5} = \frac{3P}{2\pi z^2}\left(\frac{z}{r}\right)^5 = \frac{3P}{2\pi z^2}\frac{(z^2)^{5/2}}{(\rho^2+z^2)^{5/1}} = \frac{P}{z^2}I_\sigma \quad (9.7)$$

9.5 台形帯状分布荷重による地盤内鉛直応力増分

台形の半分の形状をした帯状荷重状態の載荷の下で,荷重端部直下の深度 z における鉛直応力増分 $\Delta\sigma_z$ は,式 (9.14) で与えられる.ここで,I_z:影響値,$\Delta\sigma_z$:荷重端部直下の深度 z の鉛直応力増分,z:荷重端部直下の深度,p:等分布載荷域の単位面積当たりの荷重,a, b:荷重の載荷幅,θ_1, θ_2:角度(ラジアン:rad)

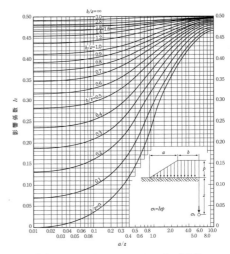

図 **9.10** オスターバーグの図表

$$\Delta\sigma_z = \frac{p}{\pi}\left\{\left(1+\frac{b}{a}\right)(\theta_1+\theta_2) - \frac{b}{a}\theta_2\right\} = I_z p \tag{9.14}$$

ここで,影響値 I_z が a/z と b/z の関数であることから,a/z と b/z から影響値 I_z(近似値)を読み取るようにしたのが,図 9.10 のオスターバーグの図表である.

9.7 長方形分布荷重による地盤内鉛直応力増分

幅 B,長さ L の長方形の等分布荷重 p が作用している状態で,長方形の隅角部直下の深さ z の鉛直応力増分 $\Delta\sigma_z$ は,式 (9.20) で与えられる.ここで,$\Delta\sigma_z$:長方形の偶角点直下の深度 z での鉛直応力増分,z:長方形の偶角点直下

の深度，p：単位面積当たりの荷重，$I(m, n)$：影響値，B，L：長方形の2辺の長さ，$m : B/z$，$n = L/z$

$$\Delta \sigma_z = p \cdot I(m, n) \tag{9.20}$$

影響値 $I(m, n)$ は，m と n の関数であることから，m と n から影響値 I を読み取れるようにした図はニューマークの図表と呼ぶ。

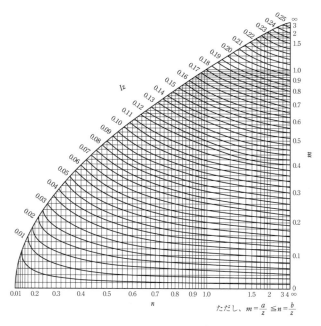

ニューマークの図表

9.10 圧力球根

種々の荷重により，ある特定の応力増分（直応力，せん断応力）は深度 z で決まるが，その増分の等応力線の線群は，球根の断面形状に似ていることから，圧力球根（アイソバール）と呼ばれる。

9.11 地表面の沈下

地表面に作用する荷重により，地盤内に応力が発生すると同時に変位も発生する。工学的に問題となるのは，地表面の沈下であるが，等分布荷重 p が地表面のある領域に作用している場合，領域の載荷面の大きさを表す代表的な長さを B とすると，地表面の沈下量は，式 (9.31) で定義できる。

$$\delta = \frac{(1-\nu^2) Bp}{E} \frac{1}{\pi B} \int_A \frac{ds}{r} = \frac{(1-\nu^2) Bp}{E} I_s \qquad (9.31)$$

ここで，I_s は沈下の影響係数あるいは沈下係数と呼ばれ，荷重の作用面の形と距離 r で決まる無次元量である。

等分布荷重の載荷による載荷面内の沈下量は，沈下係数により異なるが，載荷面の形状（円形，正方形，長方形），基礎の剛性（たわみ性，剛性）による載荷面内の代表的な位置（隅角点，中点，中心など）における沈下係数は表 9.1 である。

表 9.1 載荷面の形状，基礎の剛性による代表的な位置の沈下係数（影響係数）

基礎の剛性	計算点の位置	載荷面の形	円形	正方形	長方形 (L/B)					
					2	3	4	5	10	100
たわみ性	隅角点		—	0.56	0.77	0.89	0.98	1.05	1.27	2.00
	外辺の中点	短辺の中点	0.64	0.77	0.98	1.11	1.20	1.27	1.49	2.23
		長辺の中点			1.12	1.36	1.54	1.67	2.10	3.56
	中心		1.00	1.12	1.53	1.78	1.96	2.10	2.54	4.01
	平均		0.85	0.95	1.30	1.52	1.71	1.83	2.25	3.70
剛性	全面		0.79	0.88	1.22	1.44	1.61	1.72	2.12	3.40

基礎・応用問題

問題 9.1 図に示すように，地表面に集中荷重 $P = 50$kN が作用している。地盤内の点 A，B における鉛直応力増分 $\Delta\sigma_z$ をそれぞれ求めよ。

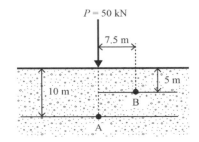

【解答】 集中荷重による鉛直応力増分は，$\Delta\sigma_z = \dfrac{3P}{2\pi}\dfrac{z^3}{r^5}$ と表される。図より，点 A では，$z = 10$，$r = \sqrt{10^2 + 0^2} = 10$

$$\therefore \quad \Delta\sigma_z = \frac{3 \cdot 50}{2\pi}\frac{10^3}{10^5} = 0.24 \text{kN/m}^2$$

同様に，点 B では，$z = 5$，$r = \sqrt{5^2 + 7.5^2} = 9.014$

$$\therefore \quad \Delta\sigma_z = \frac{3 \cdot 50}{2\pi}\frac{5^3}{9.014^5} = 0.05 \text{kN/m}^2$$

問題 9.2 図に示すように，地表面に 2 つの集中荷重 $P_1 = 50$kN，$P_2 = 100$kN が作用している。地盤内の点 A における鉛直応力増分 $\Delta\sigma_z$ を求めよ。

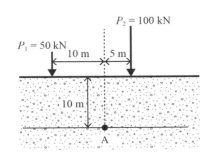

【解答】 集中荷重による鉛直応力増分は，$\Delta\sigma_z = \dfrac{3P}{2\pi}\dfrac{z^3}{r^5}$ と表される。図より，集中荷重 P_1 については，$z = 10$，$r = \sqrt{10^2 + 10^2} = 10\sqrt{2}$

$$\therefore \quad \Delta\sigma_z = \frac{3 \cdot 50}{2\pi}\frac{10^3}{\left(10\sqrt{2}\right)^5} = 0.04 \text{kN/m}^2$$

同様に，集中荷重 P_2 については，$z = 10$, $r = \sqrt{10^2 + 5^2} = 5\sqrt{5}$

$$\therefore \quad \Delta\sigma_z = \frac{3 \cdot 100}{2\pi} \frac{10^3}{\left(5\sqrt{5}\right)^5} = 0.27 \mathrm{kN/m^2}$$

ここで，重ね合わせの原理より，2つの集中荷重による鉛直応力増分を足し合わせると，$\Delta\sigma_z = 0.04 + 0.27 = 0.31 \mathrm{kN/m^2}$

問題 9.3 図に示すように，地表面に線状荷重 $p = 50\mathrm{kN/m}$ が作用している。地盤内の点 A, B における鉛直応力増分 $\Delta\sigma_z$ をそれぞれ求めよ。

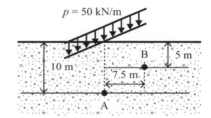

【解答】線状荷重による鉛直応力増分は，$\Delta\sigma_z = \dfrac{2P}{\pi} \dfrac{z^3}{(x^2+z^2)^2}$ と表される。図より，点 A では，$z = 10$, $x = 0$

$$\therefore \quad \Delta\sigma_z = \frac{2 \cdot 50}{\pi} \frac{10^3}{(0^2 + 10^2)^2} = 3.18 \mathrm{kN/m^2}$$

同様に，点 B では，$z = 5$, $x = 7.5$

$$\therefore \quad \Delta\sigma_z = \frac{2 \cdot 50}{\pi} \frac{5^3}{(7.5^2 + 5^2)^2} = 0.60 \mathrm{kN/m^2}$$

問題 9.4 図に示すように，地表面に2つの線状荷重 $p_1 = 30\mathrm{kN/m}$, $p_2 = 30\mathrm{kN/m}$ が作用している。地盤内の点 A における鉛直応力増分 $\Delta\sigma_z$ を求めよ。

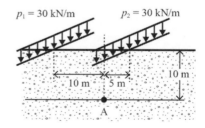

【解答】集中荷重による鉛直応力増分は，$\Delta \sigma_z = \dfrac{2P}{\pi} \dfrac{z^3}{(x^2+z^2)^2}$ と表される。図より，線状荷重 p_1 については，$z=10$, $x=10$

$$\therefore \quad \Delta \sigma_z = \dfrac{2 \cdot 30}{\pi} \dfrac{10^3}{(10^2+10^2)^2} = 0.48 \text{kN/m}^2$$

同様に，線状荷重 p_2 については，$z=10$, $x=5$

$$\therefore \quad \Delta \sigma_z = \dfrac{2 \cdot 30}{\pi} \dfrac{10^3}{(5^2+10^2)^2} = 1.22 \text{kN/m}^2$$

重ね合わせの原理より，2つの線状荷重による鉛直応力増分を足し合わせると，$\Delta \sigma_z = 0.48 + 1.22 = 1.70 \text{kN/m}^2$

問題 9.5 図に示すように，地表面に帯状荷重 $p=50\text{kN/m}$ が作用している。地盤内の点 A，B における鉛直応力増分 $\Delta \sigma_z$ をそれぞれ求めよ。

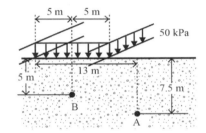

【解答】帯状荷重による鉛直応力増分は，$\Delta \sigma_z = \dfrac{p}{\pi}(\theta_0 + \sin\theta_0 \cos 2\bar{\theta})$ と表される。ただし，$\theta_0 = \theta_2 - \theta_1$, $\bar{\theta} = (\theta_1 + \theta_2)/2$。図より，点 A については，$\theta_1 = \tan^{-1}(3/7.5) = 0.381\text{rad}$, $\theta_2 = \tan^{-1}(13/7.5) = 1.048\text{rad}$

$$\therefore \quad \Delta \sigma_z = \dfrac{50}{\pi}(0.667 + \sin 0.667 \cos 1.429) = 12.02 \text{kN/m}^2$$

点 B については，まず，点 B より左側の帯状荷重について考えると，$\theta_1 = \tan^{-1}(0/5) = 0.000\text{rad}$, $\theta_2 = \tan^{-1}(5/5) = 0.785\text{rad}$

$$\therefore \quad \Delta \sigma_{z(L)} = \dfrac{50}{\pi}(0.785 + \sin 0.785 \cos 0.785) = 20.46 \text{kN/m}^2$$

同様に，B に対して左側と右側が帯状荷重は同じなので，右側も，$\Delta \sigma_{z(R)} = 20.46 \text{kN/m}^2$

∴ $\Delta\sigma_z = 20.46 + 20.46 = 40.92 \mathrm{kN/m^2}$

問題 9.6 図に示すように，地表面に盛土，つまり台形帯状分布荷重 ($\gamma_t = 18.00\mathrm{kN/m^3}$) が作用している。地盤内の点 A，B，C，D における鉛直応力増分 $\Delta\sigma_z$ をそれぞれ求めよ。なお，算定に際し，オスターバーグの図表（要点の図参照）を用いること。

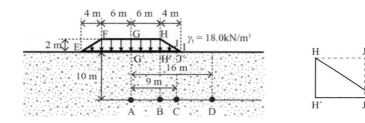

【解答】台形帯状分布荷重よる鉛直応力増分は，$\Delta\sigma_z = I_z p$ と表される。ここで，I_z は，オスターバーグの図表から得られる影響値。

(1) 点 A の鉛直応力増分：台形 EFGG' と台形 IHGG' による影響値を求めて，加算する。

　台形 EFGG' では，$a = 4$，$b = 6$，$z = 10$ なので $a/z = 4/10 = 0.4$　$b/z = 6/10 = 0.6$　要点のオスターバーグの図表より，影響値を読み取ると，$I_z = 0.367$　∴　$\Delta\sigma_z = 0.367 \times (18.00 \times 2.0) = 13.21\mathrm{kN/m^2}$

　台形 IHGG' も，台形 EFGG' と同じ大きさなので，

∴　$\Delta\sigma_z = 13.21\mathrm{kN/m^2}$

　よって，重ね合わせの原理より，$\Delta\sigma_z = 13.21 + 13.21 = 26.42\mathrm{kN/m^2}$

(2) 点 B の鉛直応力増分：台形 EFHH' と三角形 IHH' に対応する影響値を求めて，加算する。

　台形 EFHH' では，$a = 4$，$b = 12$，$z = 10$ なので $a/z = 4/10 = 0.4$　$b/z = 12/10 = 1.2$　影響値は，$I_z = 0.455$

$$\therefore \quad \varDelta\sigma_z = 0.455 \times (18.00 \times 2.0) = 16.38 \text{kN/m}^2$$

三角形 IHH′ では，$a = 4$，$b = 0$，$z = 10$ なので $a/z = 4/10 = 0.4$，$b/z = 0/10 = 0.0$　影響値は，$I_z = 0.121$

$$\therefore \quad \varDelta\sigma_z = 0.121 \times (18.00 \times 2.0) = 4.36 \text{kN/m}^2$$

よって，重ね合わせの原理より，$\varDelta\sigma_z = 16.38 + 4.36 = 20.74 \text{kN/m}^2$

(3) 点 C の鉛直応力増分：台形 EFJ″J′ と三角形 IJJ′ に対応する影響値の和から，三角形 HJJ″ に対応する影響値を引けば良い。

台形 EFJJ′ では，$a = 4$，$b = 15$，$z = 10$ なので $a/z = 4/10 = 0.4$，$b/z = 15/10 = 1.5$　影響値は，$I_z = 0.472$

$$\therefore \quad \varDelta\sigma_z = 0.472 \times (18.00 \times 2.0) = 16.99 \text{kN/m}^2$$

三角形 IJJ′ では，$a = 1$，$b = 0$，$z = 10$ なので $a/z = 1/10 = 0.1$，$b/z = 0/10 = 0.0$　影響値を読み取ると，$I_z = 0.032$

$$\therefore \quad \varDelta\sigma_z = 0.032 \times (18.00 \times 0.5) = 0.31 \text{kN/m}^2$$

三角形 HJJ″ については，$a = 3$，$b = 0$，$z = 10$ なので $a/z = 3/10 = 0.3$，$b/z = 0/10 = 0.0$　影響値を読み取ると，$I_z = 0.098$

$$\therefore \quad \varDelta\sigma_z = 0.098 \times (18.00 \times 1.5) = 2.65 \text{kN/m}^2$$

よって，重ね合わせの原理より，$\varDelta\sigma_z = 16.99 + 0.31 - 2.65 = 14.65 \text{kN/m}^2$

(4) 点 D の鉛直応力増分：台形 EFDD′ に対応する影響値から，台形 HIDD′ に対応する影響値を引けば良い。

台形 EFDD′ では，$a = 4$，$b = 22$，$z = 10$ なので $a/z = 4/10 = 0.4$，$b/z = 22/10 = 2.2$　影響値は $I_z = 0.487$

$$\therefore \quad \varDelta\sigma_z = 0.487 \times (18.00 \times 2.0) = 17.53 \text{kN/m}^2$$

台形 HIDD′ では，台形 EFGG′ と同じ大きさなので，$\Delta\sigma_z = 13.21\mathrm{kN/m^2}$ 重ね合わせの原理より，$\Delta\sigma_z = 17.53 - 13.21 = 4.32\mathrm{kN/m^2}$

問題 9.7 図に示す盛土が築造されている。盛土の物性値を調べた結果，乾燥密度が $1.540\mathrm{g/cm^3}$，含水比が 12.5% であった。盛土中央直下 5m における鉛直応力増分 $\Delta\sigma_z$ を求めよ。なお，算定に際し，オスターバーグの図表（要点参照）を用いること。

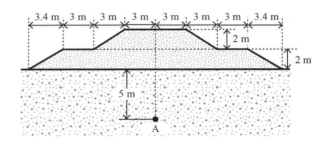

【解答】 盛土の単位体積重量 $\gamma_t = \rho_t \cdot g = \rho_d(1+w/100) \cdot g = 1.540(1+12.5/100) \cdot 9.81 = 17.00\mathrm{kN/m^3}$

1 段目の盛土（左）では，$a = 3.4$，$b = 3+3+3 = 9$，$z = 5$ なので $a/z = 3.4/5 = 0.68$，$b/z = 9/5 = 1.8$　影響値は，$I_z = 0.485$　1 段目の盛土（右）では，同じ形状なので，$I_z = 0.485$　2 段目の盛土（左）では，$a = 3$，$b = 3$，$z = 5$ なので，$a/z = 3/5 = 0.6$，$b/z = 3/5 = 0.6$　影響値は，$I_z = 0.388$　2 段目の盛土（右）では，同じ形状なので，$I_z = 0.388$　よって，重ね合わせの原理より，$\Delta\sigma_z = (0.485 \times 2 + 0.388 \times 2) \times (17.00 \times 2.0) = 59.36\ \mathrm{kN/m^2}$

問題 9.8 図に示すように，地表面に半径 5m の円形分布荷重が載荷されている。円中心直下の深度 5m における鉛直方向の増加応力 $\Delta\sigma_z$ を求めよ。

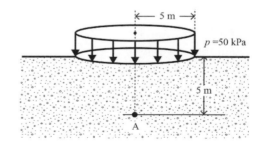

【解答】円形分布荷重による鉛直応力増分は，$\Delta\sigma_z = p\left[1 - \left\{1 + \left(\dfrac{R}{z}\right)^2\right\}^{-\frac{3}{2}}\right]$

と表される。

図より，点 A では，$z = 5$，$R = 5$

$$\therefore \quad \Delta\sigma_z = 50\left[1 - \left\{1 + \left(\dfrac{5}{5}\right)^2\right\}^{-\frac{3}{2}}\right] = 32.32\text{kN/m}^2$$

問題 9.9 図に示すように，地表面に長方形分布荷重（$p = 80\text{kN/m}^2$）が作用している。点 A，E，H の直下 10m における鉛直応力増分 $\Delta\sigma_z$ をそれぞれ求めよ。

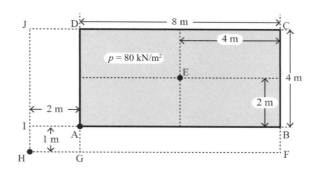

【解答】長方形分布荷重よる鉛直応力増分は，$\Delta\sigma_z = p \cdot I(m, n)$ と表される。ここで，$I(m, n)$ は，下記の式から算定される影響値。

$$I(m, n) = \dfrac{1}{4\pi}\left(\dfrac{2N\sqrt{M}}{M + N^2}\dfrac{M + 1}{M} + \tan^{-1}\dfrac{2N\sqrt{M}}{M - N^2}\right)$$

ただし，$M = m^2 + n^2 + 1$，$N = mn$，$m = B/z$，$n = L/z$

(1) 点 A における鉛直応力増分：四角形 ABCD に対応する影響値を求める。
$B = 4$，$L = 8$，$z = 10$ なので，$m = 4/10 = 0.4$，$n = 8/10 = 0.8$。
$I(m, n) = 0.0931$ ∴ $\Delta\sigma_z = 80 \times 0.0931 = 7.45\text{kN/m}^2$

(2) 点 E における鉛直応力増分：点 E は長方形の中心であるため，点 E を偶角

部とする 4 つの等しい長方形に分割して考え，それらを足し合わせればよい。すなわち，四角形 ABCD を 4 分割した四角形に対応する影響値を求め，それを 4 倍すればよい。$B = 2$, $L = 4$, $z = 10$ なので, $m = 2/10 = 0.2$, $n = 4/10 = 0.4$　$I(m, n) = 0.0328$　∴　$\Delta\sigma_z = 80 \times 0.0328 \times 4 = 10.50\text{kN/m}^2$

(3) 点 H における鉛直応力増分：点 H を隅角とする四角形 HFCJ，四角形 HFBI，四角形 HGDJ，四角形 HGAI に対応する影響値をそれぞれ求める。四角形 HFCJ では，$B = 5$, $L = 10$, $z = 10$ なので，$m = 5/10 = 0.5$, $n = 10/10 = 1.0$　$I(m, n) = 0.1202$　四角形 HFBI では，$B = 1$, $L = 10$, $z = 10$ なので，$m = 1/10 = 0.1$, $n = 10/10 = 1.0$　$I(m, n) = 0.0279$

四角形 HGDJ では，$B = 2$, $L = 5$, $z = 10$ なので，$m = 2/10 = 0.2$, $n = 5/10 = 0.5$　$I(m, n) = 0.0387$　四角形 HGAI では，$B = 1$, $L = 2$, $z = 10$ なので，$m = 1/10 = 0.1$, $n = 2/10 = 0.2$　$I(m, n) = 0.0092$

よって，$\Delta\sigma_z = \Delta\sigma_z$（四角形 HFCJ $-$ 四角形 HFBI $-$ 四角形 HGDJ $+$ 四角形 HGAI）$= 80 \times (0.1202 - 0.0279 - 0.0387 + 0.0092) = 5.02\text{kN/m}^2$

問題 9.10　図に示すように，地表面に幅 10m の正方形分布荷重が載荷されている。地表面下 5m における鉛直応力増分 $\Delta\sigma_z$ を，近似解法（ケーグラー法）を用いて求めよ。なお，地中の応力分布は深さ 2 に対して水平距離 1 の割合で広がるものとする。

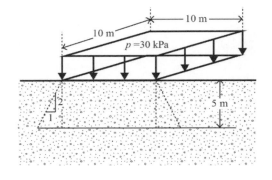

【解答】ケーグラー法による長方形分布荷重よる鉛直応力増分は，$\Delta \sigma_z = \dfrac{pBL}{(B+2z\tan\alpha)(L+2z\tan\alpha)}$ と表される。図より，$B = 10$，$L = 10$，$\tan\alpha = 1/2 = 0.5$，$z = 5$

$$\therefore \quad \Delta \sigma_z = \dfrac{30 \times 10 \times 10}{(10 + 2 \times 5 \times 1/2)(10 + 2 \times 5 \times 1/2)} = 13.33 \mathrm{kN/m^2}$$

問題 9.11 図に示すように，土の弾性係数 $E = 20\mathrm{MPa}$，ポアソン比 $\nu = 0.45$ である地盤の上に，4m×4m のたわみ性基礎によって全荷重 30.0kN の構造物が支持されている場合，点 A，点 B における地表面の沈下量 δ をそれぞれ求めよ。

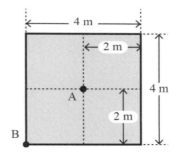

【解答】等分布荷重 p の載荷面が長方形の場合，載荷面内の沈下量は，$\delta = \dfrac{1-\nu^2}{E}BpI_s(r)$ で表される。ただし，$I_s(r)$ は，沈下係数。基礎の底面積 $a = 4 \times 4 = 16$，構造物の全荷重は 30kN であるので，$p = 30/16 = 1.875\mathrm{kN/m^2}$

(1) 点 A における地表面の沈下量：点 A は基礎の中心なので，要点の表 9.1 から影響係数を読み取ると $I_s(r) = 1.12$

$$\therefore \quad \delta = \dfrac{1-0.45^2}{20 \times 1000} 4 \times 1.875 \times 1.12 = 3.35 \times 10^{-4} \mathrm{m}$$

(2) 点 B における地表面の沈下量：点 B は基礎の隅角点なので，要点の表 9.1 の影響係数は，$I_s(r) = 0.56$

$$\therefore \quad \delta = \dfrac{1-0.45^2}{20 \times 1000} 4 \times 1.875 \times 0.56 = 1.67 \times 10^{-4} \mathrm{m}$$

問題 9.12 図のような接地断面形状を持つたわみ性構基礎造物（等分布荷重 $p = 50\text{kPa}$）の地点 A, C, H における地表面の沈下量 δ をそれぞれ求めよ。ただし，地盤の弾性係数とポアソン比は，それぞれ 4MPa および 0.333 である。

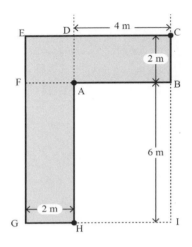

【解答】(1) 点 A における地表面の沈下量点 A について，長方形 AFGH，正方形 ADEF ならびに長方形 ABCD の載荷面内の沈下量をそれぞれ求め，それらを足し合わせる。長方形 AFGH について，$L = 6$, $B = 2$　点 A は長方形の隅角点なので，要点の表 9.1 から影響係数は，$I_\text{s}(r) = 0.89$

$$\therefore\quad \delta = \frac{1 - 0.333^2}{4 \times 1000} 2 \times 50 \times 0.89 = 1.98 \times 10^{-2}\text{m}$$

正方形 ADEF について，点 A は正方形の隅角点なので，表 9.1 から影響係数は，$I_\text{s}(r) = 0.56$

$$\therefore\quad \delta = \frac{1 - 0.333^2}{4 \times 1000} 2 \times 50 \times 0.56 = 1.24 \times 10^{-2}\text{m}$$

長方形 ABCD について，$L = 4$, $B = 2$, 点 A は長方形の隅角点なので，表 9.1 から影響係数を読み取ると $I_\text{s}(r) = 0.77$

$$\therefore\quad \delta = \frac{1 - 0.333^2}{4 \times 1000} 2 \times 50 \times 0.77 = 1.71 \times 10^{-2}\text{m}$$

以上から，点 A における地表面の沈下量は，$\delta = (1.98 + 1.24 + 1.71) \times 10^{-2} = 4.93 \times 10^{-2}\text{m}$

(2) 点 C における地表面の沈下量：点 C について，長方形 CEGI，長方形 CDHI ならびに長方形 CDAB の載荷面内の沈下量をそれぞれ求め，長方形 CEGI と長方形 CDAB の載荷面内の沈下量を足し合わせたものから，長方形 CDHI の載荷面内の沈下量を引く。長方形 CEGI について，$L=8$，$B=6$，点 C は長方形の隅角点なので，表 9.1 から影響係数は $I_s(r) = 0.64$

$$\therefore \quad \delta = \frac{1-0.333^2}{4 \times 1000} 6 \times 50 \times 0.64 = 4.27 \times 10^{-2} \mathrm{m}$$

長方形 CDHI について，$L=8$，$B=4$，点 C は長方形の隅角点なので，表 9.1 から影響係数は，$I_s(r) = 0.77$

$$\therefore \quad \delta = \frac{1-0.333^2}{4 \times 1000} 4 \times 50 \times 0.56 = 3.42 \times 10^{-2} \mathrm{m}$$

長方形 CDAB について，$L=4$，$B=2$，点 C は長方形の隅角点なので，表 9.1 から影響係数は，$I_s(r) = 0.77$

$$\therefore \quad \delta = \frac{1-0.333^2}{4 \times 1000} 2 \times 50 \times 0.77 = 1.71 \times 10^{-2} \mathrm{m}$$

よって，点 C における地表面の沈下量は，$\delta = (4.27 - 3.42 + 1.71) \times 10^{-2} = 2.56 \times 10^{-2} \mathrm{m}$

(3) 点 H における地表面の沈下量：点 H について，長方形 HDEG，長方形 HICD ならびに長方形 HIBA の載荷面内の沈下量をそれぞれ求め，長方形 HDEG と長方形 HICD の載荷面内の沈下量を足し合わせたものから，長方形 HIBA の載荷面内の沈下量を引く。長方形 HDEG について，$L=8$，$B=2$，点 H は長方形の隅角点なので，表 9.1 から影響係数を読み取ると $I_s(r) = 0.98$

$$\therefore \quad \delta = \frac{1-0.333^2}{4 \times 1000} 2 \times 50 \times 0.98 = 2.18 \times 10^{-2} \mathrm{m}$$

長方形 HICD について，$L=8$，$B=4$，点 H は長方形の隅角点なので，表 9.1 から影響係数は，$I_s(r) = 0.77$

$$\therefore \quad \delta = \frac{1-0.333^2}{4 \times 1000} 4 \times 50 \times 0.56 = 3.42 \times 10^{-2} \mathrm{m}$$

長方形 HIBA について，$L=6$，$B=4$，点 H は長方形の隅角点なので，表 9.1 から影響係数は $I_s(r)=0.68$

$$\therefore \delta = \frac{1-0.333^2}{4\times 1000} 4 \times 50 \times 0.68 = 3.02 \times 10^{-2} \text{m}$$

よって，点 H における地表面の沈下量は，$\delta = (2.18+3.42-3.02)\times 10^{-2} = 2.58 \times 10^{-2}$m

問題 9.13 図に示すように，地表面に集中荷重，線状荷重，帯状荷重が作用している．地盤内の点 A における鉛直応力 σ_z を求めよ．

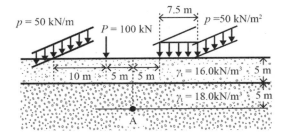

【解答】集中荷重による鉛直応力増分は，図より，$z=10$m，$r=\sqrt{10^2+5^2}=5\sqrt{5}$m　$\therefore \Delta\sigma_z = \frac{3\times 100}{2\pi}\frac{10^3}{(5\sqrt{5})^5} = 0.27\text{kN/m}^2$

線状荷重による鉛直応力増分は，図より，$z=10$m，$x=15$m

$$\therefore \Delta\sigma_z = \frac{2\cdot 50}{\pi}\frac{10^3}{(10^2+15^2)^2} = 0.30\text{kN/m}^2$$

帯状荷重鉛直応力増分は，図より，$\theta_1 = \tan^{-1}(5/10) = 0.464$rad，$\theta_2 = \tan^{-1}(12.5/10) = 0.896$rad

$$\therefore \Delta\sigma_z = \frac{50}{\pi}(0.432 + \sin 0.432 \cos 1.360) = 8.28 \text{kN/m}^2$$

重ね合わせの原理より，それぞれの荷重による鉛直応力増分を足し合わせると，$\Delta\sigma_z = 0.27 + 0.30 + 8.28 = 8.85$kN/m^2

点 A における土被り圧は，$16.0\times 5 + 18.0\times 5 = 170.0$kN/m^2 なので，点 A における鉛直応力 $\sigma_z = 8.85 + 170.0 = 178.85$kN/m^2

問題 9.14 図に示すように，地表の直角二等辺三角形 ABC に単位面積当たり $q = 30 \text{kN/m}^2$ の等分布荷重が作用している。点 A，B，D の直下の深さ 5m における鉛直応力増分 $\Delta\sigma_z$ をそれぞれ求めよ。ただし，BD=DC とする。

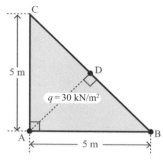

【解答】(1) 点 A における鉛直応力増分・図 (1)：直角三角形 ABC と同じ面積を有するような正方形を考え，その荷重による鉛直応力増分を求める。正方形の1辺の長さは AD なので，AD $= 5/\sqrt{2} = 3.536$ 長方形分布荷重よる鉛直応力増分は，$\Delta\sigma_z = p \cdot I(m, n)$ と表されるので，$m = n = 3.536/5 = 0.7072$ $I(m, n) = 0.1291$ ∴ $\Delta\sigma_z = 30 \times 0.1291 = 3.87 \text{kN/m}^2$

(2) 点 B における鉛直応力増分・図 (2)：AB を1辺とする正方形を考え，その荷重による鉛直応力増分の半分を求めればよい。$m = n = 5/5 = 1.000$ $I(m, n) = 0.1752$ ∴ $\Delta\sigma_z = (30 \times 0.1752)/2 = 2.63 \text{kN/m}^2$

(3) 点 D における鉛直応力増分・図 (3)：直角三角形 DAB ならびに直角三角形 DCA と同じ面積を有するような正方形を考え，その荷重による鉛直応力増分を求め，足し合わせる。正方形の1辺の長さは 2.5m なので，$m = n = 2.5/5 = 0.5$ $I(m, n) = 0.0840$ ∴ $\Delta\sigma_z = (30 \times 0.0840) \times 2 = 5.04 \text{kN/m}^2$

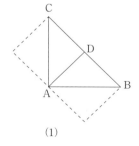
(1)

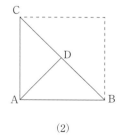
(2)

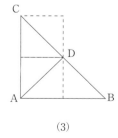
(3)

問題 9.15 図に示すように，長方形分布荷重（$q = 100 \text{kN/m}^2$，$L = 40\text{m}$，$B = 30\text{m}$）の上に，円形分布荷重（$R = 10\text{ m}$）が載っている構造物を施工することを考える。円形荷重の中心の直下の地盤（$\gamma_t = 20 \text{kN/m}^3$）の地表面下10mの地点Aには，許容積載鉛直荷重 330kN/m^2 の埋設物があることを考慮すると，円形分布荷重 q_c をいくらまで設定することが可能か検討せよ。

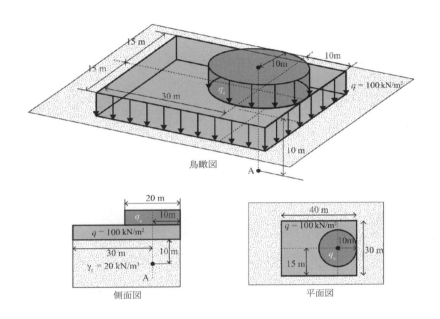

【解答】 点Aにおける鉛直応力は，長方形分布荷重ならびに円形分布荷重による鉛直応力増分と土被り圧を足し合わせればよい。点Aにおける長方形分布荷重による鉛直応力増分は，2つの長方形（30m×15m）と2つの長方形（10m×15m）の分布荷重による鉛直応力増分を足し合わせる。まず，長方形（30m×15m）は，$B = 15$，$L = 30$，$z = 10$ なので，$m = 15/10 = 1.5$，$n = 30/10 = 3.0$ ニューマークの図表（要点参照）より，影響値は，$Iz = 0.228$

一方，長方形（10m×15m）は，$B = 10$，$L = 15$，$z = 10$ なので，$m = 10/10 = 1.0$，

$n = 15/10 = 1.5$ ニューマークの図表（要点参照）より，影響値は，$Iz = 0.194$

$$\therefore \Delta\sigma_z = 100\,(0.228 \times 2 + 0.194 \times 2) \times 2 = 84.40 \text{kN/m}^2$$

点 A における円形分布荷重による鉛直応力増分は，$z = 10$，$R = 10$

$$\therefore \Delta\sigma_z = q_c \left[1 - \left\{ 1 + \left(\frac{10}{10}\right)^2 \right\}^{-\frac{3}{2}} \right] = 0.646 q_c \text{kN/m}^2$$

点 A における土被り圧は，$\sigma = 20 \times 10 = 200 \text{kN/m}^2$

$\therefore$ 点 A における鉛直応力は，$\sigma_z = 84.40 + 0.646 q_c + 200 = 0.646 q_c + 284.4 \text{kN/m}^2$

この値と許容積載鉛直荷重 330kN/m^2 を比較して，$0.646 q_c + 284.4 \leqq 330$

$\therefore \quad q_c \leqq 45.6/0.646 = 70.59$ よって，q_c は，70.59kN/m^2 まで設定可能。

記述問題

記述 9.1　地盤内応力を考える場合，重ね合わせの原理があるが，その意味と根拠を説明せよ。

記述 9.2　影響円法において，円の中心に近い区画の面積が小さい理由を説明せよ。

記述 9.3　圧力球根（アイソバール）の意味を説明せよ。

第10章 土圧

要点

目的：擁壁などの設計のために，土圧の発生機構，ランキンとクーロンの土圧論，柔な土留め壁の土圧，設計における土圧算定方法などを理解する。

キーワード：静止土圧（係数），主働土圧（係数），受働土圧（係数），ランキン土圧，クーロン土圧，鉛直自立高さ，クルマンの図解法，滑動，転倒，支持力，ミドルサード，ボイリング，パイピング，盤膨れ

10.1 土圧の発生機構と種類

剛な擁壁に作用する土圧あるいは土圧係数には3種類あり，式(10.2)で表わされるが，これらの間には $\sigma_{ha} < \sigma_{h0} < \sigma_{hp}$ あるいは $K_a < K_0 < K_p$ の大小関係がある（図10.2参照）。なお，σ_v：鉛直方向の主応力。

$$\sigma_{ha} = K_a\,\sigma_v \quad \sigma_0 = K_0\,\sigma_v \quad \sigma_{hp} = K_p \sigma_v \tag{10.2}$$

静止土圧係数は，土の内部摩擦角 ϕ で変化するとされており，正規圧密状態では式(10.4)のヤーキーの式がある。

$$K_0 = 1 - \sin\phi \tag{10.4}$$

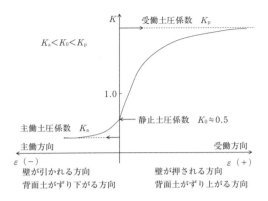

図 10.2 主動土圧係数,静止土圧係数,受動土圧係数の関係

10.2 ランキン土圧

　土圧を土要素の鉛直面に作用する水平方向の主応力 σ_h と見なすのが,ランキンによる土圧論である。従って,ランキン土圧では,地盤内の土要素が塑性平衡状態にある場合の水平方向の主応力である。ここで,塑性平衡状態とは土が破壊に至った状態,つまり,モールの応力円がモール・クーロンの破壊規準に達する状態である。

　式 (10.12) は,ランキンの土圧式であり,K_a および K_p をランキンの土圧係数と呼ぶ。同式から分かるように,各土圧は土の内部摩擦角 ϕ,粘着力 c および $\sigma_v (= \gamma_t z)$ で表わされる。

$$\begin{pmatrix} \sigma_{ha} \\ \sigma_{hp} \end{pmatrix} = \begin{pmatrix} K_a \\ K_p \end{pmatrix} \sigma_v \mp 2c \begin{pmatrix} \sqrt{K_a} \\ \sqrt{K_p} \end{pmatrix} \tag{10.12}$$

　さらに,式 (10.12) は深度 z における土圧であるが,壁の高さ H の全体に作用する主働土圧および受働土圧の合力は,式 (10.13) である。

$$\begin{pmatrix} Q_a \\ Q_p \end{pmatrix} = \frac{1}{2} \gamma_t H^2 \begin{pmatrix} K_a \\ K_p \end{pmatrix} \mp 2cH \begin{pmatrix} \sqrt{K_a} \\ \sqrt{K_p} \end{pmatrix} \tag{10.13}$$

地表面では粘着力の効果により $-2c\sqrt{K_\mathrm{a}}$ の土圧が作用し，深度 z_c でゼロになるが深度 $0\sim z_\mathrm{c}$ 間は負の土圧が作用し，深度 $2z_\mathrm{c} = H_\mathrm{c}$ までの土圧の合力はゼロになる。この H_c を鉛直自立高さと呼び，式 (10.23) である。

$$H_\mathrm{c} = \frac{4c}{\gamma_\mathrm{t}} \frac{1}{\sqrt{K_\mathrm{a}}} = \frac{4c}{\gamma_\mathrm{t}} \tan\left(\frac{\pi}{4} + \frac{\phi}{2}\right) \tag{10.23}$$

10.3　クーロン土圧

擁壁の壁面とすべり面を境界として形成されるくさび状のすべり土塊を剛体と考え，この剛体が両境界に沿って移動（ずり落ちる：主働状態，せり上がる：受働状態）すると考えると，土塊に作用する荷重あるいは外力は，土塊重量 W，壁面に発生する反力 Q およびすべり面に作用する反力 R の3つになる。これらの3つの力の釣り合いから求められる Q を土圧と考えるのが，クーロン土圧の考え方である。

クーロンによる土圧合力 Q を求める方法には，解析的方法と図解法がある。クルマンの図解法では，主働土圧や受働土圧を算出するが，その基本は力の三角形を図上に描くことである。

10.5　剛壁の移動形態，柔な壁の土圧特性

ランキン土圧あるいはクーロン土圧は，剛な壁が下端をヒンジとした剛壁の土圧状態であるが，土圧分布は直線である。しかし，鋼矢板のように土留め壁自身が変形する柔構造であったり，下端がヒンジで無く，移動したりする場合は，土圧の分布形状が剛壁とは異なる。しかし，柔構造などの土留め壁の変形状態に応じて，剛壁での主働土圧，静止土圧，受働土圧を対応させることにより，土圧分布形状を推察できる。

10.6　擁壁の安定

土圧を受ける擁壁の安定は，滑動しないこと，転倒しないこと，基礎地盤が

破壊しない（支持力がある）ことの 3 条件の照査が必要である（図 10.17）。
（注）下式の記号の定義は，省略。

滑動安全率は，滑動抵抗力に対する滑動力の比である式 (10.27) で定義される。

$$F_\text{s} = 滑動に抵抗する力/滑動させる力$$
$$= \{(W + Q_\text{av} - Q_\text{pv})\mu + B \cdot c_\text{B} + Q_\text{ph}\}/Q_\text{ah} \tag{10.27}$$

転倒安全率は，基礎底面先端を中心として，基礎の回転モーメントに対する抵抗モーメントの比である式 (10.28) で定義される。

$$F_\text{s} = 抵抗モーメント/回転モーメント$$
$$= \{(W \cdot x_\text{c} + Q_\text{av} \cdot x_\text{a} + Q_\text{ph} \cdot y_\text{p})/(Q_\text{ah} \cdot y_\text{a} + Q_\text{pv} \cdot x_\text{p})\} \tag{10.28}$$

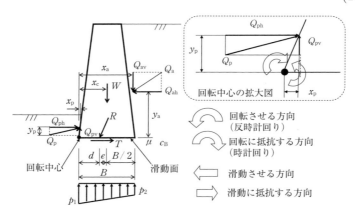

図 **10.17** 擁壁の安定に関係する荷重

10.7　土留め壁の安定

地表面を掘削してゆくと，掘削側と背面側の力の不均衡が増大し，掘削底面などの安定が損なわれて，ボイリング，パイピング，ヒービング，盤膨れなどの種々の地盤変状が発生する。このような変状に対する掘削底面などの安定を図ることは土留めの基本であり，安定照査と対策が必要である。

基礎・応用問題

問題 10.1 図の擁壁における主働土圧および受働土圧について，土圧，土圧合力および合力の作用位置をランキン土圧によって求めよ。

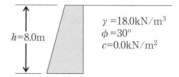

【解答】(1) 主働土圧について

$$K_a = \frac{1-\sin\phi}{1+\sin\phi} = \tan^2\left(45° - \frac{\phi}{2}\right) = \tan^2\left(45° - \frac{30°}{2}\right) = \frac{1}{3}$$

底面の深度で働く主働土圧は以下の通り。

$$\sigma_{ha} = K_a \sigma_v = K_a \times \gamma \times h = \frac{1}{3} \times 18 \times 8 = 48 \text{kN/m}^2$$

主働土圧の合力は以下の通り。

$$Q_a = \frac{1}{2}\sigma_{ha} \times h = \frac{1}{2} \times K_a \times \gamma \times h \times h = \frac{1}{2} \times \frac{1}{3} \times 18 \times 8 \times 8 = 192 \text{kN/m}$$

主働土圧の分布は三角形であるので，合力の作用位置は底面から $1/3 \times h$ の点である。したがって，合力は底面から 2.67m の位置に作用する。

(2) 受働土圧について

$$K_p = \frac{1+\sin\phi}{1-\sin\phi} = \tan^2\left(45° + \frac{\phi}{2}\right) = \tan^2\left(45° + \frac{30°}{2}\right) = 3$$

底面の深度で働く受働土圧は以下の通り。

$$\sigma_{hp} = K_p \sigma_v = K_p \times \gamma \times h = 3 \times 18 \times 8 = 432 \text{kN/m}^2$$

受働土圧の合力は以下の通り。

$$Q_p = \frac{1}{2}\sigma_{hp} \times h = \frac{1}{2} \times 432 \times 8 = 1,728 \text{kN/m}^2$$

受働土圧の分布は三角形であるので，合力の作用位置は底面から $1/3 \times h$ の点である。したがって，合力は底面から 2.67m の位置に作用する。

第 10 章　土圧

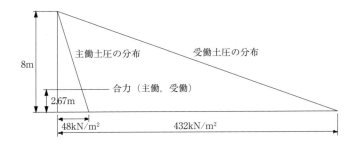

問題 10.2　右図の擁壁背面地盤に等分布圧力 q が載っている。このときの擁壁に作用するランキンの主働土圧と受働土圧をそれぞれ求めたい。以下の問いに答えよ。ただし，背面土の単位体積重量は γ，内部摩擦角は ϕ とする。また，背面土は砂地盤であり粘着成分は無視できるものとする。

(1) 任意深さ z における鉛直応力 σ_v を求めよ。
(2) 主働応力状態におけるモール円を描け。
(3) 主働土圧を導け。
(4) 主働土圧の合力を導け。
(5) 受働土圧を導け。
(6) 受働土圧の合力を導け。

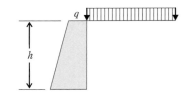

【解答】(1) $\sigma_v = q + \gamma z$

(2) 右図（主働）の通り。

(3) 砂地盤であるので，モール・

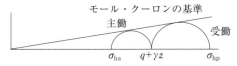

クーロンの基準 $\sigma_1 - \sigma_3 = 2c\cos\phi + (\sigma_1 + \sigma_3)\sin\phi$ において，粘着成分 c は無視することができる。したがって，$\sigma_1 - \sigma_3 = (\sigma_1 + \sigma_3)\sin\phi$。主働状態におけるモール円より，$\sigma_1$ が鉛直応力，σ_3 が主働土圧に対応する。したがって，

$$\sigma_{ha} = \sigma_3 = \frac{1-\sin\phi}{1+\sin\phi}\sigma_1 = \frac{1-\sin\phi}{1+\sin\phi}\sigma_v = \frac{1-\sin\phi}{1+\sin\phi}(q+\gamma z)$$

(4) 主働土圧分布は上面が $K_a q$, 底面が $K_a(q+\gamma h)$ である台形分布であるので，主働土圧の合力はその台形分布の面積であり，

$$Q_a = \frac{1}{2} \times \{K_a q + K_a(q+\gamma h)\} \times h = K_a q h + \frac{1}{2} K_a \gamma h^2$$

(5) 受働状態におけるモール円（前ページ図）より，σ_3 が鉛直応力，σ_1 が主働土圧に対応する。したがって，

$$\sigma_{hp} = \sigma_1 = \frac{1+\sin\phi}{1-\sin\phi}\sigma_3 = \frac{1+\sin\phi}{1-\sin\phi}\sigma_v = \frac{1+\sin\phi}{1-\sin\phi}(q+\gamma z)$$

(6) 受働土圧分布は上面が $K_p q$, 底面が $K_p(q+\gamma h)$ である台形分布であるので，受働土圧の合力はその台形分布の面積として，

$$Q_p = \frac{1}{2} \times \{K_p q + K_p(q+\gamma h)\} \times h = K_p q h + \frac{1}{2} K_p \gamma h^2$$

問題 10.3 問題 10.2 の擁壁背面地盤に等分布荷重 $q=36.0\mathrm{kN/m^2}$ が載荷された場合，主働土圧の大きさおよびその作用位置をランキン土圧により求めよ。

【解答】問題 10.2 より，主働土圧の合力は，

$$Q_a = K_a q h + \frac{1}{2} K_a \gamma h^2 = \frac{1}{3} \times 36 \times 8 + \frac{1}{2} \times \frac{1}{3} \times 18 \times 8^2 = 96 + 192 = 288\mathrm{kN/m}$$

土圧の合力は土圧分布が示す台形の重心位置に作用する。したがって，擁壁底面からの作用位置の高さは，次ページの図から，

$$h_c = \frac{2K_a q + K_a(q+\gamma h)}{K_a q + K_a(q+\gamma h)} \times \frac{1}{3} h = \frac{2 \times 12.0 + 60.0}{12.0 + 60.0} \times \frac{1}{3} \times 8 = 3.11\mathrm{m}$$

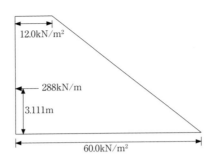

問題 10.4 右図に示す擁壁に作用する主働土圧および作用位置をランキン土圧によって求めたい。以下の問に答えよ。

(1) 擁壁背面地盤（地表面，上層下面，擁壁底面）に作用する鉛直応力を求めよ。
(2) 擁壁に作用する各層の上下面位置の主働土圧を求めよ。
(3) 擁壁に作用する主働土圧の合力を求めよ。
(4) 擁壁に作用する主働土圧の合力の作用位置を求めよ。

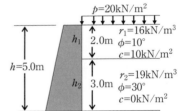

【解答】(1) 擁壁背面地盤の地表面には 20.0kN/m^2 の上載圧が載荷されているので，そこに作用している鉛直応力は $\sigma_v^0 = 20.0\text{kN/m}^2$ となる。擁壁背面地盤の地表面下 2m の位置における鉛直応力 σ_v^1 は，$\sigma_v^1 = \sigma_v^0 + \gamma_1 h_1 = 20.0 + 16 \times 2.0 = 52.0\text{kN/m}^2$ となる。底面の位置における鉛直応力 σ_v^2 は以下の通り。

$$\sigma_v^2 = \sigma_v^1 + \gamma_2 h_2 = 52.0 + 19 \times 3.0 = 109.0\text{kN/m}^2$$

(2) 上層および下層のそれぞれのランキンの主働土圧係数 K_{a1} および K_{a2} を求める。

基礎・応用問題

$$K_{a1} = \tan^2\left(45° - \frac{\phi}{2}\right) = \tan^2\left(45° - \frac{10°}{2}\right) = 0.704$$

$$K_{a2} = \tan^2\left(45° - \frac{\phi}{2}\right) = \tan^2\left(45° - \frac{30°}{2}\right) = 0.333$$

したがって，上層と下層の上面（U）と下面（L）における主働土圧は，

$$\sigma_{a1}^U = K_{a1} \times \sigma_v^0 - 2 \times c_1 \times \sqrt{K_{a1}} = 0.704 \times 20.0 - 2 \times 10.0$$
$$\times \sqrt{0.704} = 14.082 - 16.782 = -2.70 \text{kN/m}^2$$

$$\sigma_{a1}^L = K_{a1} \times \sigma_v^1 - 2 \times c_1 \times \sqrt{K_{a1}} = 0.704 \times 52.0 - 2 \times 10.0$$
$$\times \sqrt{0.704} = 36.613 - 16.782 = 19.83 \text{kN/m}^2$$

$$\sigma_{a2}^U = K_{a2} \times \sigma_{v2}^{'U} - 2 \times c_2 \times \sqrt{K_{a2}} = 0.333 \times 52.0$$
$$- 2 \times 0.0 \times \sqrt{0.333} = 17.33 \text{kN/m}^2$$

$$\sigma_{a2}^L = K_{a2} \times \sigma_{v2}^{'L} - 2 \times c_2 \times \sqrt{K_{a2}} = 0.333 \times 109.0$$
$$- 2 \times 0.0 \times \sqrt{0.333} = 36.33 \text{kN/m}^2$$

(3) 各層に作用する主働土圧の合力は，$\sigma_{a1}^U < 0$ であるため，

$$Q_{a1} = \frac{1}{2}\left\{\frac{-(\sigma_{a1}^U)^2 + \sigma_{a1}^L(\sigma_{a1}^L + \sigma_{a1}^U)}{\sigma_{a1}^L}\right\} \times 2.0$$
$$= \frac{-2.7^2 + 19.83(19.83 - 2.7)}{19.83} = \frac{-7.29 + 339.69}{19.83} = 16.76 \text{kN/m}$$

$$Q_{a2} = \frac{1}{2}(\sigma_{a2}^U + \sigma_{a2}^L) \times 3.0 = \frac{1}{2}(17.33 + 36.33) \times 3.0 = 80.50 \text{kN/m}$$

$$Q_a = Q_{a1} + Q_{a2} = 16.76 + 80.50 = 97.26 \text{kN/m}$$

(4) Q_a の作用位置をモーメントの釣合いに基づいて求める。

a) 底面基準としたときに粘着成分による土圧による断面一次モーメント（上層）

$$-16.78 \times 2.0 \times \left(\frac{1}{2} \times 2.0 + 3.0\right) = -134.26 \text{kN/m} \cdot \text{m}$$

b) 底面基準としたときに摩擦成分（台形分布）による断面一次モーメント（上層）

$$\frac{1}{2} \times (14.082 + 36.613) \times 2.0$$
$$\times \left\{\frac{1}{3} \times 2.0 \times \left(\frac{2 \times 14.082 + 36.613}{14.082 + 36.613}\right) + 3.0\right\} = 195.27\text{kN/m} \cdot \text{m}$$

c) 底面基準としたときの土圧（台形分布）による断面一次モーメント（下層）

$$\frac{1}{2} \times (17.33 + 36.33) \times 3.0 \times \left\{\frac{1}{3} \times 3.0 \times \left(\frac{2 \times 17.33 + 36.33}{17.33 + 36.33}\right)\right\}$$
$$= 106.5\text{kN/m} \cdot \text{m}$$

これらの結果，全合力の作用位置 h は，$h = \dfrac{-134.26 + 195.27 + 106.5}{97.26} = 1.723\text{m}$

問題 10.5 図のように，粘着性の無い土が擁壁に支えられている。以下の問いに答えよ。ただし，水の単位体積重量を 9.8kN/m^3，擁壁背面土の単位体積重量は，地下水位が基礎地盤にある場合および地下水位が背面地盤表面に達している場合のそれぞれにおいて 20.0kN/m^3 および 12.0kN/m^3 である。また，背面土の内部摩擦角は $30°$ である。

(1) 地下水位が背面地盤表面の（II）にある場合，擁壁に作用する主働土圧，水圧の分布およびそれらの合力を求めよ。
(2) 地下水位が基礎地盤面の（I）に下がった場合，擁壁に作用する主働土圧の合力を求めよ。

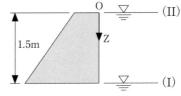

【解答】(1) 主働土圧係数は $K_a = \tan 2(45° - 30°/2) = 1/3$ であるので，z を地表面からの深度とすると，主働土圧分布は $\sigma_{aII} = K_a \cdot \gamma' \cdot z = 4z$ ($z = 1.5$m で，6.0kN/m^2)，合力は，

$$Q_{aII} = \frac{1}{2}K_a\gamma'h^2 = \frac{1}{2} \times \frac{1}{3} \times 12 \times 1.5^2 = 4.5\text{kN/m}$$

水圧の分布は $u = r_\omega \cdot z = 9.8z$ ($z = 1.5$m で，14.7kN/m^2)，合力は，
$Q_{wII} = \frac{1}{2}\gamma_w h^2 = \frac{1}{2} \times 9.8 \times 1.5^2 = 11.025$kN/m

よって，両者の合力は，$Q_{II} = Q_{aII} + Q_{wII} = 4.5 + 11.025 = 15.525$kN/m

(2) 地下水位が底面にある時の主働土圧の合力は，

$$Q_{aI} = \frac{1}{2}K_a\gamma h^2 = \frac{1}{2} \times \frac{1}{3} \times 20 \times 1.5^2 = 7.5\text{kN/m}$$

なお，底面の深度の主働土圧は，$\sigma_{aI} K_a \cdot \gamma z = \frac{1}{3} \times 20 \times 1.5 = 10$kN/m^2

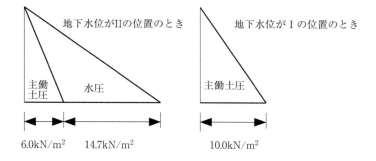

問題 10.6 高さ 5m の擁壁に作用するランキンの主働土圧 P_a を求めよ。ただし，裏込めには等分布荷重 $q = 40$kN/m^2 が作用している。粘着力 $c = 0$kN/m^2，単位体積重量 $\gamma_t = 20$kN/m^3，内部摩擦角 $\phi = 30°$ とする。

【解答】深さ 5m の位置の土圧 σ_{a1} は，$\sigma_{a1} = \gamma_t H \tan^2\left(45 - \frac{\phi}{2}\right) = 20 \times 5 \times \frac{1}{3} = 100/3$kN/m^2

等分布荷重による土圧 σ_{a2} は, $\sigma_{a2} = q \tan^2\left(45 - \dfrac{\phi}{2}\right) = 40 \times \dfrac{1}{3} = 40/3 \mathrm{kN/m^2}$

よって, $P_a = \dfrac{1}{2}\sigma_{ai}H + \sigma_{a2}H = 1/2 \times 100/3 \times 5 + 40/3 \times 5 = 150 \mathrm{kN/m}$

または, $P_a = \dfrac{1}{2}\gamma_t H^2 \tan^2\left(45 - \dfrac{\phi}{2}\right) + qH\tan^2\left(45 - \dfrac{\phi}{2}\right) = \dfrac{1}{2} \times 20 \times 5^2 \times \dfrac{1}{3} + 40 \times 5 \times \dfrac{1}{3} = 500/6 + 200/3 = 150 \mathrm{kN/m}$

問題 10.7 図の高さ 5m の背面が滑らかな擁壁において,せん断抵抗角 $\phi=35°$,$\gamma_t =18\mathrm{kN/m^3}$,$c=10\mathrm{kN/m^2}$ の場合の主働土圧合力 P_a を求めよ。ただし,Z_c の深さまで作用する引張り応力はゼロにして計算すること。

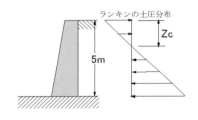

【解答】 Z_c の深さまで作用する全主働土圧 P は,

$$P = \dfrac{2c}{\gamma_t}\tan\left(45 + \dfrac{\phi}{2}\right) \times 2c\tan\left(45 - \dfrac{\phi}{2}\right) \times \dfrac{1}{2} = \dfrac{2c^2}{\gamma_t}$$

よって,Z_c の深さまで作用する引張り応力はゼロにした土圧 P_a は,

$$P_a = \dfrac{1}{2}\gamma_t H^2 \tan^2\left(45 - \dfrac{\phi}{2}\right) - 2cH\tan\left(45 - \dfrac{\phi}{2}\right) + \dfrac{2c^2}{\gamma_t}$$
$$= \dfrac{1}{2} \times 18 \times 5^2 \times 0.271 - 2 \times 10 \times 5 \times \sqrt{0.271} + \dfrac{2 \times 10^2}{18}$$
$$= 60.98 - 52.06 + 11.11 = 20.03 \mathrm{kN/m}$$

問題 10.8 図のように,裏込めに地下水位が存在する。ランキンの土圧公式で主動土圧 (P_{a1}, P_{a2}, P_{a3}) および水圧 P_{a4} を求めよ。また,全土圧 P_a (水圧を含む) とその擁壁下端からの作用高さ h を求めよ。

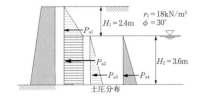

【解答】(1) 土圧係数 $Ka = \tan^2\left(45 - \dfrac{\phi}{2}\right) = \tan^2\left(45 - \dfrac{30}{2}\right) = \dfrac{1}{3}$

(2) 深さ $H_1 = 2.4$m までの上層全体の土圧について，

深さ H_1 の位置の水平土圧 $\sigma_{a1} = \gamma_t \times H_1 \times Ka = 18 \times 2.4 \div 3 = 14.4\text{kN/m}^2$

よって，$P_{a1} = \sigma_{a1} \times H_1 \div 2 = 14.4 \times 2.4 \div 2 = 17.3\text{kN/m}$

(3) P_{a2} は上層を下層への等分布荷重に相当し，土圧係数は同じであるので，

$\sigma_{a2} = \sigma_{a1} = 14.4\text{kN/m}^2$　よって，$P_{a2} = \sigma_{a2} \times H_2 = 14.4 \times 3.6 = 51.8\text{kN/m}$

(4) 下層底面の土圧最下の水平土圧 $\sigma_{a3} = \gamma' \times H_2 \times Ka = (18 - 9.8) \times 3.6 \div 3 = 9.8\text{kN/m}^2$

よって，$P_{a3} = \sigma_{a3} \times H_2 \div 2 = 9.8 \times 3.6 \div 2 = 17.6\text{kN/m}$

(5) 下層の水圧は，水の土圧係数は1であるので，$P_{a4} = 9.8 \times 3.6 \times 1 \times 3.6 \div 2 = 63.5\text{kN/m}$

(6) よって，$P_a = P_{a1} + P_{a2} + P_{a3} + P_{a4} = 17.3 + 51.8 + 17.6 + 63.5 = 150.2\text{kN/m}$

(7) P_a の作用位置は，$h = (17.3 \times 4.4 + 51.8 \times 1.8 + 17.6 \times 1.2 + 63.5 \times 1.2)/150.2 = 1.77$m（擁壁下端より）

問題 10.9　図の等分布荷重が作用する地盤において，地表面は水平で粘着力 c はないものとして，ランキンの全主動土圧とその擁壁下端からの作用位置を求めよ。

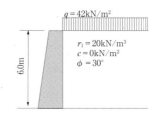

【解答】等分布荷重による土圧は，$\sigma_{a1} = q \times Ka = 42 \times \tan^2(45 - 30/2) = 42 \times 1/3 = 14\text{kN/m}^2$　よって，$P_{a1} = \sigma_{a1} \times H = 14 \times 6 = 84\text{kN/m}$

背面土による土圧は，土圧係数は同じであるので，$\sigma_{a2} = 20 \times 6 \times 1/3 = 40\text{kN/m}^2$，$P_{a2} = \sigma_{a2} \times H \times 1/2 = 40 \times 6 \times 1/2 = 120\text{kN/m}$

よって，全土圧：$P_a = P_{a1} + P_{a2} = 84 + 120 = 204\text{kN/m}$

擁壁下端からの作用高さは，$h = (P_{a1} \times 3\mathrm{m} + P_{a2} \times 2\mathrm{m})/Pa = (84 \times 3 + 120 \times 2)/204 = 2.41\mathrm{m}$

問題 10.10 図の2層地盤において，地表面は水平で粘着力 c はないものとして，ランキンの全主動土圧とその擁壁下端からの作用位置を求めよ。

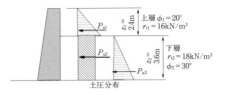

土圧分布

【解答】上層の土圧係数 $K_{a1} = \tan^2(45 - 20/2) = 0.490$　下層の土圧係数 $K_{a2} = \tan^2(45 - 30/2) = 1/3$　上層全体の土圧 P_{a1} は，$Z1$ 位置の水平土圧 $\sigma_{a1} = \gamma_{t1} \times Z1 \times K_{a1} = 16 \times 2.4 \times 0.490 = 18.82\mathrm{kN/m^2}$ から，$P_{a1} = \sigma_{a1} Z1/2 = 18.82 \times 2.4/2 = 22.6\mathrm{kN/m}$

上層を下層への等分布荷重に変換した土圧 P_{a2} は，$\sigma_{a2} = \gamma_{t1} \times Z1 \times K_{a2} = 16 \times 2.4 \times 1/3 = 12.8\mathrm{kN/m^2}$　$P_{a2} = \sigma_{a2} \times Z2 = 12.8 \times 3.6 = 46.1\mathrm{kN/m}$

下層のみの土圧 P_{a3} は，最下の水平土圧 $\sigma_{a3} = \gamma_{t2} \times Z2 \times K_{a2} = 18 \times 3.6 \times 1/3 = 21.6\mathrm{kN/m^2}$ から，$P_{a3} = \sigma_{a3} \times Z2 \div 2 = 21.6 \times 3.6 \div 2 = 38.9\mathrm{kN/m}$

以上から全土圧 Pa は，$Pa = P_{a1} + P_{a2} + P_{a3} = 22.6 + 46.1 + 38.9 = 107.6\mathrm{kN/m}$

Pa の作用位置 h は，$h = (22.6 \times 4.4 + 46.1 \times 1.8 + 38.9 \times 1.2)/107.6 = 2.13\mathrm{m}$（擁壁下端より）

問題 10.11 図の擁壁に作用する主働土圧の合力について，大きさ，作用位置および作用方向をクーロン土圧によって求めよ。ただし，$\delta = 2/3\phi$ とする。

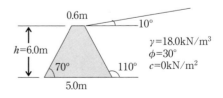

【解答】

$$\begin{pmatrix} Q_\mathrm{a} \\ Q_\mathrm{p} \end{pmatrix} = \frac{1}{2}\gamma H^2 \begin{pmatrix} K_\mathrm{a} \\ K_\mathrm{p} \end{pmatrix} \quad \cdots (1)$$

$$\begin{pmatrix} K_\mathrm{a} \\ K_\mathrm{p} \end{pmatrix} = \left[\frac{\sin(\omega \mp \phi)}{\sin\omega \left\{ \sqrt{\sin(\omega \pm \delta)} \pm \sqrt{\dfrac{\sin(\phi+\delta)\sin(\phi \mp \beta)}{\sin(\omega-\beta)}} \right\}} \right]^2 \quad \cdots (2)$$

$\phi = 30°$, $\delta = 20°$, $\omega = 110°$ および $\beta = 10°$ を代入する。

$$K_\mathrm{a} = \left[\frac{\sin(110°-30°)}{\sin 110° \left\{ \sqrt{\sin(110°+20°)} + \sqrt{\dfrac{\sin(30°+20°)\sin(30°-10°)}{\sin(110°-10°)}} \right\}} \right]^2$$

$= 0.568$

$Q_\mathrm{a} = \dfrac{1}{2} \times 18.0 \times 6^2 \times 0.568 = 183.9\,\mathrm{kN/m}$

ランキン土圧は破壊時の応力状態によって決定されるので，土圧分布が分かるが，クーロン土圧は土塊に作用する力の釣合いによって決定されるため，土圧分布は分からない。そのため，クーロン土圧も深さ方向に対しては，静水圧的な三角形分布していると考えてよいが，あくまでも便宜的なものであることに留意する。

さて，クーロン土圧分布が三角形分布と仮定すると，重心位置は底面から3分の1の高さにあるので，土圧の合力の作用高さは，$h = \dfrac{1}{3}H = \dfrac{1}{3} \times 6.0 = 2.0\,\mathrm{m}$ であり，主働土圧合力の作用方向は，壁面背面に垂直な方向から反時計回りに $\sigma = 20°$ 傾いた方向，および水平方向からは $40°$ 傾いた方向となる。なお，受働土圧の場合作用方向は壁面背面に垂直方向から時計回りに $20°$ 傾いた方向で，水平方向から $0°$ 傾いた方向である。

問題 10.12 高さ 5m の擁壁がある。擁壁背後の地表面傾斜角 $\beta = 10°$，擁壁背面の傾斜角 $\omega = 100°$ の場合，以下の問いに答えよ。ただし，裏込め土の内部摩擦角 $\phi = 30°$，単位体積重量 $\gamma = 18.0\text{kN/m}^3$，壁面摩擦角 $\delta = 0°$ とする。

(1) 擁壁に作用する主働土圧と受働土圧の合力の大きさをクーロン土圧によって求めよ。

(2) 作用点の位置と方向を求めよ。

【解答】問題 10.6 の解答の式 (1) と式 (2) において，クーロン土圧の合力の式：$\phi = 30°$，$\delta = 0°$，$\omega = 100°$ および $\beta = 10°$ を代入する。

a) 主働土圧の場合

$$K_a = \left[\frac{\sin(100° - 30°)}{\sin 100° \left\{ \sqrt{\sin(100° + 0°)} + \sqrt{\frac{\sin(30° + 0°)\sin(30° - 10°)}{\sin(100° - 10°)}} \right\}} \right]^2$$

$= 0.461$

$Q_a = \dfrac{1}{2} \times 18.0 \times 5^2 \times 0.461 = 103.6 \text{kN/m}$

b) 受働土圧の場合

$$K_p = \left[\frac{\sin(100° + 30°)}{\sin 100° \left\{ \sqrt{\sin(100° - 0°)} + \sqrt{\frac{\sin(30° + 0°)\sin(30° + 10°)}{\sin(100° - 10°)}} \right\}} \right]^2$$

$= 3.343$

$Q_p = \dfrac{1}{2} \times 18.0 \times 5^2 \times 3.343 = 752.1 \text{kN/m}$

また，クーロン土圧分布が三角形分布と仮定すると，重心位置は底面から 3 分の 1 の高さにあるので，土圧の合力の作用高さは，$h = \dfrac{1}{3}H = \dfrac{1}{3} \times 5.0 = 1.67\text{m}$

であり，合力の作用方向は，$\delta = 0°$ であるので，主働土圧と受働土圧の作用方向は同じ壁面背面に垂直な方向であり，水平方向からは反時計回りに $10°$ 傾いた方向。

問題 10.13 図のような，砂地盤を支えている擁壁が平滑な基礎地盤上にあるとき，その滑動安全率を 1.5 とするためには，擁壁の底面幅 B を何 m とすればよいか。ただし，壁底右側を通る鉛直面にランキン土圧が作用すると仮定する。また，砂の内部摩擦角を $30°$，基礎地盤と擁壁の摩擦係数を 0.5，擁壁の単位体積重量を 24.0 kN/m³，土の単位体積重量を 20.0 kN/m³ とする。また，主働土圧係数は次式で与えられる。

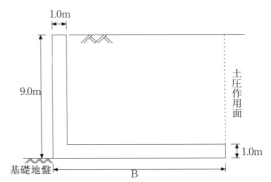

$$K_a = \tan^2\left(\frac{\pi}{4} - \frac{\phi}{2}\right)$$

【解答】 まず，主働土圧を求める。内部摩擦角が $30°$ の場合の主働土圧係数 K_a は，$K_a = \tan^2\left(45° - \frac{30°}{2}\right) = \frac{1}{3}$ したがって，作用する土圧の合力 P_a は，$P_a = \frac{1}{2}K_a\gamma H^2 = \frac{1}{2} \times \frac{1}{3} \times 20.0 \times 9^2 = 270 \text{kN/m}$ となる。

次に，仮想擁壁（擁壁本体＋その上部にある土）の重量 W を求める。擁壁本体の重量を W_1 とすれば，$W_1 = 24.0 \times (1.0 \times B + 8.0 \times 1.0) = 24B + 192 \text{kN/m}$。擁壁本体上部の土の重量を W_2 とすれば，$W_1 = 20.0 \times (B - 1.0) \times 8.0 = 160B - 160 \text{kN/m}$

したがって，仮想擁壁の重量 W は $W = W_1 + W_2 = 184B + 32 \text{kN/m}$

さらに，滑動に対する抵抗力を求める。滑動に対する抵抗力を R とすれば，$R = \mu W = 0.5 \times (184B + 32) = 92B + 16 \text{kN/m}$

以上から，この擁壁の滑動に対する安全率 F_s は $F_s = \dfrac{R}{P_a}$ であり，F_s は 1.5 であるので，$\dfrac{92B + 16}{270} = 1.5$ となる．したがって，$B = 4.23\text{m}$

問題 10.14 図に示す自立式の矢板壁を砂地盤中に打設する時，転倒に対する安定性（許容安全率1.2とする）を検討せよ．ただし，砂地盤の性状は単位体積重量 $\gamma = 17.0\text{kN/m}^3$，水中単位体積重量 $\gamma' = 9.0\text{kN/m}^3$，内部摩擦角 $\phi = 30°$ である．

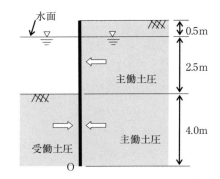

【解答】 主働土圧係数 K_a と受働土圧係数 K_p は，

$$K_a = \tan^2\left(45° - \frac{\phi}{2}\right) = \tan^2\left(45° - \frac{30°}{2}\right) = 0.333$$

$$K_p = \tan^2\left(45° + \frac{\phi}{2}\right) = \tan^2\left(45° + \frac{30°}{2}\right) = 3.0$$

まず，主働土圧が働く側において，それぞれの深度での土被り圧 σ'_{va} は，$\sigma'^{0.5m}_{va} = 17.0 \times 0.5 = 8.50\text{kN/m}^2$　$\sigma'^{3.0m}_{va} = \sigma'^{0.5m}_v + 9.0 \times 2.5 = 31.0\text{kN/m}^2$　$\sigma'^{7.0m}_{va} = \sigma'^{3.0m}_v + 9.0 \times 4.0 = 67.0\text{kN/m}^2$

次に，それぞれの深度における主働土圧は，$\sigma^{0.5m}_a = K_a \times \sigma'^{0.5m}_{va} = 0.333 \times 8.50 = 2.83\text{kN/m}^2$　$\sigma^{3.0m}_a = K_a \times \sigma'^{3.0m}_{va} = 0.333 \times 31.0 = 10.33\text{kN/m}^2$　$\sigma^{7.0m}_a = K_a \times \sigma'^{7.0m}_{va} = 0.333 \times 67.0 = 22.33\text{kN/m}^2$

水位より上の部分に作用する主働土圧の合力 P_{a1} とその作用位置 h_{a1} は，

$$P_{a1} = \frac{1}{2} \times \sigma^{0.5m}_a \times 0.5 = \frac{1}{2} \times 2.83 \times 0.5 = 0.71\text{kN/m},$$
$$h_{a1} = \frac{1}{3} \times 0.5 + 6.5 = 6.67\text{m}$$

水位より下の部分に作用する主働土圧の合力 P_{a2} とその作用位置 h_{a2} は，

$$P_{a2} = \frac{1}{2} \times \left(\sigma_a^{0.5m} + \sigma_a^{7.0m}\right) \times 6.5 = \frac{1}{2} \times (2.83 + 22.33) \times 6.5$$
$$= 81.77 \text{kN/m},$$
$$h_{a1} = \frac{1}{3} \times 6.5 \times \left(\frac{2 \times 2.83 + 22.33}{2.83 + 22.33}\right) = 2.41 \text{m}$$

一方,受働土圧が働く側における土被り圧 σ'_{vp} は,$\sigma'^{4.0m}_{vp} = 9.0 \times 4.0 = 36.0 \text{kN/m}^2$ したがって,受働土圧は,$\sigma_p^{4.0m} = K_p \times \sigma'^{4.0m}_{vp} = 3.0 \times 36.0 = 108.0 \text{kN/m}^2$

また,受働土圧の合力 P_p とその作用位置 h_p は,$P_p = \frac{1}{2} \times \sigma_p^{4.0m} \times 4.0 = \frac{1}{2} \times 108.0 \times 4.0 = 216.0 \text{kN/m}$,$h_p = \frac{1}{3} \times 4.0 = 1.33 \text{m}$

矢板壁を転倒させようとするのは主働土圧であり,矢板壁下端 O の原点回りのモーメントは,$M_a = P_{a1} \times h_{a1} + P_{a2} \times h_{a2} = 0.71 \times 6.67 + 81.77 \times 2.41 = 201.80 \text{kN/m} \cdot \text{m}$

一方,矢板壁の転倒に対して抵抗し,それを自立させようと抵抗するものは受働土圧であり,その原点回りのモーメント(抵抗モーメント)は,$M_p(M_r) = P_p \times h_p = 216.0 \times 1.33 = 287.28 \text{kN/m} \cdot \text{m}$

以上から,転倒に対する安全率は,$F_s = \dfrac{M_p}{M_a} = \dfrac{287.28}{201.80} = 1.42 > 1.2$ であり,1.2 より大きく安全と判断される。

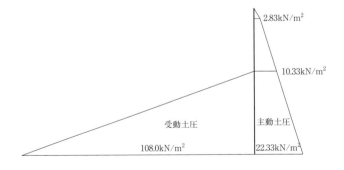

問題 10.15 図に示す逆T擁壁に対する以下の問いに答えよ。

(1) 主働土圧 P_a とその作用位置を求めよ。

(2) 擁壁（①，②）と砂部分（③）の自重とO点の時計回りのモーメントを求めよ。

擁壁高さ：4.4m

底面地盤摩擦係数：0.5

裏込め土・底面地盤：$\gamma_t = 18\text{kN/m}^3$，$\phi = 30$，$c = 0\text{kN/m}^2$

底面地盤耐荷力：$q_f = 150\text{kN/m}^2$，擁壁の単位体積重量：$\gamma = 23\text{kN/m}^3$

ただし，主働土圧は水平方向からのみ作用するものとする。

【解答】(1) $\phi = 30°$ の場合，主働土圧係数 K_a は，$K_a = \tan^2\left(45° - \dfrac{\phi}{2}\right) = \tan^2\left(45° - \dfrac{30°}{2}\right) = 0.333$。したがって，主働土圧の合力 P_a は，

$$P_a = \frac{1}{2}K_a\gamma H^2 = \frac{1}{2} \times 0.333 \times 18 \times 4.4^2 = 58.08\text{kN/m}$$

また，その作用位置を擁壁底面からの距離 h とすると，$h = 4.4/3 = 1.467\text{m}$

(2) 擁壁を二つに分ける。鉛直壁部分を①，底版部分を②とする。また，砂の部分を③とする。

a) ①について：断面積 $a_1 = 0.4 \times 3.8 = 1.52\text{m}^2/\text{m}$，重量 $W_1 = a_1 \times \gamma = 1.52 \times 23 = 34.96\text{kN/m}$，O点からの作用位置作用位置 $b_1 = 0.6 + \dfrac{0.4}{2} = 0.8\text{m}$

b) ②について：断面積 $a_2 = 3.0 \times 0.6 = 1.80\text{m}^2/\text{m}$，重量 $W_2 = a_2 \times \gamma = 1.8 \times 23 = 41.40\text{kN/m}$，作用位置 $b_2 = \dfrac{3.0}{2} = 1.5\text{m}$

c) ③について：断面積 $a_3 = 2.0 \times 3.8 = 7.60\text{m}^2/\text{m}$，重量 $W_3 = a_3 \times \gamma = 7.6 \times 18 = 136.8\text{kN/m}$，作用位置 $b_3 = 1.0 + \dfrac{2.0}{2} = 2.0\text{m}$

以上から，砂の部分を含む擁壁の重量 W および O 点の時計回りのモーメントは以下の通り。

	重量（kN/m）	アーム長（m）	モーメント（kNm/m）
①	34.96	0.8	27.97
②	41.40	1.5	62.10
③	136.80	2.0	273.6
合計	213.16	—	363.67

問題 10.16 問題 10.10 で算定した主働土圧 P_a とその作用位置，擁壁の自重と断面一次モーメントを用いて，常時における安定性を検討せよ。なお，許容安全率は滑動と転倒に対して 1.5，支持力に対し 3 とする。

【解答】(1) 滑動に対する安全性の検証：擁壁を滑動させようとする力は主働土圧である．一方，それに対抗する力は擁壁底面での摩擦力 R_F であり，
$$R_F = \tan\delta \times W = 0.5 \times 213.16 = 106.58 \text{kN/m}$$
したがって，滑動に対する安全率は，$F_s = \dfrac{106.58}{58.08} = 1.835$
安全率は 1.5 より大きいので安定である．

(2) 転倒に対する安全性の検証：擁壁を転倒させようとするモーメントは主働土圧によるものである．転倒モーメントは，$M_a = P_a \times h = 58.08 \times 1.467 = 85.18 \text{kN} \cdot \text{m/m}$．一方，抵抗モーメント M_r は，363.67kNm/m であるので，安全率は，$F_s = \dfrac{363.67}{85.18} = 4.269$
安全率は 1.5 より大きいので安定である．

(2) 基礎地盤の支持力に対する検証：モーメントの軸点から全合力の作用点の位置までの距離は，$d = \dfrac{363.67 - 85.18}{213.16} = 1.306 \text{m}$
基礎底面中央からの偏心距離 e は，$e = \dfrac{3.0}{2} - 1.306 = 0.194 \text{m} \leq 0.5 \text{m}$
したがって，合力の作用位置はミドルサードの範囲に入っている．また，底面の両端に作用する応力は，

$$p_1 = \frac{W}{B}\left(1 + \frac{6e}{B}\right) = \frac{213.16}{3.0} \times \left(1 + \frac{6 \times 0.194}{3.0}\right) = 98.557 \text{kN/m}^2$$

$$p_2 = \frac{W}{B}\left(1 - \frac{6e}{B}\right) = \frac{213.16}{3.0} \times \left(1 - \frac{6 \times 0.194}{3.0}\right) = 43.549 \text{kN/m}^2$$

$$p_1 > p_a = \frac{q_f}{F_s} = \frac{150}{3} = 50 \text{kN/m}^2$$

したがって，支持力に対しては安全でない．

問題 10.17 図に示す擁壁がある．前・背面の地盤は同じ均質な土で，地下水位は擁壁下端より深い位置にあるものとする．以下の問いに答えよ．

(1) 擁壁背面及び前面とも 2m の深さに作用するランキンの主働土圧，受働土圧を求めよ．

(2) 背面と前面の擁壁下端に作用する主働土圧，受働土圧の分布を求め，その合力と作用位置を求めよ．

(3) 擁壁背後の地表面に $q = 20 (\text{kN/m}^2)$ の等分布荷重を与えた場合，擁壁に作用する主働土圧の分布を求めよ．また，その合力と作用位置を求めよ．

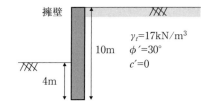

(4) 降雨により，擁壁背後地盤の水位が地表面から深さ 2m まで上昇した場合，擁壁に作用する主働土圧の分布を求めよ．その合力と作用位置を求めよ．また，擁壁に作用する水圧分布，側圧分布（土圧と水圧の和）と，その合力も求めよ．ただし，水の単位体積重量は，$\gamma_w = 10 \text{kN/m}^3$ とする．

【解答】(1) ランキンの土圧公式より，$K_A = \dfrac{1 - \sin\phi'}{1 + \sin\phi'} = 0.333$　$K_P = \dfrac{1 + \sin\phi'}{1 - \sin\phi'} = 3.00$　2m での鉛直応力は $\sigma'_v = \gamma_t z = 17 \times 2 = 34 \text{kN/m}^2$　主働土圧 $\sigma'_A = K_A \sigma'_v = 0.333 \times 34 = 11.3 \text{kN/m}^2$　受働土圧 $\sigma'_P = K_P \sigma'_v = 3.00 \times 34 = 102 \text{kN/m}^2$

(2) 擁壁下端での主働土圧は $\sigma'_A = 0.333 \times 17 \times 10 = 56.6 \text{kN/m}^2$　合力は

基礎・応用問題

$P_A = \dfrac{1}{2} \times 56.6 \times 10 = 283 \mathrm{kN/m}$

擁壁下端での受働土圧は $\sigma'_P = 3.00 \times 17 \times 4 = 204 \mathrm{kN/m^2}$　合力は
$P_P = \dfrac{1}{2} \times 204 \times 4 = 408 \mathrm{kN/m}$

作用位置は，それぞれ擁壁下端より擁壁高の 1/3 であり，3.33m　および 1.33m

(3) (2) で求めた土圧分布に分布荷重による土圧を加えた分布となる．等分布荷重による背面主働土圧は深さ方向に等しく，$\sigma'_A = 0.333 \times 20 = 6.66 \mathrm{kN/m^2}$ その合力は $P_A = 6.66 \times 10 = 66.6 \mathrm{kN/m}$, 作用位置は擁壁高の中央である下端より 5m　(2) の土圧との和で土圧合計は 349.6kN/m　作用位置は擁壁下端でのモーメントを考えて

$$\dfrac{283 \times 3.33 + 66.6 \times 5}{349.6} = 3.65 \mathrm{m}$$

(4) (1) より深さ 2m までの合力は $P_{A1} = \dfrac{1}{2} \times 11.3 \times 2 = 11.3 \mathrm{kN/m}$
水位以下では有効鉛直応力は $\sigma'_v = (\gamma_t - \gamma_w)z$ なので，擁壁下端では
$\sigma'_A = 0.333 \times (17 - 10) \times 8 + 11.3 = 18.65 + 11.3 \mathrm{kN/m^2}$　合力は
$P_{A2} = \dfrac{1}{2} \times 18.65 \times 8 + 11.3 \times 8 = 165 \mathrm{kN/m}$, 全合力は $P_A = P_{A1} + P_{A2} = 176.3 \mathrm{kN/m}$

作用位置は擁壁下端でのモーメントを考えて

$$\dfrac{11.3 \times 8.67 + 74.6 \times 2.67 + 90.4 \times 4}{176.3} = 3.73 \mathrm{m}$$

擁壁下端水圧は，$10 \times 8 = 80 \mathrm{kN/m^2}$　合力は $P_W = \dfrac{1}{2} \times 80 \times 8 = 320 \mathrm{kN/m}$

問題 10.18　問題 10.12 の主働土圧をクーロンの土圧論から求めよ．ただし，擁壁と裏込め土の間には摩擦はないものとし，土塊くさびの水平面との角度を 45° から 65° まで 5° ずつ変化させながら求めよ．

【解答】地表面とくさび土塊の角度を β とすると，くさび土塊重量は $W = \dfrac{1}{2} \times 17 \times 10 \times \dfrac{10}{\tan\beta} = \dfrac{850}{\tan\beta}$　主働土圧，そのときの裏込め地盤の抵抗力を

165

P_A, R_A とすると,鉛直方向の釣り合いは,$W = R_A \cos(\beta - 30)$ 水平方向の釣り合いは $R_A \sin(\beta - 30) = P_A$ よって,$P_A = \dfrac{\tan(\beta - 30)}{\tan \beta} \times 850$ なので,$\beta = 45°$, $50°$, $55°$, $60°$, $65°$ に対して,$P_A = 228$, 260, 277, 283, 277 となり,$\beta = 60°$ で最大 $P_A = 283 \text{kN/m}$

問題 10.19 せん断強度定数が $c' = 5\text{kN/m}^2$,$\phi' = 20°$,湿潤単位体積重量が $\gamma_t = 16\text{kN/m}^3$ の粘性土地盤がある。地下水位は地表面下 10m と深い。この地盤を鉛直に掘削したい。以下の問いに答えよ。
(1) 深さ 10m まで剛な土留め壁を用いて掘削した場合,土留め壁に加わる土圧の分布を求めよ。なお,地表面を原点とし,深さを z (m) とする。
(2) 土留め壁を用いなくても掘削できる深さ(鉛直自立高さ)を求めよ。

【解答】(1) 主働土圧係数 $K_A = \dfrac{1 - \sin \phi'}{1 + \sin \phi'} = 0.49$ 土圧分布は $\sigma'_A = K_A \gamma_t z - 2c'\sqrt{K_A} = 7.84z - 7 \text{kN/m}^2$
(2) (1) より土圧が 0 になる深さは $z_c = 0.89\text{m}$ よって,鉛直自立高さは,$H_c = 2z_c = 1.78\text{m}$

問題 10.20 図の擁壁背後が上層と下層の 2 層から成る地盤がある。地下水位は擁壁下端よりも低い位置にある。擁壁背面および前面に加わるランキン土圧の分布式を求めよ。また,背面,全面に作用する土圧合力の作用位置を求めよ。ただし,擁壁前面の地盤は背面の下層地盤と等しいとする。

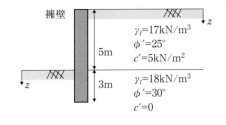

【解答】ランキンの土圧公式より,

$$\text{上層:} K_{A1} = \dfrac{1 - \sin \phi'}{1 + \sin \phi'} = 0.406,$$

下層 $K_{A2} = \dfrac{1-\sin\phi'}{1+\sin\phi'} = 0.333$　　$K_{P2} = \dfrac{1+\sin\phi'}{1-\sin\phi'} = 3.00$

(1) 擁壁背面地表面から 5m まで，$\sigma'_{A1} = K_{A1}\sigma'_v - 2c\sqrt{K_{A1}} = 0.406 \times 17z - 2\times 5\sqrt{0.406} = 6.9z - 6.37\mathrm{kN/m^2}$　これにより，$\sigma'_{A1} = 0$ の深度は 0.923m であり，$z = 0\mathrm{m}$ で $\sigma'_{A1} = -6.37\mathrm{kN/m}$，$z = 5\mathrm{m}$ で $\sigma'_{A1} = 28.13\mathrm{kN/m}$

(2) 5m 以深，$\sigma'_{A2} = \sigma'_{A1}(z=5\mathrm{m}) + K_{A2}\sigma'_v = 28.31 + 0.333 \times 18(z-5) = 5.994z - 1.66\mathrm{kN/m^2}$　これにより，$z = 8\mathrm{m}$ で $\sigma'_{A2} = 46.29\mathrm{kN/m^2}$

(3) 擁壁前面，$\sigma'_{P2} = K_{P2}\sigma'_v = 3.00 \times 18z = 54z\mathrm{kN/m^2}$　これにより，$z = 3\mathrm{m}$ で $\sigma'_{p2} = 162\mathrm{kN/m^2}$

合力の作用位置は，

(1) 背面の合力：

$z = 0 \sim 0.923\mathrm{m}$ の合力：$P'_{A1} = \dfrac{1}{2} \times 6.37 \times 0.923 = 2.94\mathrm{kN/m}$　作用位置は上端から 0.308m

$z = 0.923 \sim 5\mathrm{m}$ の合力：$P_{A1} = \dfrac{1}{2} \times 28.13 \times (5-0.923) = 57.34\mathrm{kN/m}$　作用位置は上端から 3.641m

$z = 5 \sim 8\mathrm{m}$：$P_{A2} = 28.31 \times 3 + \dfrac{1}{2} \times (46.29 - 28.31) \times 3 = 84.93 + 26.97 = 111.90\mathrm{kN/m}$

よって，作用位置は，上端から $\dfrac{84.93 \times 6.5 + 26.97 \times 7}{111.90} = 6.621\mathrm{m}$

(2) 全合力：

$P_A = -P'_{A1} + P_{A1} + P_{A2} = -2.94 + 57.34 + 111.90 = 166.30\mathrm{kN/m}$

作用位置は上端から $\dfrac{-2.94 \times 0.308 + 57.34 \times 3.641 + 111.90 \times 6.621}{165.30} = 5.705\mathrm{m}$

(3) 擁壁前面の合力：

$P_{P2} = \dfrac{1}{2} \times 162 \times 3 = 243\mathrm{kN/m}$　作用位置は前面地盤面から 2m

問題 10.21 図のような高さ 6m, 底面幅 3m の L 型擁壁がある。擁壁の仮想背面を仮定して, 擁壁背面に作用するランキンの主働土圧の合力およびその作用位置を求めよ。次に, この擁壁の滑動, 転倒に対する安全性を検討せよ。ただし, 擁壁を構成する鉄筋コンクリートの単位体積重量 $\gamma = 24.5\mathrm{kN/m}^3$ とする。また, 擁壁底面と地盤との摩擦係数は 0.6 とし, 滑動, 転倒に対する安全率は, どちらとも 1.5 とせよ。

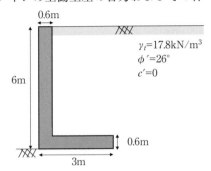

【解答】 L 型擁壁内の土塊を含む右図の仮想の擁壁を考える。

主働土圧 $K_\mathrm{A} = \dfrac{1-\sin(26°)}{1+\sin(26°)} = 0.39$

土圧合計 $P_\mathrm{A} = \dfrac{1}{2} \times 0.39 \times 17.8 \times 6 \times 6 = 125\mathrm{kN/m}$

作用位置は下端から 2m,

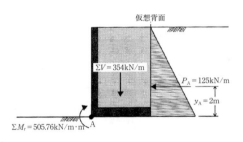

擁壁重量:$24.5 \times (6 \times 3 - 5.4 \times 2.4) = 123\mathrm{kN/m}$,

土塊重量:$17.8 \times 5.4 \times 2.4 = 231\mathrm{kN/m}$,

全鉛直応力:$123 + 231 = 354\mathrm{kN/m}$

以上から, 滑動について:$F_\mathrm{S} = \dfrac{354 \times 0.6}{125} = 1.70 \geq 1.5$ → OK

転倒について:$F_\mathrm{S} = \dfrac{0.3 \times 0.6 \times 6.0 \times 24.5 + 1.8 \times 0.6 \times 2.4 \times 24.5 + 231 \times 1.8}{2 \times 125} = \dfrac{505.76}{250} = 2.02 \geq 1.5$ → OK

基礎・応用問題

問題 10.22 下記の文章において，（　）に最も適当な語句を，以下の番号から選べ．

（ ア ）は塑性平衡状態になったすべり土塊に作用する（ イ ）方向の（ ウ ）であり，擁壁の壁面は（ エ ）であること，壁面と地盤の間に（ オ ）が働かないこと，背面土は（ カ ）があってもよいが（ キ ）状であることである．クーロン土圧は擁壁の壁面，くさび土塊と（ ク ）の間に作用する力の（ ケ ）から求まる．擁壁が安定するには，（ コ ）しないこと，転倒しないこと，支持力があることの3つが必要である．土留め壁の（ サ ）には，切りばり，腹起しと（ シ ）がある．土留め壁工事で地表面を掘削してゆくと，掘削底面の安定が損なわれて，ボイリング，パイピング，ヒービングおよび（ ス ）などの地盤変状が発生する．これらの変状が生じないようにする最も基本的方法は，土留め壁の（ セ ）を（ ソ ）することである．

①滑動　②火打ち　③ランキン土圧　④水平　⑤垂直　⑥盤膨れ　⑦増加　⑧直線　⑨曲線　⑩すべり面　⑪根入れ長　⑫地下水　⑬減少　⑭支保工　⑮合力　⑯釣り合い　⑰主応力　⑱粘着力　⑲摩擦　⑳勾配

【解答】ア：③，イ：④，ウ：⑰，エ：⑤，オ：⑲，カ：⑳，キ：⑧，ク：⑩，ケ：⑯，コ：①，サ：⑭，シ：②，ス：⑥，セ：⑪，ソ：⑦

記述問題

記述 10.1　クルマンの図解法により主働土圧および受働土圧を求める場合，C線により，それぞれ最大値および最小値により土圧を求めるが，最大値および最小値とする差異の理由を述べよ．

記述 10.2　地表面を掘削する場合，鉛直自立高さが設定できる理由を説明せよ．

記述 10.3　擁壁の安定性について，主働土圧と受働土圧のいずれが問題になるか，理由を付して説明せよ．

記述 10.4　擁壁の安定性を評価するために必要な項目を挙げ，それぞれ評価が

必要な理由を説明せよ。

記述 10.5　擁壁の転倒を評価する際のミドルサードの意味を説明せよ。

記述 10.6　地表面を掘削して土留めをした状態において，掘削底面に発生すると予想される地盤変状を2つ挙げて，その原因を述べよ。

記述 10.7　掘削底面に発生する，パイピング，盤膨れについて，それぞれの変状の状態とその発生原因を説明せよ。

記述 10.8　理論上の土圧と実際の土圧は異なることが多いが，その理由を述べよ。

記述 10.9　土圧を考慮した構造物の設計に際して，主働土圧，静止土圧および受働土圧の適用方法について述べよ。

第11章 支持力

要点

目的：基礎の種類，基礎形式選定の考え方と，浅い基礎である直接基礎および深い基礎の代表である杭基礎の支持力の機構と算定方法を理解する。

キーワード：浅い基礎，深い基礎，全般せん断破壊，局部せん断破壊，支持力式，形状係数，先端支持力，周面摩擦力，ネガティブフリクション

11.1 基礎の種類と浅い基礎・深い基礎

基礎の種類は直接基礎，杭基礎，ケーソン基礎に区分される。基礎の根入れ深さ D_f と基礎幅 B により，浅い基礎は $D_f/B \leq 1$，深い基礎は $D_f/B > 1$ である。

11.3 浅い基礎の支持力

地盤の支持力は，地盤が塑性すべりを始める時に発揮され，荷重と沈下量の関係（図 11.5 および図 11.7）において，q_A は降伏荷重，q_C は極限支持力であり，塑性域の大小が支持力の大小に関係する。

地盤の破壊には，全般せん断破壊と局部せん断破壊がある。前者は破壊の発生時点が明確であるなど，後者は破壊時点が明確でないなどの特性がある。

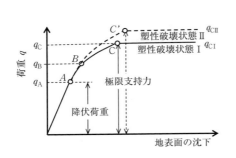
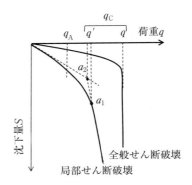

図 11.5 荷重と地表面沈下との関係　　図 11.7 荷重〜沈下量関係

式 (11.12) は，テルツァーギによる浅い基礎の支持力式である．

$$q = Q/B = \alpha c N_c + \beta \gamma_{t1} B N_r + q_s N_q \tag{11.12}$$

ここに，第1項はすべり面の粘着力 c に起因する粘着抵抗力，第2項は基礎地盤の γ_{t1} に起因する摩擦抵抗力，第3項はサーチャージ q_s に起因する摩擦抵抗力，N_c, N_r, N_q：支持力係数（例えば，図 11.13 のテルツァーギ・ペックの支持力係数），α, β：形状係数（表 11.2）である．

テルツァーギによる浅い基礎の支持力式の他に，チェボタリオフとフェレニウスの方法などがある．

表 11.2　テルツァーギの支持力式における基礎の形状係数

基礎荷重面の形状	連続	正方形	長方形	円形
α	1.0	1.3	$1 + 0.3\dfrac{B}{L}$	1.3
β	0.5	0.4	$0.5 - 0.1\dfrac{B}{L}$	0.3

B：長方形の短辺長さ，L：同長辺長さ

11.4 深い基礎の支持力

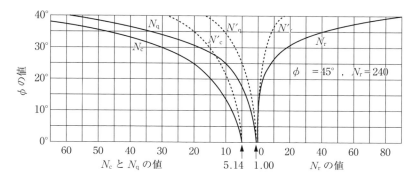

図 11.13 全般せん断破壊と局部せん断破壊の支持力係数：帯状基礎

11.4 深い基礎の支持力

杭に作用する荷重は，杭の先端支持力と杭周面の摩擦力で支持され，杭の周長が変わらない場合の極限支持力 R_u は式 (11.23) となる。

$$R_u = R_p + R_f = q_d A + U \Sigma L_i f_i \tag{11.23}$$

ここに，R_p：杭先端支持力（kN），R_f：杭周面摩擦力（kN），A：杭先端の断面積（m^2），q_d：杭先端における単位面積当たりの極限支持力度（kN/m^2），U：杭の周長（m），L_i：周面摩擦力を考慮する層の層厚（m），f_i：周面摩擦力を考慮する層の最大周面摩擦力度（kN/m^2）

11.5 ネガティブフリクション

杭周囲の軟弱地盤が沈下する場合，地盤の沈下に誘発されて下向きの摩擦力（負の摩擦力：ネガティブフリクション）が発生し，杭に対して荷重となる。ネガティブフリクションにより，杭が圧縮破壊をしないこと，杭先端の支持力が満足されることが要件である。

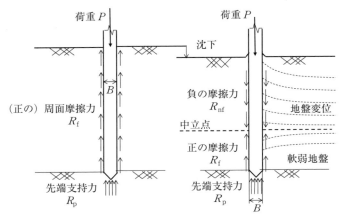

図 **11.19** ネガティブフリクションの発生

11.6 群杭の支持力

杭間隔がある限度内に狭く配置されると杭間の相互作用が働いて，杭の支持力や沈下は単杭のそれと異なる性質を示すが，この現象を群杭効果という．

11.7 杭の水平支持力

地震時には上部構造の横ゆれで杭頭に水平荷重が作用する．チャン（Y. L. Chang）の弾性床上の梁の理論によると，杭の地盤反力 $p=E_S \cdot y$ と仮定し，杭が水平変位（変位量 y）した場合の杭の弾性方程式は式 (11.29) となる．

$$EI\frac{d^4y}{dx^4} = -p = -E_s y \tag{11.29}$$

$$H_a = \frac{\delta k_h B}{\beta} \tag{11.30}$$

$$\beta = (k_h B/4EI)^{1/4} \tag{11.31}$$

ここに，E_s：土の弾性係数，EI：杭の曲げ剛性，H_a：許容変位 δ の許容支持力，B：杭径，β：杭の特性値，k_h：水平地盤反力係数．

基礎・応用問題

問題 11.1 幅 4m の連続基礎を砂質地盤（湿潤密度 $\gamma_t = 18\text{kN/m}^3$，せん断抵抗角 $\phi = 25°$，粘着力 $c = 0$）に施工するとき，地表につくる場合と深さ 2m まで根入れする場合の極限支持力 Q をテルツァーギの支持力公式によって求めよ。なお，地下水の影響は考えず，支持力係数については，下図を用いよ。

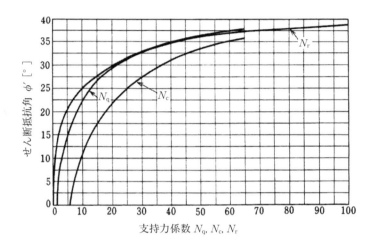

【解答】連続基礎であるので表 11.2 から，形状係数は $\alpha = 1.0$，$\beta = 0.5$ となる。テルツァーギの支持力式より，$q = \dfrac{Q}{B} = \alpha c N_c + \beta \gamma_{t1} B N_r + \gamma_{t2} D_f N_q$

図より，$N_\gamma = 10$，$N_q = 12.5$，$N_c = 25$

根入れがない場合，第 2 項のみなので，$q = \dfrac{18 \times 4}{2} \times 10 = 360\text{kN/m}^2$，
$Q = q \times B = 360 \times 4 = 1440\text{kN/m}$

根入れがある場合，根入れ部分の土被り圧（$18\text{kN/m}^3 \times 2\text{m} = 36\text{kN/m}^2$）が第 3 項の分布荷重 q_s として作用するので，

$$q = \dfrac{18 \times 4}{2} \times 10 + 36 \times 12.5 = 810\text{kN/m}^2, \quad Q = 810 \times 4 = 3240\text{kN/m}$$

問題 11.2 図に示す連続基礎の支持力を，テルツァーギの支持力式から求めよ。ただし，テルツァーギ・ペックの支持力係数を使用し，地盤（過圧密粘土）の一軸圧縮強さ $q_u = 200\text{kN/m}^2$，せん断抵抗角 $\phi = 0°$ および単位体積重量 $\gamma_t = 16\text{kN/m}^3$ とする。

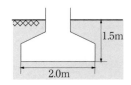

【解答】 過圧密粘土地盤であるから全般せん断破壊とする。$\phi = 0$，$c = q_u/2 = 200/2 = 100\text{kN/m}^2$，テルツァーギ・ペックの支持力係数は，要点の図 11.13 から，$\phi = 0$ に対して $N_c = 5.14$，$N_q = 1$，$N_r = 0$ であり，連続基礎であるので，要点の表 11.2 から形状係数は $\alpha = 1.0$，$\beta = 0.5$ となる。以上をテルツァーギの支持力式 $q = \alpha c N_c + \beta \gamma_{t1} B N_r + \gamma_{t2} D_f N_q$ に代入する。ここで，γ_{t1} は基礎底面下の地盤の単位体積重量，γ_{t2} は基礎底面上の地盤の単位体積重量。

よって，$q = 1 \times 100\text{kN/m}^2 \times 5.14 + 16\text{kN/m}^3 \times 1.5\text{m} \times 1$
$= 514 + 24 = 538\text{kN/m}^2$

問題 11.3 図に示す連続基礎の支持力について，全般せん断破壊と局部せん断破壊の両方について，テルツァーギの支持力式から求めよ。ただし，地盤の単位体積重量 $\gamma_t = 17.5\text{kN/m}^3$，水中単位体積重量 $\gamma' = 8.5\text{kN/m}^3$，せん断抵抗角 $\phi = 30°$，粘着力 $c = 15\text{kN/m}^2$，地下水位は地表面から 2m の位置にある。$\phi = 30°$ におけるテルツァーギの支持力係数（全般せん断破壊）は $N_c = 35.0$，$N_\gamma = 20.0$ および $N_q = 22.0$。同様に局部せん断破壊の支持力係数は $N'_c = 17.0$，$N'_\gamma = 8.0$ および $N'_q = 8.0$ とし，連続基礎であるので，形状係数は $\alpha = 1.0$，$\beta = 0.5$ とする。

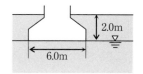

【解答】全般せん断破壊の場合の支持力は，支持力式の第2項目の単位体積重量は水中単位体積重量 γ'，第3項目は湿潤単位体積重量 γ_t であることから，

$$q = \alpha c N_c + \beta \gamma_{t1} B N_r + \gamma_{t2} D_f N_q$$
$$= 15.0 \times 35.0 + \frac{1}{2} \times 8.5 \times 6.0 \times 20.0 + 17.5 \times 2.0 \times 22.0$$
$$= 525.0 + 510.0 + 770.0 = 1805.0 \text{kN/m}^2$$

局部せん断破壊の場合は，

$$q = \frac{2}{3} c N'_c + \frac{1}{2} \gamma_{t1} B N'_r + \gamma_{t2} D_f N'_q$$
$$= \frac{2}{3} \times 15.0 \times 17.0 + \frac{1}{2} \times 8.5 \times 6.0 \times 8.0 + 17.5 \times 2.0 \times 8.0$$
$$= 170.0 + 204.0 + 280.0 = 654.0 \text{kN/m}^2$$

問題 11.4 図に示す連続基礎の支持力（全般せん断破壊，局部せん断破壊）をテルツァーギの支持力式を用いて求めよ。ただし，地盤の単位体積重量は $\gamma_t = 18.0 \text{kN/m}^3$，粘着力は $c = 50 \text{kN/m}^2$ である。

(1) せん断抵抗角 $\phi = 0°$ の場合
(2) せん断抵抗角 $\phi = 20°$ の場合

なお，支持力係数は，下表とする。

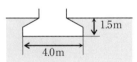

支持力係数						
ϕ	N_c	N_r	N_q	N'_c	N'_r	N'_q
0°	5.71	0	1.00	5.71	0	1.0
20°	17.7	4.50	7.48	11.9	2.00	3.88

【解答】テルツァーギの支持力式（帯状基礎・二次元）から，

$$\text{全般せん断破壊の場合}: q = \frac{Q}{B} = c N_c + \gamma_{t1} \frac{B}{2} N_r + \gamma_{t2} D_f N_q$$

$$\text{局部せん断破壊の場合}: q = \frac{Q}{B} = \frac{2}{3} c N'_c + \frac{1}{2} \gamma_{t1} B N'_r + \gamma_{t2} D_f N'_q$$

(1) せん断抵抗角が $\phi=0$ の場合：表から，$\phi=0$ に対応する支持力係数を選び，

$$全般せん断破壊：q = 50 \times 5.71 + \frac{1}{2} \times 18.0 \times 4 \times 0 + 18.0 \times 1.5 \times 1.0$$
$$= 312.5 \text{kN/m}^2$$

$$局部せん断破壊：q = \frac{2}{3} \times 50 \times 5.71 + 18.0 \times 4 \times 0 + 18.0 \times 1.5 \times 1.0$$
$$= 217.3 \text{kN/m}^2$$

(2) せん断抵抗角が $\phi=20$ の場合：(1) と同様にして，

$$全般せん断破壊：q = 50 \times 17.7 + \frac{1}{2} \times 18.0 \times 4 \times 4.5 + 18.0 \times 1.5 \times 7.48$$
$$= 1249.0 \text{kN/m}^2$$

$$局部せん断破壊：q = \frac{2}{3} \times 50 \times 11.9 + \frac{1}{2} \times 18.0 \times 4 \times 2.0 + 18.0 \times 1.5$$
$$\times 3.88 = 573.4 \text{kN/m}^2$$

問題 11.5 図に示す連続基礎の支持力（全般せん断破壊）をテルツァーギの支持力式を用いて求めよ。ただし，地盤の単位体積重量は $\gamma_t = 18.0\text{kN/m}^3$，水中単位体積重量は $\gamma' = 9.0\text{kN/m}^3$，せん断抵抗角は $\phi = 20°$，粘着力は $c = 50\text{kN/m}^2$ である。なお，地下水面は深さ 6.0m の位置にある。

(1) 根入れ深さ $D_f =$ 2.0m の場合
(2) 根入れ深さ $D_f =$ 4.0m の場合
(3) 根入れ深さ $D_f =$ 6.0m の場合

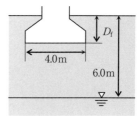

【解答】

$\phi=20°$ について，問題 11.4 の支持力係数の表から，$N_c = 17.7$，$N_r = 4.50$，$N_q = 7.48$，連続基礎であるので，$\alpha = 1.0$，$\beta = 0.5$ となる。

(1) 根入れ深さが $D_f =$ 2.0m の場合：地下水位が基礎底面より基礎幅4mの深

さより下方にあるため，地下水位の影響はなく，

$$q = \alpha c N_c + \beta \gamma_{t1} B N_r + \gamma_{t2} D_f N_q$$
$$= 50 \times 17.7 + \frac{1}{2} \times 18.0 \times 4 \times 4.5 + 18.0 \times 2.0 \times 7.48$$
$$= 1{,}316.3 \mathrm{kN/m^2}$$

(2) 根入れ深さが $D_f = 4.0\mathrm{m}$ の場合：地下水位が基礎底面より基礎幅 $4\mathrm{m}$ の深さの範囲内にあるため，その影響を無視できない。γ_{t1} は基礎幅の深度までの平均値として，$\gamma_{t1} = \dfrac{2.0 \times 18.0 + 2.0 \times 9.0}{4.0} = 13.5 \mathrm{kN/m^3}$ よって，

$$q = \alpha c N_c + \beta \gamma_{t1} B N_r + \gamma_{t2} D_f N_q$$
$$= 50 \times 17.7 + \frac{1}{2} \times 13.5 \times 4 \times 4.5 + 18.0 \times 4.0 \times 7.48$$
$$= 1{,}545.1 \mathrm{kN/m^2}$$

(3) 根入れ深さが $D_f = 6.0\mathrm{m}$ の場合：地下水位が基礎底面にあるので，γ_{t1} は水中単位体積重量を用いる。

$$q = \alpha c N_c + \beta \gamma_{t1} B N_r + \gamma_{t2} D_f N_q$$
$$= 50 \times 17.7 + \frac{1}{2} \times 9.0 \times 4 \times 4.5 + 18.0 \times 6.0 \times 7.48$$
$$= 1{,}773.8 \mathrm{kN/m^2}$$

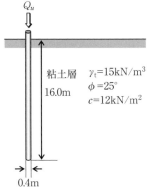

問題 11.6 図のように，直径 $B = 0.4\mathrm{m}$ の鉄筋コンクリート杭を粘土層の深さ $16\mathrm{m}$ まで打ち込んだ。この杭の極限支持力 Q_u をマイヤホッフの支持力式を用いて求めよ。杭と地盤の間に作用する摩擦力は無視する。なお，$\phi = 25°$ の場合，打込み杭の支持力係数は，$N_c = 120$ および $N_q = 39$ とする。

【解答】マイヤホフの支持力式は,

$$q = cN_c + \gamma D_f N_q = 12 \times 120 + 15 \times 16 \times 39 = 10{,}800 \text{kN/m}^2$$

杭の断面積は,$A_b = \pi(D/2)^2 = 0.1256\text{m}^2$ であるので,極限支持力は,

$$Q_u = q \times A_b = 10{,}800 \times 0.1256 = 1{,}356.5 \text{kN}$$

問題 11.7 図のように均質な砂地盤（$N = 18$)に直径 0.3m のコンクリート杭を深さ 12m まで打ち込んだとき,杭の許容支持力をマイヤッホフの実用式を用いて計算せよ。

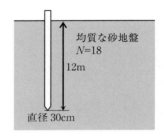

【解答】マイヤッホフの理論解から N 値を用いた支持力の実用式は,

$$R_u = (40NA_p + (1/5)N_s A_s + (1/2)N_c A_c) \times 9.81$$

R_u：杭の極限支持力 (kN), $N = (N_1 + N_2)/2$, N_1：杭先端地盤の N 値,N_2：杭先端より上方へ $4D$ (D：杭径) の範囲の平均 N 値,A_p：杭先端面積 (m^2), N_s：杭先端までの砂質土層の平均 N 値,A_s：砂質土層中の杭周面積 (m^2), N_c：杭先端までの粘土層の平均 N 値,A_c：粘土層中の杭周面積 (m^2)

ここで,$A_p = \dfrac{1}{4}\pi D^2 = \dfrac{1}{4} \times 3.14 \times 0.3^2 = 0.0707\text{m}^2$, $A_s = \pi DL = 3.14 \times 0.3 \times 12 = 11.31\text{m}^2$ および粘土層はないので $A_c = 0\text{m}^2$ であるから,

$$\begin{aligned}
R_u &= \left(40NA_p + \frac{1}{5}N_s A_s + \frac{1}{2}N_c A_c\right) \times 9.81 \\
&= \left(40 \times 18 \times 0.0707 + \frac{1}{5} \times 18 \times 11.31 + \frac{1}{2} \times 18 \times 0.0\right) \times 9.81 \\
&= (50.89 + 40.72) \times 9.81 = 898.7 \text{kN}
\end{aligned}$$

参考：N 値を用いた実用式　$Q_u = 4.08NA_b + 0.0204N_a A_s$ (kgf) によると,

N：杭先端付近の N 値 $= (N_1 + N_2)/2$，N_1：杭先端から下側 $3D$ の範囲の平均 N 値，N_2：杭先端から上側 $10D$ の範囲の平均 N 値，A_b：杭の底面積（cm^2），A_s：砂質土層中の杭周面積（cm^2），N_a：杭先端までの砂質土層の平均 N 値

ここで，$A_b = A_p = 707\text{cm}^2$ および $A_s = 113{,}100\text{cm}^2$ なので，

$$Q_u = 4.08NA_p + 0.0204N_a A_s$$
$$= 4.08 \times 18 \times 707 + 0.0204 \times 18 \times 113{,}100$$
$$= 51{,}910 + 41{,}530 = 93{,}440 \text{kgf} = 93.44 \times 9.81 = 916.6 \text{kN}$$

問題 11.8 図のように良好な砂礫層に根入れ 2.0m で外径 1.0m の杭が打設される。支持層の上の地盤は N 値 $=18$ の均質な砂地盤とする。場所打ち杭およびセメントミルク噴出攪拌方式の中掘り杭として極限支持力を求めよ。

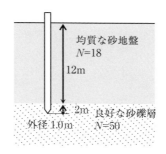

【解答】(1) 場所打ち杭の場合：均質な砂質地盤の最大周面摩擦力度 $f_u = 5N = 5 \times 18 = 90 \text{kN/m}^2$　支持層の良好な砂礫層の最大周面摩擦力度 $f_l = 5N = 5 \times 50 = 250 > 200 \text{kN/m}^2$

周面摩擦力は，根入れ部分を考慮しない場合：$Q_{f1} = f_u \times A_c = 90 \times \pi \times 1 \times 12 = 3{,}391 \text{kN}$，根入れ部分を考慮する場合：$Q_{f2} = f_u \times A_c + f_l \times A_{c2} = 3{,}391 + 200 \times \pi \times 1 \times 2 = 4{,}647 \text{kN}$

極限支持力度 q_d は，支持層が N 値 50 以上の良質な砂礫層であることから，$q_d = 5{,}000 \text{kN/m}^2$ となる。先端支持力 $Q_b = q_d \times A_b = 5{,}000 \times \pi \times$

$\frac{1}{4} \times 1^2 = 3,925\text{kN}$。よって，根入れ部分を考慮する場合の鉛直支持力は，$Q_\text{u} = Q_\text{b} + Q_\text{f2} = 3,925 + 4,647 = 8,572\text{kN}$

(2) セメントミルク噴出攪拌方式の中掘り杭の場合

最大周面摩擦力度 $f_\text{u} = 2N = 2 \times 18 = 36\text{kN/m}^2$

支持層の最大周面摩擦力度 $f_1 = 2N = 2 \times 50 = 100\text{kN/m}^2$

周面摩擦力は，根入れ部分を考慮しない場合：$Q_\text{f1} = f_\text{u} \times A_\text{c} = 36 \times \pi \times 1 \times 12 = 1,356\text{kN}$　根入れ部分を考慮する場合：$Q_\text{f2} = f_\text{u} \times A_\text{c} + f_1 \times A_\text{c2} = 1,356 + 100 \times \pi \times 1 \times 2 = 1,984\text{kN}$

極限支持力度 q_d は，$q_\text{d} = 200 \times 50 = 10,000\text{kN/m}^2$ であり，先端支持力 $Q_\text{b} = q_\text{d} \times A_\text{b} = 10,000 \times \pi \times \frac{1}{4} \times 1^2 = 7,850\text{kN}$

よって，鉛直支持力は，$Q_\text{u} = Q_\text{b} + Q_\text{f2} = 7,850 + 1,984 = 9,834\text{kN}$

問題 11.9 図に示す多層地盤中に打設された杭の極限支持力 Q_u と許容支持力 Q_a を，以下の「日本建築学会・建築鋼杭基礎基準」の公式により求めよ。

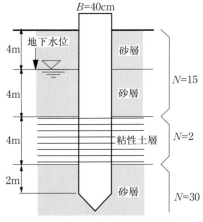
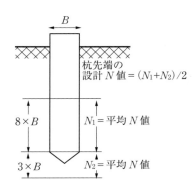

「日本建築学会・建築鋼杭基礎基準」

$$Q_u = (40 \times N \times A_p + \frac{1}{5} \times N_s \times A_s + \frac{1}{2} \times N_c \times A_c) \times 9.81, \quad Q_a = \frac{Q}{3}$$

ここに，Q_u：杭の極限支持力（kN），Q_a：杭の許容支持力（kN），N：杭先端の設計 N 値，N_1：杭先端より上方へ $8B$（B：杭径）の範囲の平均 N 値，N_2：杭先端より下方へ $3B$ の範囲の平均 N 値，A_s：杭が砂層に貫入している部分の周面積（m^2），A_c：杭が粘土層に貫入している部分の周面積（m^2），A_p：杭の先端面積（m^2），N_s：砂層の平均 N 値，N_c：粘土層の平均 N 値

【解答】$N_1 = (2\text{m} \times 30 + 1.2\text{m} \times 2)/3.2\text{m} = 19.5$，$N_2 = 30$，$N = \dfrac{19.5 + 30}{2} = 24.75$

砂層の平均 N 値の $N_s = (8\text{m} \times 15 + 2\text{m} \times 30)/10\text{m} = 18$，粘土層の平均 N 値の $N_c = 2$，$A_s = \pi \times 0.4\text{m} \times 10\text{m} = 12.56\text{m}^2$，$A_c = \pi \times 0.4\text{m} \times 4\text{m} = 5.02\text{m}^2$，$A_p = 0.126\text{m}^2$

よって，$Q_u = 40 \times 24.75 \times 0.126 + \dfrac{1}{5} \times 18 \times 12.56 + \dfrac{1}{2} \times 2 \times 5.02) \times 9.81 = 1{,}717\text{kN}$　よって，$Q_a = \dfrac{1{,}717}{3} = 572\text{kN}$

問題 11.10　次ページの図の軟弱な粘土層を貫いて支持杭（直径 0.5m，長さ 20m）が打設されている。粘土地盤が圧密沈下するとともに杭にネガティブフリクションが作用する。深さ z での粘土層の沈下量および非排水せん断強度が下記の式で表されるとき，以下の問いに答えよ。ただし，杭と粘土の間に作用するせん断力は相対変位に関係なく，粘性土の非排水せん断強度で表せるとする。

地盤の沈下量：$S = 0.02 \times (20 - z)$（m）

非排水せん断力：$c_u = 3.0 \times z$（kN/m^2）

(1) 杭が一様に 10cm 沈下するとき，中立点の位置を求めよ。
(2) (1) の場合に杭に作用するネガティブフリクションの大きさを求めよ。

第 11 章　支持力

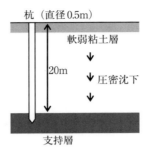

【解答】(1) 中立点は杭の沈下量と地盤の沈下量が等しくなる位置であるから，$0.1 = 0.02 \times (20 - z)$ であり，$z = 15\mathrm{m}$ である。

(2) 中立点より上方部分に作用する周面摩擦抵抗力がネガティブフリクションとなるから，任意の深度 z における非排水せん断応力は c_u であるので，周面に作用する摩擦抵抗力は，$c_u \times$ 周面積であり，$f = c_u \times 0.5\pi = 3z \times 0.5\pi = 1.5\pi z$

これを地表面から中立点の深度まで積分すれば，周面摩擦抵抗力が求まり，

$$Q_{\mathrm{NF}} = \int_0^{15} f dz = \int_0^{15} 1.5\pi z dz = 1.5\pi \left[\frac{1}{2}z^2\right]_0^{15} = 530\mathrm{kN}$$

問題 11.11　直径 0.3m の杭を右図のように 20 本打設した群杭基礎がある。杭の中心間隔は 0.8m であり，杭 1 本当たりの支持力は 300kN とする。群杭効率を考えて，群杭全体の支持力を求めよ。

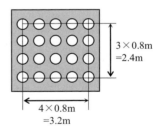

【解答】群杭効率は，

$$E = 1 - \phi\left\{\frac{(n-1)\times m + (m-1)\times n}{90 \times m \times n}\right\}$$
$$= 1 - 20.56 \times \left\{\frac{(5-1)\times 4 + (4-1)\times 5}{90 \times 4 \times 5}\right\} = 0.646$$

ここで，m：杭の列の数，n：1列の杭の本数，$\phi = \tan^{-1}(d/S)$（度），d：杭径（cm），S：杭の中心間隔（cm）　なお，$\phi = \tan^{-1}\left(\dfrac{30}{80}\right) = 20.56°$

よって，群杭全体の支持力は，杭本数$n = 20$，杭1本当たりの支持力$Q_u = 300\text{kN}$から，$Q_T = E \times n \times Q_u = 0.646 \times 20 \times 300 = 3{,}876\text{kN}$

問題 11.12　図のように直径 0.3m 長さ 10m の杭を打設した。地盤は粘性土で地下水位は地表面と一致している。全般せん断破壊を想定してテルツァーギの支持力式から群杭の極限支持力 R_u を求めよ。なお，杭先端から上方 2m のサーチャージに起因する摩擦抵抗は考慮しない。

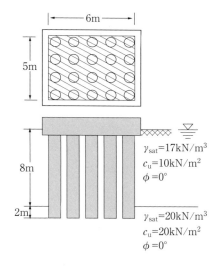

【解答】$B = 5\text{m}$，$L = 6\text{m}$ の長方形であるので，テルツァーギの支持力式における形状係数 $\alpha = 1 + 0.3(5/6) = 1.25$，$\beta = 0.5 - 0.1(5/6) = 0.417$　8m 以深の支持層のせん断抵抗角 $\phi = 0°$ であるので，テルツァーギ・ペックの支持力係数 $N_c = 5.14$，$N_q = 1.0$，$N_r = 0$　深度 8m までの水中単位体積重量は，$17\text{kN/m}^3 - 9.8\text{kN/m}^3 = 7.2\text{kN/m}^3 \ (= \gamma_{t2})$

以上から，$q_b = \alpha c N_c + \beta \gamma_{t1} B N_r + \gamma_{t2} D_f N_q = 1.25 \times 20 \times 5.14 + 0 + 7.2 \times 8 \times 1 = 128.5 + 57.6 = 186.1 \text{kN/m}^2$

群杭の底面積 $A_b = 5\text{m} \times 6\text{m} = 30\text{m}^2$，深度 8m までの周面積 $A_{S1} = 2 \times (5\text{m} + 6\text{m}) \times 8\text{m} = 176\text{m}^2$，深度 8m から 10m の周面積 $A_{S2} = 2 \times (5\text{m} + 6\text{m}) \times 2\text{m} = 44\text{m}^2$

よって，仮想ブロック側面部のせん断強さ $S = c_u$ とすると，

$$R_u = A_b \times q_b + As \times S = 30 \times 186.1 + 176 \times 10 \text{kN/m}^2$$
$$+ 44 \times 20 \text{kN/m}^2 = 5{,}583 \text{kN} + 1{,}760 \text{kN} + 880 \text{kN} = 8{,}223 \text{kN}$$

問題 11.13 粘土層内に外径 $B = 1.2$m の鋼管杭がある。杭頭の許容変位量 $\delta = 1$cm の許容支持力 H_a を求めよ。ただし，水平方向の地盤反力係数 $k_h = 20.0 \text{MN/m}^3$，杭の曲げ剛性 $EI = 2.0 \times 10^4 \text{kNm}^2$ とする。

【解答】杭の特性値 $\beta = \sqrt[4]{\dfrac{k_h B}{4EI}} = \sqrt[4]{\dfrac{20 \times 1{,}000 \times 1.2}{4 \times 2.0 \times 10^4}} = \sqrt[4]{\dfrac{24{,}000}{80{,}000}} = 0.740 \text{m}^{-1}$

$\delta = 1$cm の許容支持力 $H_a = \dfrac{\delta k_h B}{\beta} = \dfrac{0.01 \times 20{,}000 \times 1.2}{0.740} = 324.3 \text{kN}$

問題 11.14 図のように，転倒破壊のモデル化を行った。このときの支持力を簡易な算定法で求めよ。ただし，この地盤の非排水せん断強度は 100kN/m^2 とする。

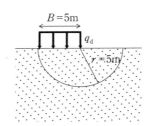

【解答】円弧の中心に対する分布荷重の荷重モーメント＝円弧に沿った粘着力 c の抵抗モーメントから，チェボタリオフの支持力では，

$$q = 6.28 c_u = 6.28 \times 100 \text{kN/m}^2 = 628 \text{kN/m}^2$$

フェレニウスの支持力では，$q = 5.52 c_u = 5.52 \times 100 \text{kN/m}^2 = 552 \text{kN/m}^2$

問題 11.15 （　）に最も適当な語句を以下の番号から選べ。

直接基礎は支持層までの深度が（　ア　）と浅く，根掘りが経済的に行える場合に有効である。支持層の N 値の目安は，砂・砂礫層で N 値（　イ　）以上，粘性土で N 値（　ウ　）以上である。地下水位が高くて（　エ　）の設置が困難な場合は適用できない。杭基礎は支持層深さが杭径の 10 倍以上，または（　オ　），フーチングの設置に支障がない場合に有効である。打込み杭は（　カ　）の影響と中間層の（　キ　）の有無，場所打ち杭は中間層の礫・玉石層と（　ク　）地下水の有無などが選択のポイントである。杭種で施工に必要な空間の大きさは異なるが，（　ケ　）を除き直接基礎よりも（　コ　）空間が必要である。

① 大きい　② 50　③ 止水工　④ 騒音・振動　⑤ 5m 以内　⑥ 30　⑦ 深礎杭　⑧ 被圧　⑨ 礫・玉石層　⑩ 5m 以上

【解答】ア：⑤，イ：②，ウ：⑥，エ：③，オ：⑩，カ：④，キ：⑨，ク：⑧，ケ：⑦，コ：①

問題 11.16 （　）に最も適当な語句を以下の番号から選べ。

地盤の荷重強さと沈下量の関係曲線において，よく締まった（　ア　），硬い粘性土地盤または（　イ　）粘土地盤は，塑性変形して破壊するまでのひずみが小さく，せん断破壊面が発生して明瞭な破壊点がみられる。このような破壊形態を（　ウ　）という。一方で（　エ　）砂地盤，軟らかい粘性土地盤または（　オ　）粘土地盤は，わずかな荷重の増加で沈下が進展し，せん断破壊面が少しずつ広がって破壊が徐々に進行し，破壊点が明確ではない。これを（　カ　）という。テルツァーギは全般せん断破壊による支持力について，基礎底面下の地盤の（　キ　）による支持力および地盤の単位体積重量による支持力と基礎根入れ部分の（　ク　）による支持力の 3 つからなる支持力式を提案した。この式で局部せん断破壊の支持力を求めるには，（　ケ　）と粘着力 c を（　コ　）

に低減すればよい．

① 過圧密 ② 緩い ③ 土被り圧 ④ $\tan\phi$ ⑤ 粘着力 c ⑥ 砂地盤 ⑦ 全般せん断破壊 ⑧ 正規圧密 ⑨ 2/3 ⑩ 局部せん断破壊

【解答】ア：⑥，イ：①，ウ：⑦，エ：②，オ：⑧，カ：⑩，キ：⑤，ク：③，ケ：④，コ：⑨

記述問題

記述 11.1　浅い基礎の支持力が発現する3つの要因を説明せよ．

記述 11.2　地盤の支持力に関わる要因のうち，地盤の強度に関わる要因について，支持力が発揮される時の土の状態を説明せよ．

記述 11.3　浅い基礎において，底面が粗い場合は滑らかな場合よりも支持力が大きい理由を述べよ．

記述 11.4　ネガティブフリクションの発生する原因を述べよ．

記述 11.5　ネガティブフリクションの発生が予測された場合において，対策を3つ挙げて説明せよ．

記述 11.6　全般せん断破壊と局部せん断破壊について，それぞれの特徴と該当する土の種類，状態を説明せよ．

第12章　斜面の安定

要点

目的：斜面に起因する災害の防止あるいは減災のために，斜面の安定性の評価を行い，不安定な場合は対策を施すことが必要であるが，本章では斜面のすべり崩壊に対する安定性の評価方法を理解する。

キーワード：斜面内破壊，斜面先破壊，底部破壊，すべり安全率，（修正）フェレニウス法，簡易ビショップ法，ヤンブ法，テイラーの安定図表，斜面内破壊，斜面先破壊，底部破壊，最小安全率，臨界円

12.1　すべりの破壊形態

すべりの破壊形態は斜面およびその基礎地盤の条件によって異なり，直線すべり破壊，斜面内破壊，斜面先破壊，底部破壊の4つに分類される。

すべり安全率 F_s は，式(12.1)で定義する（記号の定義は省略。以下同じ）。

$$F_s = R/S = (cl + \mu W \cos\alpha)/W \sin\alpha \tag{12.1}$$

12.3　斜面の安定計算手法

斜面の安定計算のための主要な計算手法は，表12.1の通りである。

表 12.1　主要な斜面の安定計算手法

すべり面の形状	安定解析手法		
直線	無限長斜面の安定解析手法		
折れ線	ウェッジ（土くさび）法		
円弧	摩擦円法		
	テイラーの図解法		
	簡易分割法	フェレニウス（簡便）法	
		修正フェレニウス（簡便）法	
		簡易ビショップ法	
		ビショップ法（厳密法）	
一般形	ヤンブ法	厳密法	
		簡易法	

12.4　無限長斜面の安定解析手法

地下水位がない無限長斜面のすべり安全率は，式 (12.8) になる．

$$F_s = \frac{R}{S} = \frac{cl + \gamma_t Hl \cos^2\alpha \tan\phi}{\gamma_t Hl \cos\alpha \sin\alpha} = \frac{c}{\gamma_t H \cos\alpha \sin\alpha} + \frac{\tan\phi}{\tan\alpha} \tag{12.8}$$

12.5　円弧すべり法

簡易分割法では，すべり面の形状を円弧で近似し，すべり土塊をスライスに分割し，スライス毎の力の釣り合いおよび破壊条件を考慮するとともに，すべり土塊全体のモーメントの釣り合いから，方程式を組み立て，それを解くことにより，すべり安全率 F_s を求める．

フェレニウス（簡便）法による安全率は，式 (12.27) になる．

$$F_s = \sum_{i=1}^{n}(c_i l_i + W_i \cos\alpha_i \tan\phi_i) \Big/ \sum_{i=1}^{n} W_i \sin\alpha_i \tag{12.27}$$

簡易ビショップ法による安全率は，式 (12.36) になる．

$$F_s = \sum_{i=1}^{n}\{(c_i b_i + W_i \tan\phi_i)/m_\alpha\} \Big/ \sum_{i=1}^{n} W_i \sin\alpha_i \tag{12.36}$$

12.6　図解法

テイラーの図解法は，斜面のすべり安全率 F_s を簡便に求める方法である．斜面が破壊しない限界高さ H_c は，$H_c = N_s \cdot c / \gamma_t$，斜面高 H_1 における限界粘着力 c_m は $c_m = \gamma_t H_1 / N_s$，深度係数 n_d は $n_d = H_2/H_1$（$H_2 =$ 基盤までの深度）であり，斜面傾斜角 α と安定係数 N_s の関係は，破壊形態や深度係数 n_d に応じて，図 12.12(a) および (b) のテイラーの安定図表で与えられる．

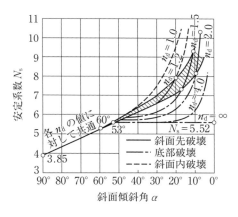
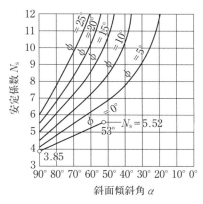

(a) $\phi = 0$ における安定係数 N_s と斜面傾斜角 α の関係

(b) $\phi \geqq 0$ における安定係数 N_s と斜面傾斜角 α の関係

図 **12.12**　テイラーの安定図表

このテイラーの安定図表によるすべり安全率 F_s の求め方には，次の 2 つがある．

$$\text{1) 限界高さによる方法：} F_s = H_c / H_1 \tag{12.43}$$

$$\text{2) 粘着力による方法：} F_s = c / c_m \tag{12.44}$$

12.8　斜面の安定性の変化

　盛土あるいは切土では，建設中の短期的な状態と建設後の時間が経過した長期的な状態では，土の強度特性が変わるので，盛土や切土の安定性が変化する。そのため，土質条件，土の状態に応じた取り扱いが必要であり，短期安定の問題と長期安定の問題は区別して取り扱うことが必要である。

12.9　最小安全率と臨界円

　斜面の安定計算法では，斜面のすべりの安定度あるいは危険度をすべり安全率 F_s で判断するが，未知のすべり面の位置やすべり安全率 F_s を予測する場合，許容安全率（例えば，1.0）を下回るすべり面は無数にある。そのため，無数のすべり円のうち，最小のすべり安全率 F_s（最小安全率）であるすべり面に着目するが，この最小安全率であるすべり面を臨界円と呼び，斜面の安定性の評価は，臨界円の位置と最小安全率で行う。

基礎・応用問題

問題 12.1 以下の斜面安定解析手法の説明に，最もふさわしい解析手法名を答えよ．

(1) 円形すべり面の安定解析手法の1つであり，静定化するための条件として分割片の側方に作用する力に対し，$X_i - X_{i-1} = 0$ を仮定しており，安全率を求める際には繰り返し計算により安全率を収束させることで求める手法．

(2) 斜面崩壊の典型的な崩壊形態の1つである表層崩壊の安定性を評価する際に用いる手法．

(3) 円形すべり面の安定解析手法の1つであり，静定化するための条件として分割片の側方に作用する合力の和 ΔH_i がすべり面に平行で，すべり土塊全体の $\Sigma \Delta H_i = 0$ を仮定している手法．

(4) (3) の手法では，分割片の形状によっては正しい解が得られない場合がある．その問題点を考慮した手法であり，日本における斜面の設計規準類で多く採用されている手法．

(5) (1) の手法を非円形すべり面の安定解析手法に拡張した手法．

【解答】(1)（簡易）ビショップ法，(2) 無限長斜面の安定解析手法，(3) フェレニウス法（簡便法，スウェーデン法），(4) 修正フェレニウス法（修正簡便法），(5) ヤンブ法

問題 12.2 ある高さの盛土や切土の単純斜面におけるすべり面の形状は，円形（円弧）とみなすことができる．その代表的な形状とその名称を3つ示せ．

【解答】代表的な単純斜面における破壊様式は，次ページの図の通り．斜面先破壊（図(a)）：砂質土斜面からなる急斜面では，応力の集中する斜面先から破壊が進行していく．底部破壊（図(b)）：粘着力の大きい緩斜面では，すべり面は，斜面先より前方を通り，盛土底部の地層境界をすべり面が通る．斜面内破壊（図

(c))：強度の大きい地層が盛土内部にあるとき，すべり面は，斜面内に現れる．

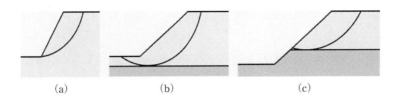

(a)　　　　　　(b)　　　　　　(c)

問題 12.3　地すべりの対策工には，大きく分けて「抑制工」と「抑止工」がある．それぞれの特徴と代表的な工法をそれぞれ答えよ．

【解答】「抑制工」とは，地すべり地の地形，地下水の状態などの自然条件を変化させることによって，地すべり運動の停止または緩和させることを目的とする工法をいう．(1) 地表面からの水の浸透を防ぐ「地表水排除工」，(2) 地下水を排除する「地下水排除工」，(3) 地すべり土塊の頭部の荷重を除去することにより地すべりの滑動力を低減させる「排土工」，(4) 地すべり土塊の末端部に盛土を行うことにより，地すべり滑動力に抵抗する力を増加させるもの「抑え盛土工」などがある．

「抑止工」とは，構造物を設けることによって，構造物の持つせん断強度等の抑止力を利用して地すべり運動の一部または全部を停止させることを目的とする工法をいう．(1) 杭を不動地盤まで挿入することによって，せん断抵抗力や曲げ抵抗力を付加し，地すべり土塊の滑動力に対し，直接抵抗する「(抑止) 杭工」，(2) 基盤内に定着させた鋼材の引張強さを利用して，地すべり滑動力に対抗する「アンカー工」，(3) 縦坑を不動地盤まで掘り，これに鉄筋コンクリート構造の場所打ち杭を施工する「シャフト（深礎杭）工」などがある．

問題 12.4 図の傾斜した岩盤上の盛土 ABC の滑動に対する安定率 F_s を，図中の記号を用いて誘導せよ．

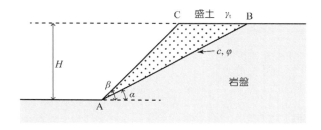

【解答】 $AB = H/\sin\alpha$, $AC = H/\sin\beta$

$$\therefore \quad \triangle ABC = \frac{1}{2} AB \cdot AC \cdot \sin(\beta - \alpha)$$

盛土 ABC の単位奥行き当たりの自重 $\quad W = \gamma_t \triangle ABC = \frac{\gamma_t}{2} H^2 \frac{\sin(\beta-\alpha)}{\sin\alpha \sin\beta}$

安全率 $F_s = \dfrac{\text{すべり抵抗力}}{\text{すべり作用力}} \dfrac{R}{S} = \dfrac{cAB + W\cos\alpha \tan\phi}{W \sin\alpha}$

$\qquad = \dfrac{2c\sin\beta}{\gamma_t H \sin\alpha \sin(\beta-\alpha)} + \dfrac{\tan\phi}{\tan\alpha}$

問題 12.5 図の直線すべり面 AB 上の土塊に対する安全率を求めよ．ただし，$\gamma_t = 20\text{kN/m}^3$, $c = 10\text{kN/m}^2$, $\phi = 25°$ とする．

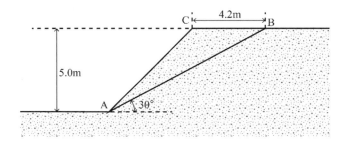

【解答】盛土 ABC の単位奥行き当たりの自重：$W = \gamma_t \triangle \mathrm{ABC} = 20 \times \frac{1}{2} \times 5.0 \times 4.2 = 210\mathrm{kN/m}$，すべりを起こそうとする力：$S = W\sin\alpha = 210 \times \sin 30° = 105\mathrm{kN/m}$，すべりに抵抗する力：$R = cL + W\cos\alpha\tan\phi = 10 \times \frac{5.0}{\sin 30°} + 210 \times \cos 30° \tan 25° = 184.81\mathrm{kN/m}$　よって，

$$F_s = \frac{\text{すべり抵抗力 } R}{\text{すべり作用力 } S} = \frac{184.81}{105} = 1.76$$

問題 12.6　問題 12.5 の BC 部分に等分布荷重 q を作用させたとき，斜面がすべらないための等分布荷重の上限値を求めよ．

【解答】盛土 ABC の単位奥行き当たりの自重と等分布荷重による荷重は，$W = 210 + 4.2q\mathrm{kN/m}$　すべりを起こそうとする力：$S = W\sin\alpha = 210 \times \sin 30° = 105.0 + 2.1q\mathrm{kN/m}$，すべりに抵抗する力：$R = cL + W\cos\alpha\tan\phi = 10 \times \frac{5.0}{\sin 30°} + 210 \times \cos 30° \tan 25° = 184.81 + 1.7q\mathrm{kN/m}$

斜面がすべらないためには，$F_s = \dfrac{\text{すべり抵抗力 } R}{\text{すべり作用力 } S} = \dfrac{184.81 + 1.7q}{105.0 + 2.1q} \geq 1.0$ を満たせばよいので，$q \leq 199.5$

∴　等分布荷重の上限値は，$199.5\mathrm{kN/m^2}$

問題 12.7　傾斜角が 25° の砂質土（内部摩擦角 30°）からなる無限斜面の安定性を検討せよ．ただし，深さ 1.5m の位置に平面すべり面があると仮定する．

【解答】斜面内に地下水位がなく，粘着力がない場合の安全率は，$F_s = \dfrac{\tan\phi}{\tan\alpha}$ で表される．$F_s = \dfrac{\tan 30°}{\tan 25°} = 1.24 > 1.00$　　∴　この斜面は安定である．

問題 12.8 問題 12.7 の斜面内に地表面まで地下水位が存在する場合の斜面の安定性を検討せよ。ただし，砂質土の飽和単位体積重量は $18.00\mathrm{kN/m^3}$，水の単位体積重量は $9.81\mathrm{kN/m^3}$ とする。

【解答】地下水位が地表面まであり，粘着力がない場合の安全率は，$F_\mathrm{s} = \dfrac{\gamma'}{\gamma_\mathrm{sat}}\dfrac{\tan\phi}{\tan\alpha} = \dfrac{\gamma_\mathrm{sat}-\gamma_\mathrm{w}}{\gamma_\mathrm{sat}}\dfrac{\tan\phi}{\tan\alpha}$ で表される。

$$F_\mathrm{s} = \frac{18.00-9.81}{18.00}\frac{\tan 30°}{\tan 25°} = 0.56 < 1.00 \quad \therefore \quad \text{この斜面は不安定である。}$$

問題 12.9 図の無限長斜面において，すべり破壊を起こすかどうか検討せよ。

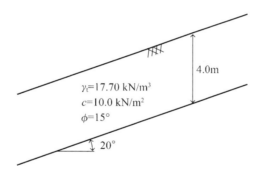

【解答】直線状すべりの安全率は，

$$F_\mathrm{s} = \frac{c}{\gamma_\mathrm{t} H\cos\alpha\sin\alpha}+\frac{\tan\phi}{\tan\alpha} = \frac{10.0}{17.70\times 4.0\times\cos 20°\sin 20°}$$
$$+\frac{\tan 15°}{\tan 20°} = 1.18 \geqq 1.0 \quad \text{よって，すべり破壊しない。}$$

問題 12.10 乾燥砂からなる砂丘の斜面（地表面傾斜 30°）があり，地表面から深さ 2.0m の位置には地表面と平行に薄い粘土層が堆積していることがわかっている。なお，砂層の物性値は，$\gamma_\mathrm{t} = 16.00\mathrm{kN/m^3}$，$\gamma_\mathrm{sat} = 18.00\mathrm{kN/m^3}$，粘

土層のせん断強度定数は，$c' = 10.0\mathrm{kN/m^2}$，$\phi' = 12°$ であった．以下の問いに答えよ．

(1) 粘土薄層をすべり面とした時の安全率を求めよ．

(2) 降雨により，粘土薄層の上に地下水位が 0.2m 形成された．その時の安全率を求めよ．

(3) さらに降雨が継続した結果，斜面崩壊が発生した．その時の地下水面の地表面からの深度を求めよ．

【解答】(1) すべり面までの深さを H，地盤内の地下水位を βH としたときの無限長斜面安定解析法による安全率の算定式は，
$$F_s = \frac{c' + \{(1-\beta)\gamma_t + \beta\gamma'\}H\cos^2\alpha \tan\phi'}{\{(1-\beta)\gamma_t + \beta\gamma_{sat}\}H\sin\alpha\cos\alpha}$$
と表される．地下水位が存在していないので，$\beta = 0$ として，その他の条件を代入すると，
$$F_s = \frac{10.0 + 16.00 \times 2.0 \times \cos^2 30° \tan 12°}{16.00 \times 2.0 \times \sin 30° \cos 30°} = 1.09$$

(2) 地下水位が 0.2m なので，$\beta = 0.1$ として安全率を求めればよい．
$$F_s = \frac{10.0 + \{(1-0.1) \times 16.00 + 0.1 \times (18.00 - 9.81)\}}{\{(1-0.1) \times 16.00 + 0.1 \times 18.00\}}$$
$$\frac{\times 2.0 \times \cos^2 30° \tan 12°}{\times 2.0 \times \sin 30° \cos 30°} = 1.06$$

(3) 安全率 $F_s = 1.0$ となる地下水位表層厚 $\times (1-\beta)$ を求めればよい．
$$1.0 = \frac{10.0 + \{(1-\beta) \times 16.00 + \beta \times (18.00 - 9.81)\} \times 2.0 \times \cos^2 30° \tan 12°}{\{(1-\beta) \times 16.00 + \beta \times 18.00\} \times 2.0 \times \sin 30° \cos 30°}$$

これから $\beta = 0.294$ であり，地表面からは，$(1 - 0.294) \times 2.0 = 1.41\mathrm{m}$

問題 12.11 次ページの図の盛土のり面の安定性を検討するため，点 O を中心とする円弧をすべり面とした斜面の安定性をフェレニウス法を用いて検討せよ．なお，盛土内には地下水位は存在していない．また，スライスの緒元は下表の通り．

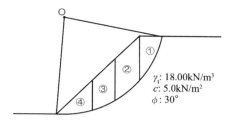

スライス No.	A (m²)	α (°)	l (m)
1	1.68	64	2.67
2	2.71	40	1.53
3	2.19	24	1.28
4	1.35	6	1.73

【解答】各スライスでの値をそれぞれ計算すると，

スライス No.	cl (kN/m)	W (kN/m)	$W\cos\alpha$ (kN/m)	$W\cos\alpha\tan\phi$ (kN/m)	$W\sin\alpha$ (kN/m)
1	13.35	30.24	13.26	7.66	27.18
2	7.65	48.78	37.37	21.57	31.36
3	6.40	39.42	36.01	20.79	16.03
4	8.65	24.30	24.17	13.95	2.54
Σ	36.05			63.97	77.11

フェレニウス法による安全率の算定式

$$F_s = \frac{\sum_{i=1}^{4}\{c_i l_i + W_i \cos\alpha_i \tan\phi_i\}}{\sum_{i=1}^{4} W_i \sin\alpha_i} = \frac{36.05 + 63.97}{77.11} = 1.30 > 1.00$$

∴ 安定である。

問題 12.12 次ページの図の2層から成る盛土のり面の安定性を検討するため，点Oを中心とする円弧をすべり面とした斜面の安定性をフェレニウス法により検討せよ。ただし，斜面の設計（許容）安全率を1.20とし，盛土内には地下水位は存在していないとする。

第 12 章　斜面の安定

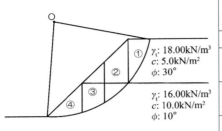

スライス No.	A (m²)		α (°)	l (m)
1	1.68		64	2.67
2	上層	2.10	40	1.53
	下層	0.61		
3	上層	0.71	24	1.28
	下層	1.48		
4	1.35		6	1.73

【解答】各スライスでの値をそれぞれ計算すると，

スライス No.	cl (kN/m)	W (kN/m)	$W\cos\alpha$ (kN/m)	$W\cos\alpha\tan\phi$ (kN/m)	$W\sin\alpha$ (kN/m)
1	13.35	30.24	13.26	7.66	27.18
2	15.30	47.56	36.43	6.42	30.57
3	12.80	36.46	33.34	5.87	14.83
4	17.30	21.60	21.48	3.79	2.26
Σ	58.75			23.74	74.84

フェレニウス法による安全率の算定式

$$F_\mathrm{s} = \frac{\sum_{i=1}^{4}\{c_i l_i + W_i \cos\alpha_i \tan\phi_i\}}{\sum_{i=1}^{4} W_i \sin\alpha_i} = \frac{58.75 + 23.74}{74.84} = 1.10 < 1.20$$

∴　設計上は不安定である．

問題 12.13　問題 12.12 の斜面の安定性を簡易ビショップ法により検討せよ．ただし，斜面の設計（許容）安全率を 1.20 とし，盛土内には地下水位は存在していないとする．

【解答】簡易ビショップ法による安全率の算定式

$$F_\mathrm{s} = \frac{\sum_{i=1}^{4}\{(W_i \tan\alpha_i + c_i b_i)/m_\alpha\}}{\sum_{i=1}^{4} W_i \sin\alpha_i}$$

ただし, $m_\alpha = \left(1 + \dfrac{\tan\phi_i \tan\alpha_i}{F_\mathrm{s}}\right)\cos\alpha_i$

右辺の m_α の中の F_s をフェレニウス法での算定結果である 1.10 と仮定する。各スライスでの値をそれぞれ計算すると, $F_\mathrm{s}=1.10$ のとき,

スライス No.	b (m)	cb (kN/m)	W (kN/m)	$W\tan\phi$ (kN/m)	$W\sin\alpha$ (kN/m)	m_α	$(W\tan\phi+cb)/m_\alpha$ (kN/m)
1	1.17	5.85	30.24	17.46	27.18	0.91	25.61
2	1.17	11.70	47.56	8.39	30.57	0.87	23.11
3	1.17	11.70	36.46	6.43	14.83	0.98	18.52
4	1.72	17.20	21.60	3.81	2.26	1.01	20.77
Σ					74.84		88.02

$F_\mathrm{s} = \dfrac{88.02}{74.84} = 1.18 \neq 1.10$ なので, m_α の中の F_s を 1.18 と仮定して, 同様の計算を行う。$F_\mathrm{s}=1.18$ のとき,

スライス No.	b (m)	cb (kN/m)	W (kN/m)	$W\tan\phi$ (kN/m)	$W\sin\alpha$ (kN/m)	m_α	$(W\tan\phi+cb)/m_\alpha$ (kN/m)
1	1.17	5.85	30.24	17.46	27.18	0.88	26.54
2	1.17	11.70	47.56	8.39	30.57	0.86	23.30
3	1.17	11.70	36.46	6.43	14.83	0.97	18.61
4	1.72	17.20	21.60	3.81	2.26	1.01	20.80
Σ					74.84		89.25

$F_\mathrm{s} = \dfrac{89.25}{74.84} = 1.19 \neq 1.18$ なので, m_α の中の F_s を 1.19 と仮定して, 同様の計算を行う。以下, 仮定した F_s と計算で得られる F_s が同値になるまで繰り返し計算を行うと, $F_\mathrm{s} = 1.20$

∴ 設計上は安定である。

第 12 章　斜面の安定

問題 12.14　以下の条件に対する斜面の安全率を，テイラーの安定図表を用いて求めよ．

(1) 粘着力 $c = 20.0\text{kN/m}^2$，内部摩擦角 $\phi = 0°$，単位体積重量 $\gamma_\text{t} = 14.0\text{kN/m}^3$ の粘土地盤を深さ $H = 5.0\text{m}$ まで鉛直に掘削するときの安全率 F_S を求めよ．

(2) 粘着力 $c = 18.0\text{kN/m}^2$，内部摩擦角 $\phi = 0°$，単位体積重量 $\gamma_\text{t} = 16.0\text{kN/m}^3$ の粘土地盤がある．この粘土地盤を傾斜角 $\beta = 30°$，深さ $H = 6.0\text{m}$ まで掘削するときの安全率 F_S を求めよ．ただし，地表面から固い地層までの深さは 9.0m あるものとする．

(3) 粘着力 $c = 18.0\text{kN/m}^2$，内部摩擦角 $\phi = 0°$，単位体積重量 $\gamma_\text{t} = 15.0\text{kN/m}^3$ の粘土地盤を，深さ $H = 6.0\text{m}$ まで掘削する場合の傾斜角を求めよ．ただし，安全率 F_S を 1.2 とし，固い地層までの深さは 9.0m あるものとする．

【解答】テイラーの安定図表（要点参照）から，

(1) 鉛直に掘削するので，$\beta = 90°$ からテイラーの安定図表より安定係数 $N_\text{S} = 3.85$ である．この鉛直面の限界高さ H_c は，$H_\text{c} = \dfrac{N_\text{s}c}{\gamma_\text{t}}$ で与えられる．

$$H_\text{c} = \frac{3.85 \times 20.0}{14.0} = 5.5\text{m} \qquad \therefore \quad F_\text{s} = \frac{5.5}{5.0} = 1.10$$

(2) $n_\text{d} = \dfrac{9.0}{6.0} = 1.5$ であるので，テイラーの安定図表より，$\beta = 30°$ の安定係数を読み取ると，$N_\text{S} = 6.10$（底部破壊）である．

$$H_\text{c} = \frac{6.10 \times 18.0}{16.0} = 6.86\text{m} \qquad \therefore \quad F_\text{s} = \frac{6.86}{6.0} = 1.14$$

(3) 安全率が 1.2 であるので，限界高さ H_c は，$H_\text{c} = Fs \times H = 1.2 \times 6.0 = 7.2\text{m}$

$$H_\text{c} = \frac{N_\text{s}c}{\gamma_\text{t}} \text{ より，} \quad N_\text{s} = \frac{\gamma_\text{t} H_\text{c}}{c} = \frac{15.0 \times 7.2}{18.0} = 6.0$$

また，$n_\text{d} = \dfrac{9.0}{6.0} = 1.5$ なので，テイラーの安定図表より，$N_\text{s} = 6.0$ の斜面の角度 β を読み取ると $\beta = 32°$（底部破壊）となる．

問題 12.15 以下の地盤に対する安定性をテイラーの安定図表を用いて検討せよ。ただし，地盤内には地下水位がないものとする。

(1) 地表面から 10m の深さまで $\gamma_t = 15.00 \text{kN/m}^3$, $c = 15.0 \text{kN/m}^2$, $\phi = 0°$ の粘土地盤に地下室を構築するため，土留め壁を用いずに 5.0m まで垂直に掘削可能であるか否かを検討せよ。

(2) 地表面から 10m の深さまで $\gamma_t = 18.00 \text{kN/m}^3$, $c = 10.0 \text{kN/m}^2$, $\phi = 15.0°$ の砂質粘土地盤に 50° の傾斜角で掘削するとき，限界掘削深を求めよ。また，安全率を 1.50 としたときの許容掘削深を求めよ。

【解答】(1) 鉛直に掘削するので，$\beta = 90°$ からテイラーの安定図表（要点：図 12.12 参照）より安定係数 $N_S = 3.85$ である。よって，

$$H_c = \frac{3.85 \times 15.0}{15.0} = 3.85 < 5.0 \quad \therefore \quad \text{掘削できない。}$$

(2) $\phi = 15.0°$，$\beta = 50°$ のときの安定係数 N_S をテイラーの安定図表より読み取ると，$N_S = 10.80$ である。よって，

$$H_c = \frac{10.80 \times 10.0}{18.0} = 6.0 \quad \therefore \quad \text{限界掘削深は，6.0m である。}$$

安全率を 1.50 としたときの許容掘削深 H_a は，

$$H_a = \frac{6.0}{1.50} = 4.0 \quad \therefore \quad \text{許容掘削深は，4.0m である。}$$

問題 12.16 図の斜面下に粘土層が存在する砂質土斜面の安全率を求めよ。ただし，砂質土地盤の粘着力 $c = 0.0 \text{kN/m}^2$，内部摩擦角 $\phi = 35.0°$，単位体積重量 $\gamma_t = 20.0 \text{kN/m}^3$，粘土層の粘着力 $c = 20.0 \text{kN/m}^2$，内部摩擦角 $\phi = 5.0°$ である。

第 12 章 斜面の安定

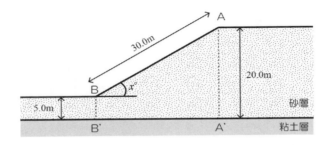

【解答】 複合すべり面上の土塊の安全率は，AA′ に作用する主働土圧の合力 P_a と BB′ に作用する受動土圧の合力 P_p を用いて，$F_\mathrm{s} = \dfrac{cL + W\tan\phi + P_\mathrm{p}}{P_\mathrm{a}}$ と表される。図より斜面傾斜角は 30°，L は A′B′ なので，$L = 30\cos 30° = 15\sqrt{3}\,\mathrm{m}$

$$W = 砂質土の単位体積重量 \times 台形 \mathrm{ABB'A'} の面積$$
$$= 20.0 \times \frac{1}{2}(5.0 + 20.0) \times 15\sqrt{3} = 3750\sqrt{3}\quad \mathrm{kN}$$

ランキンの土圧係数より，$K_\mathrm{a} = \tan^2\left(\dfrac{\pi}{4} - \dfrac{\phi}{2}\right) = 0.271$，$K_\mathrm{p} = \tan^2\left(\dfrac{\pi}{4} + \dfrac{\phi}{2}\right) = \dfrac{1}{K_\mathrm{a}} = 3.690$

$$P_\mathrm{a} = \frac{1}{2}\gamma_\mathrm{t} H_{\mathrm{AA'}}^2 K_\mathrm{a} = 1084.0\,\mathrm{kN/m}, \quad P_\mathrm{p} = \frac{1}{2}\gamma_\mathrm{t} H_{\mathrm{BB'}}^2 K_\mathrm{p} = 922.5\,\mathrm{kN/m}$$
$$\therefore\ F_\mathrm{s} = \frac{20 \times 15\sqrt{3} + 3750\sqrt{3}\tan 5° + 922.5}{1084.0} = 1.85$$

問題 12.17 次ページの図の斜面の安定性を評価したい。以下の問いに答えよ。なお，強度定数は，$c' = 5.0\,\mathrm{kN/m^2}$，$\phi' = 28.0°$ とする。

(1) 斜面から土試料を採取し，各種物理試験を行ったところ，$e = 1.15$，$\rho_\mathrm{s} = 2.700\,\mathrm{g/cm^3}$，$w = 30.0\%$ であった。この斜面を構成する土の湿潤単位体積重量ならびに飽和単位体積重量を，それぞれ求めよ。

(2) フェレニウス法を用いて斜面の安定性を検討せよ。ただし，斜面の設計（許容）安全率を 1.20 とする。

(3) 修正フェレニウス法を用いて斜面の安定性を検討せよ。ただし、斜面の設計安全率を 1.20 とする。

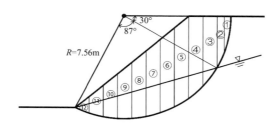

スライス No.	A (m²)		α (°)	l (m)	u (kN/m²)
1	0.93		80	2.88	-
2	1.58		66	1.23	-
3	上層	3.90	54	1.70	2.07
	下層	0.61			
4	上層	5.58	44	1.39	7.06
	下層	1.39			
5	上層	3.98	33	1.19	12.84
	下層	1.86			
6	上層	3.49	24	1.09	17.11
	下層	2.09			
7	上層	2.94	16	1.04	19.49
	下層	2.15			
8	上層	2.43	8	1.01	20.00
	下層	2.08			
9	上層	1.88	1	1.00	18.33
	下層	1.87			
10	上層	1.37	-7	1.01	14.00
	下層	1.49			
11	上層	0.81	-15	1.04	9.15
	下層	1.00			
12	上層	0.29	-23	1.09	3.41
	下層	0.34			

第 12 章　斜面の安定

【解答】(1) $e = \dfrac{\rho_s}{\rho_d} - 1$, $\rho_t = \rho_d \left(1 + \dfrac{w}{100}\right)$ より,

$$\rho_t = \dfrac{\rho_s}{1+e}\left(1 + \dfrac{w}{100}\right) = \dfrac{2.700}{1+1.15}\left(1 + \dfrac{30.0}{100}\right) = 1.633 \text{g/cm}^3$$

$$\therefore \quad \gamma_t = \rho_s \times g = 1.633 \times 9.81 = 16.02 \text{kN/m}^3$$

$$\rho_{sat} = \dfrac{\rho_s + e\rho_w}{1+e} = \dfrac{2.700 + 1.15}{1 + 1.15} = 1.791 \text{g/cm}^3$$

$$\therefore \quad \gamma_{sat} = \rho_{sat} \times g = 1.791 \times 9.81 = 17.57 \text{kN/m}^3$$

(2) 各スライスでの値をそれぞれ計算すると,

スライス No.	cl (kN/m)	W (kN/m)	$W\cos\alpha$ (kN/m)	ul (kN/m)	$(W\cos\alpha\text{-}ul)\tan\phi$ (kN/m)	$W\sin\alpha$ (kN/m)
1	14.40	14.90	2.59	0.00	1.38	14.67
2	6.15	25.31	10.30	0.00	5.47	23.12
3	8.50	73.20	43.02	3.52	21.00	59.22
4	6.95	113.81	81.87	9.81	38.31	79.06
5	5.95	96.44	80.88	15.28	34.88	52.52
6	5.45	92.63	84.62	18.65	35.08	37.68
7	5.20	84.87	81.59	20.27	32.60	23.39
8	5.05	75.47	74.74	20.20	29.00	10.50
9	5.00	62.97	62.96	18.33	23.73	1.10
10	5.05	48.13	47.77	14.54	17.67	−5.87
11	5.20	30.55	29.51	9.52	10.63	−7.91
12	5.45	10.62	9.78	3.72	3.22	−4.15
Σ	78.35				252.98	283.35

地下水位があるときのフェレニウス法による安全率の算定式

$$F_s = \dfrac{\sum_{i=1}^{n}\{c'_i l_i + (W_i \cos\alpha_i - u_i l_i)\tan\phi'_i\}}{\sum_{i=1}^{n} W_i \sin\alpha_i} = \dfrac{78.35 + 252.98}{283.35}$$

$$= 1.17 < 1.20 \quad \therefore \quad \text{設計上は, 不安定である。}$$

(3) 各スライスでの値をそれぞれ計算すると，

スライス No.	$b=l\cos\alpha$ (kN/m)	W (kN/m)	ub (kN/m)	$(W\text{-}ub)\cos\alpha\tan\phi$ (kN/m)	$W\sin\alpha$ (kN/m)
1	0.50	14.90	0.00	1.38	14.67
2	0.50	25.31	0.00	5.47	23.12
3	1.0	73.20	2.07	22.23	59.22
4	1.0	113.81	7.06	40.83	79.06
5	1.0	96.44	12.84	37.29	52.52
6	1.0	92.63	17.11	36.72	37.68
7	1.0	84.87	19.48	33.42	23.39
8	1.0	75.47	20.00	29.21	10.50
9	1.0	62.97	18.33	23.74	1.10
10	1.0	48.13	14.40	17.78	−5.87
11	1.0	30.55	9.15	10.97	−7.91
12	1.0	10.62	3.41	3.52	−4.15
Σ				262.56	283.35

地下水位があるときの修正フェレニウス法による安全率の算定式

$$F_s = \frac{\sum_{i=1}^{n}\{c'_i l_i + (W_i - u_i b_i)\cos\alpha_i \tan\phi'_i\}}{\sum_{i=1}^{n} W_i \sin\alpha_i} = \frac{78.35 + 262.56}{283.35}$$

$= 1.20 \geqq 1.20$ ∴ 設計上，安定である。

第 12 章 斜面の安定

記述問題

記述 12.1 臨界円の定義と工学的な意味を述べよ。

記述 12.2 任意の形状のすべり面のすべり安全率を求めるヤンブの方法について，適用上の課題と留意点を述べよ。

記述 12.3 フェレニウス法とビショップ法から算出されるすべり安全率について，大小の差異を述べ，その理由を説明せよ。

記述 12.4 斜面のすべり面の形状について，円弧すべり法では円と見なしているが，その理由を述べよ。

記述 12.5 降雨により斜面が不安定化し，崩壊する場合について，その原因を説明せよ。

記述 12.6 斜面を不安定化させる要因は，大きく2つ（素因と誘因）に大別される。それぞれの要因について簡単に説明し，具体例を示せ。

記述 12.7 斜面の短期安定問題と長期安定問題を説明せよ。

第13章　自然災害と地盤防災

要点

目的：地震と地震動の特性および地震時の土圧，斜面の安定，地盤の液状化に関する動的特性を知るとともに，近年の多様な自然災害について，土質力学，地盤工学との関わりを理解する。

キーワード：地震動，P波，S波，計測震度，スペクトル，震度，震度法，液状化，F_L法，地盤振動，地震断層，津波，土石流，洪水

13.1　地震および地震動の基本特性

　日本列島は，太平洋プレート，フィリピン海プレート，北米プレートおよびユーラシアプレートの境界部にあり，地震が多発する環境にある。地震動には，実体波（P波とS波）と表面波があるが，P波は縦波（疎密波）であり，S波は横波（せん断波）である。伝搬速度はP波が5～7km/秒，S波3～4km/秒であり，P波が先に到達するが，揺れの大きさはS波が大きい。

　地震動は三次元の波動として伝搬するが，水平地震動に対して地盤の挙動の把握や構造物の耐震設計が行われるのが一般的である。観測地震動の計測震度により10階級（0～7）の震度階級があるが，震度は観測場所の地震動の大きさや被害状況を表す指標である。

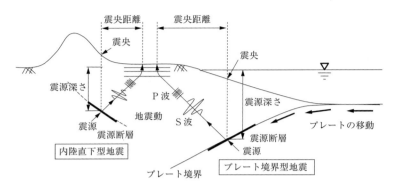

図 13.2　地震の発生と地震動の伝搬（地表面は水平に描画）

13.2　地震および地震動の工学的特性

　工学的に重要な SH 波は，土層の境界で透過，反射をしながら地表面に伝わり，通常，地表面に向かって増幅するが，増幅特性は土層の特性により異なる。

　地震動の波形は，振幅や周期が不規則に変化するが，地震動が構造物に作用した場合，地震動と構造物の周期特性の類似性によって構造物の応答が変化する。地震動の周期特性の指標にスペクトルがあり，スペクトルから構造物に対する地震動の影響の大小が分かる。

　土に静的に作用するせん断応力 τ と発生するせん断ひずみ γ の関係は非線形の関係にあり，地震動により土層の動的変形特性（せん断弾性係数や減衰定数）が変化し，地盤の挙動が変わる。

　構造物の耐震設計に関係する加速度の作用を静的な荷重で代替する指標として，式 (13.2) で定義する震度があり，それによる設計を震度法と呼ぶ。

$$k = \alpha/g \tag{13.2}$$

ここで，k：震度（無次元），α：加速度（gal，cm/s^2），g：重力加速度 $= 980$cm/s^2 であり，重量 W の構造物に作用する水平方向の地震荷重は，慣性力 $F_\mathrm{h} = k_\mathrm{h} \cdot W$ である（k_n：設計水平震度）。

13.3 地盤の耐震性の評価

擁壁では，震度法による物部・岡部の土圧公式が広く用いられている．式 (13.6) により地震時の主働土圧が得られる．式中の記号の凡例は割愛．

$$P_{AE} = \frac{1}{2}\gamma_t H^2 (1-k_v) \cdot K_{AE}$$

$$K_{AE} = \frac{\cos^2(\phi - \theta - \theta_E)}{\cos\theta_E \cos^2\theta \cos(\delta + \theta + \theta_E)\left\{1 + \sqrt{\dfrac{\sin(\phi+\delta)\sin(\phi-\beta-\theta_E)}{\cos(\beta-\theta)\cos(\delta+\theta+\theta_E)}}\right\}^2}$$

(13.6)

地震動による斜面の安定解析では，分割法において震度法による静的な水平震度を作用させて，すべり安全率を算出し，安定性を判断する．

液状化は地震動によるせん断応力によって，非排水状態で過剰間隙水圧が発生し，有効応力が低下あるいはゼロとなる現象である．通常，地盤の液状化が発生するのは，以下の条件が満足される場合である．

(a) 飽和した（地下水位以深の）砂質土の地盤である．
(b) 緩詰め（相対密度 Dr や N 値が小さい）で過剰間隙水圧が発生しやすい．
(c) 地震動の規模（せん断応力）が大きい．

道路橋示方書Ⅴ耐震設計編の予測法は，多くの基準で用いられている F_L 法であり，式 (13.10) の液状化に対する抵抗率：F_L を用いる．

$$F_L = R/L \tag{13.10}$$

ここで，R：動的せん断強度比，L：地震時せん断応力比．F_L 値が 1 以下の土層は液状化と判定し，液状化の影響は，有効応力あるいは土質定数の低減あるいは過剰間隙水圧による浮力により考慮する．

13.4　地盤振動

　地震動以外の地盤振動には，道路交通振動，建設機械振動，工場の機械振動などがある。規制基準があり，振動レベルの予測と対策の検討を行う。振動の軽減，防止対策は，振動源の対策，伝搬経路の対策および構造物の対策がある。

13.5　地盤に関係する自然災害

　地表地震断層は活断層の一種であり，地表面の断層変位が構造物に影響するので，断層の判定や変位量に関する地質学，盛土などの構造物に対する影響の評価に関する土質力学，地盤工学に基づいて設計や対策を行う。

　津波では，越流水により地盤や防潮堤などは侵食により被害が発生するので，掃流力に関係する流体力学，粘り強い防潮堤に関係する海岸工学，土の侵食や盛土による防潮に関係する土質力学に基づいて設計や対策を行う。

　土石流では，山腹斜面や渓流からの土砂・土石の流出により被害が発生するので，基岩の亀裂，節理，破砕帯に関係する地質学，土砂・土石の混相流の流下特性に関係する流体力学，斜面崩壊や地下水に関係する土質力学に基づいて設計や対策を行う。

　洪水では，堤防の浸透破堤や越流破堤により浸水被害が発生するので，越流水に関係する流体力学，浸透や侵食に関係する土質力学に基づいて設計や対策を行う。

基礎・応用問題

問題 13.1 地震動の水平加速度の最大値を α_h とした場合,水平震度 k_h の算出式を記せ(重力加速度を g とする)。また,地震動が作用する構造物の重量 W(質量 M)とした場合,水平震度 k_h により構造物に作用する水平地震荷重 F_h を算出する式を記せ。

【解答】$k_h = \alpha_h/g \quad F_h = M \times \alpha_h = (W/g) \times \alpha_h = (\alpha_h/g) \times W = k_h \times W$

問題 13.2 図の非水浸斜面に水平震度 k_h が作用した場合,円弧すべり法の分割法により,すべり安全率 F_s を求める式を記せ。なお,W_i:スライス i の重量,r:すべり円弧の半径,k_h:水平深度,y_i:円弧の中心からスライス重心までの鉛直距離,α_i:スライス i の接線の傾斜角。

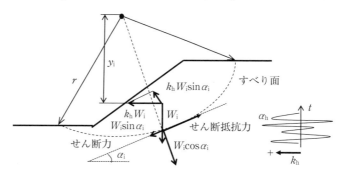

【解答】$F_s = \Sigma$(スライス i の抵抗モーメント)$/\Sigma$(スライス i の作用モーメント)
$= \Sigma r \cdot \{W_i \cos\alpha_i - k_h \cdot W_i \sin\alpha_i) \tan\phi_i + c_i l_i\}/\Sigma(r \cdot W_i \sin\alpha_i + k_h \cdot W_i \cdot y_i)$
＊手順の詳細はテキストの式 (13.9) などを参照

問題 13.3 港湾施設の液状化の予測法に関して,(　　)の該当用語を答えよ。
　港湾の施設の技術上の基準・同解説では,土層ごとの(　①　)により液状化の可能性がある土層を選別し,次に(　②　)と(　③　)を求め,両者の相対関係から液状化の有無や可能性を判別する。この判別結果に層厚や深度な

どを考慮して地盤全体の液状化の判定を行う。なお，（ ② ）は N 値と有効上載圧から求められ，（ ③ ）は地盤の地震応答解析により算出する。

【解答】① 粒径加積曲線　② 等価 N 値　③ 等価加速度

問題 13.4　ある大規模地震によって地盤地表面に設置されていた地震計で観測された強震波形を対象に，速度応答スペクトルを計算したところ，下表のような速度応答値を各々の固有周期・設定減衰定数について得た。ハウスナーによって提唱され，地震動による建物等の被災との相関が高い SI 値を計算せよ。

固有周期 (s)	地震応答速度（cm/s）		
	減衰 5%	減衰 10%	減衰 20%
0.05	2	1	1
0.1	8	7	5
0.2	32	23	17
0.3	104	67	40
0.5	115	91	64
0.7	169	134	96
1.0	147	126	114
1.5	151	129	104
2.0	117	114	105
2.5	148	137	121
3.0	155	144	126
4.0	107	107	105
5.0	94	87	87

【解答】SI 値は，減衰定数 20% の相対速度応答スペクトルにおいて，固有周期 0.1～2.5 秒間における 1 質点系の応答速度の平均値と一般に定義されていることから，上表より，SI = (5+17+40+64+96+114+104+105+121)/9 = 74cm/s である。

問題 13.5　図のような 30° の勾配を有する左右対称の山地形（1:1.732 の法勾配を有する斜面）がある。この山地形（斜面）の山麓（平地）において地震動の揺れが加わった場合，地震の揺れが山頂では山麓（平地）の何倍大きくなるのか概算せよ。

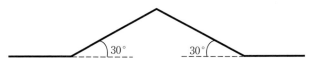

【解答】地形効果を簡単に評価する手法の一つとして，山頂で $\nu\pi$ の角度を有するくさび型の山地の山頂では山麓（平地）よりも $1/\nu$ 倍揺れやすいという法則がある。設問では，山頂での角度は $120°$（$2/3\times\pi$）$=\nu\pi$ となることから，地震の揺れが山頂では山麓（平地）の $3/2$ 倍（1.5 倍）大きくなると概算できる。

問題 13.6 左右対称の台形形状を有する右図のような高さ 10m，法勾配 1:1.5 の盛土がある。この盛土の法肩と法尻で微動アレー観測を盛土断面方向に実施したところ，下図のような伝達関数（H/H スペクトル（法肩／法尻））を得た。この盛土内の地盤の等価な（平均的な）せん断波速度の値を求めよ。

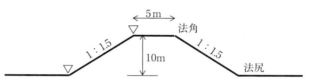

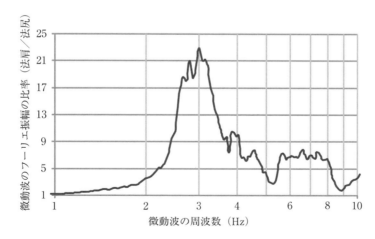

【解答】左右対称の台形形状を有する盛土の固有周波数は，以下の経験式で表すことができる．

$$f = 0.28 \cdot \left(\frac{B}{H}\right)^{0.84} \cdot B^{-0.97} \cdot V_\mathrm{S}$$

ここに，前ページの下図のピーク周波数 $f=3.0\mathrm{Hz}$，および $B=5\mathrm{m}$，$H=10\mathrm{m}$ であるため，上式に代入して，地盤の等価な（平均的な）せん断波速度 V_s は $106\mathrm{m/s}$ と逆算できる．

問題 13.7 ある水平成層地盤を対象に，ボーリング調査（標準貫入試験および PS 検層）を実施したところ，表のような結果が得られた．以下の設問に答えよ．

(1) 工学的基盤以浅の地盤の固有周期を計算せよ．

(2) 深度 30m までの平均的なせん断波速度（$AVS30$）の値，ならびに $AVS30$ から経験的に求められる地震動の増幅率（ARV）の値をそれぞれ求めよ．

表層地盤種別	層厚(m)	深度(m)	せん断波速度(m/s)
表土	1.3	1.3	90
砂質土	5.4	6.7	130
粘性土	10.7	17.4	110
砂質土	8.2	25.6	180
シルト	4.4	30.0	150
砂礫	5.5	35.5	260
砂質土	2.6	38.1	190
砂礫	3.9	42.0	450
岩盤	—		770

【解答】(1) 工学的基盤（基本的にせん断波速度が 300m/s の地盤）は，表のせん断波速度 450m/s の砂礫層の上面であり，その深度 H は 38.1m である．よって，工学的基盤以浅の地盤の平均的なせん断波速度 V_S は，$(90+130+110+180+150+260+190)/7 = 159\mathrm{m/s}$ と算定できる．これに 1/4 波長則を適用すると，固有周波数 $f = V_\mathrm{S}/(4H) = 159/(4\times 38.1) = 1.043\mathrm{Hz}$ から，固有周期 $T = 1/f = 0.96\mathrm{s}$ となる．

(2) 深度 30m までの表層地盤を対象にした平均的なせん断波速度（$AVS30$）は，表の上 5 層から 138m/s と算定できる．これに松岡・翠川によって提唱さ

れている以下の経験式を適用すると，地震動の増幅率 ARV は 2.62 となる。

$$\log ARV = 1.83 - 0.66 \cdot \log(AVS30)$$

ここで，上式は平均 S 波速度が 600m/s を基準（増幅度 = 1.0）としているため，上記で得られた値をさらに 1.31 で除して，工学的基盤からの地震動の増幅率は 2.00 となる。

問題 13.8 下記の文章において，（　）に最も適当な語句を以下の番号①〜⑳から選べ。

地震動は波動であり，波の伝搬方法によって（　ア　）と表面波がある。（　ア　）の（　イ　）波は伝搬方向に振動する（　ウ　）波であり，（　エ　）波は伝搬方向と（　オ　）方向に振動する（　カ　）波である。（　キ　）法とは不規則に変化する地震荷重を（　ク　）的荷重に置き換える方法である。液状化とは飽和した砂地盤が（　ケ　）状態で，地震動によるせん断応力で（　コ　）が発生して（　サ　）が低下あるいはゼロとなる現象である。液状化が発生するには，（　シ　）した（　ス　）質土地盤であること，（　セ　）で（　コ　）が発生しやすいこと，（　ソ　）の規模が大きいことの 3 つの条件が満足される必要がある。

① 大きさ　② 有効応力　③ 工学的　④ 実体波　⑤ S　⑥ 直角　⑦ 横　⑧ 静　⑨ 非排水　⑩ 地震動　⑪ 砂　⑫ 過剰間隙水圧　⑬ P　⑭ 被害　⑮ 10　⑯ 震度　⑰ 緩詰め　⑱ 飽和　⑲ 縦　⑳ 100

【解答】ア：④，イ：⑬ あるいは ⑲，ウ：⑲ あるいは ⑬，エ：⑤ あるいは ⑦，オ：⑥，カ：⑦ あるいは ⑤，キ：⑯，ク：⑧，ケ：⑨，コ：⑫，サ：②，シ：⑱，ス：⑪，セ：⑰，ソ：⑩

第 13 章 自然災害と地盤防災

記述問題

記述 13.1　海洋プレート型の地震はある時間の間隔で発生すると言われているが，その理由を述べよ．

記述 13.2　緊急地震速報は，どのような地震動の伝搬特性を利用しているかを述べ，適用上の留意点を述べよ．

記述 13.3　震源から離れた場所で地震動が大きくなることがあるが，その理由を述べよ．

記述 13.4　地震動により発生する土層のせん断ひずみによって，どのような変形特性がどのように変化するかを説明せよ．

記述 13.5　絶対加速度応答スペクトルによって分かる地震動の特性を説明せよ．

記述 13.6　土木構造物に用いる設計地震動は，水平方向のみを考えるのが一般的であるが，その理由を述べよ．

記述 13.7　構造物に対する地震動の影響を考える方法として震度法があるが，それによる地震動の作用の取り扱いの考え方を述べよ．

記述 13.8　液状化の発生の可能性の有無を示す素因となる条件を 3 つ述べよ．

記述 13.9　液状化の発生の有無と程度の判定指標である F_L の定義と工学的な意味を説明せよ．

記述 13.10　液状化による地表面への水や砂の噴出および地表面の沈下について，それぞれ理由を説明せよ．

記述 13.11　液状化の発生メカニズムと構造物の安定に関わる影響を 2 つ述べよ．

記述 13.12　洪水時の堤防の破堤について，土質力学の係わりを述べよ．

記述 13.13　豪雨による土石流の発生について，土質力学の係わりを述べよ．

第14章　地盤の設計基準類と安定化対策

要点

目的：土質力学などに関わる実務で重要な設計基準類を知るとともに，圧密促進対策，斜面崩壊対策および液状化対策を理解する。

キーワード：設計基準，圧密促進対策，斜面崩壊対策，液状化対策

14.1　土質力学に関わる設計基準類

実務では設計基準類に基づいて設計が行われるが，土質力学に関係する設計基準類は表14.1であり，土質力学の基礎的専門知識の習得が必須である。

表 14.1　設計基準類における土質力学などの関係事項例

分野	名称	制定・改訂年	土質・地盤に関係する内容例
道路橋	道路橋示方書Ⅳ下部構造編	2012	・地盤の変形係数の推定 ・基礎の支持力の算定
	道路橋示方書Ⅴ耐震設計編	2012	・液状化の予測・判定 ・液状化層の土質定数の低減 ・液状化による側方流動の流動力の算定
港湾施設	港湾の施設の技術上の基準・同解説	1999	・液状化の予測・判定
鉄道構造物	鉄道構造物等設計標準・同解説　耐震設計	1999	・液状化の判定 ・液状化層の土質諸定数の低減
道路土工構造物	道路土工要綱	2009	・地盤調査　要求性能　など
	道路土工　切土・斜面安定工指針	2009	・すべりなど
	道路土工　盛土工指針	2010	・すべりなど
	道路土工　カルバート工指針	2010	・土圧など
	道路土工　擁壁工指針	2012	・土圧など
	道路土工　軟弱地盤対策工指針	2012	・圧密など
河川構造物	河川砂防技術基準　設計編	2007	・浸透・侵食・すべりなど

14.2 圧密促進対策

圧密促進対策は，将来の作用荷重に等しいか，それ以上の荷重を載荷するなどの方法で圧密沈下を促進し，残留沈下量の低減や基礎地盤の強度増加をはかる。プレローディング工法などの載荷重工法およびこれらと併用され，主に圧密時間の短縮を目的とする排水促進工法のバーチカルドレーン工法などがある。

14.3 斜面崩壊対策

斜面崩壊現象は，地表面侵食，含水による土層の強度低下と重量の増加，間隙水圧の上昇，パイピングおよび風化などが原因で生じる場合が多い。これら雨水作用の観点から，対策工は表 14.3 のように分類される。

表 14.3 斜面対策工の分類

分類	主な目的	工種		目的	特徴など
抑制工	雨水作用を受けないようにする	排水工		地表水や地下水を斜面外へ排水したり，斜面内への流入を防止する	ほとんどの工事で採用される。単独で用いられることは少ない
		植生工		雨水による侵食防止や地表面温度の緩和，凍土の防止および緑化による美化効果など	湧水が少なく安定している場合に適用。周辺環境との調和をはかりやすい
		のり面保護工	吹付工	外気などから斜面を断し，侵食や風化を防止し，地盤の強度低下を防ぐ	湧水がない岩盤などに適しているが，周辺環境との調和が課題
			張工	同上＋軽微な剥離や崩壊防止	亀裂の多い岩盤や良く締まった土砂面など，吹付工で不安な場合に用いる
			のり枠工	同上＋抑止力を期待できる	植生すれば緑化でき，湧水にも対応できる
	危険除去	切土工		不安定土塊や浮石など取除く	対策工の基本で，排水工，植生工およびのり面保護工と併用される
抑止工	力のバランスをとる	切土工		安定勾配や安定する高さまで切り取る	
		擁壁工		小規模な崩壊防止から直接抑止，押え盛土の安定やのり面保護工の基礎など	斜面下部の安定をはかる
		アンカー工		斜面内部の安定地盤に緊結して崩壊や剥落を防止	特別な事情で安定が不足する場合に使用
		杭工		斜面上に杭を設置し，杭の曲げモーメントやせん断抵抗で斜面を安定させる	地すべり性崩壊が予想される斜面や流れ盤など，特別な場合に使用
その他	落石・雪崩の防止	落石・雪崩対策工		発生を防止する予防工と発生した場合に被害を最小にして人家を防護する防護工がある	他対策にプラスして設置
	崩壊が生じても被害を生じないように	待受コンクリート擁壁工		斜面下部に重力式擁壁を設置し，崩壊土砂を待受ける	他対策と合わせて実施。長大斜面や既存植生を残す必要がある場合に有効
抑制工＋抑止工		柵工		表土の崩壊防止や侵食防止	他対策にプラスして設置
		蛇かご工		のり面の侵食防止や押え盛土的な目的，地下水のり先ドレーンとして用いる	

14.4 液状化対策

　液状化対策を考える場合，液状化の発生自身を防止する"地盤対策"と液状化の発生は容認し，構造物側の強化を図る"構造的対策"の2つの姿勢がある。
　地盤対策による液状化対策の目的と工法は，図14.4のように体系化される。また，構造的対策は図14.7のように例示できる。

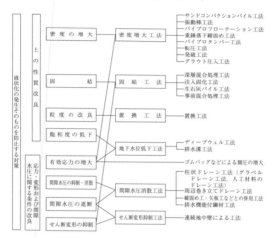

図 14.4　液状化の発生を抑制する対策の原理と方法 [4]

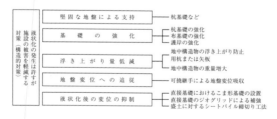

図 14.7　液状化に対する構造的対策の原理と工法例 [4]

引用文献
3) 日本道路協会：道路土工軟弱地盤対策工指針，1986.
4) 地盤工学会：地盤工学・実務シリーズ18　液状化対策工法，2004.

第 14 章　地盤の設計基準類と安定化対策

基礎・応用問題

問題 14.1　道路土工構造物技術基準における以下の性能の定義について，（　）に該当する用語を記せ．

性能 1：道路土工構造物は（　①　），または，道路土工構造物は（　②　）するが，当該区間の道路としての（　③　）に支障を及ぼさない．

性能 2：道路土工構造物の（　②　）が限定的なものにとどまり，当該区間の道路の（　③　）の一部に支障を及ぼすが，（　④　）に回復できる．

性能 3：道路土工構造物の（　②　）が，当該区間の道路の（　③　）に支障を及ぼすが，（　⑤　）なものとならない

【解答】① 健全　② 損傷　③ 機能　④ すみやか　⑤ 致命的

問題 14.2　圧密促進対策について，（　）に該当する用語を記せ．

　圧密促進対策とは，将来の作用荷重に等しいかそれ以上の荷重を載荷するなどの方法で，圧密沈下を促進し，（　①　）の低減や基礎地盤の（　②　）をはかる方法である．プレローディング工法などの（　③　）と主に圧密時間の（　④　）を目的とした排水促進工法の（　⑤　）などがある．プレローディング工法とは，事前載荷で沈下を促進させ，所用の沈下量に達したときに載荷重を全て撤去してから，構造物を建設するものである．バーチカルドレーン工法とは，排水時間は（　⑥　）の二乗に比例することを利用したものである．透水性の高い（　⑦　）を人工的な排水層として設置し，排水距離を減じて（　⑧　）を短縮するものである．この人工的な排水層には砂を用いた（　⑨　）や特殊加工されたプラスチックをもちいた（　⑩　）などがある．この工法は単独で用いることは少なく，載荷重工法などと併用される．

【解答】① 残留沈下量　② 強度増加　③ 載荷重工法　④ 短縮　⑤ バーチカルドレーン工法　⑥ 排水距離　⑦ 鉛直ドレーン　⑧ 圧密時間　⑨ サンドド

レーン　⑩　プラスチックボードドレーン

問題 14.3　斜面崩壊対策について，（　）に該当する用語を記せ。

斜面崩壊は地すべりと比べて，地形・地質など多数の要因が複雑に関与し，突発的で兆候の発生が少ない。地すべりは主として（　①　）をすべり面とするが，斜面崩壊は（　②　）で多く発生する。また，地すべりの誘因が主に（　③　）の影響であるのに比べ，斜面崩壊は降雨や地震などの外力が誘因である。斜面対策は抑制工と抑止工に分けられる。（　④　）とは主に雨水作用を受けないようにする工法，抑止工は力のバランスをとる工法である。工法の選択では，崩壊の要因と形態の想定に対して，斜面全体の安定がはかれる抑止工の検討を行い，次に表面侵食，風化および部分的崩落防止に対する抑制工を検討する。（　⑤　）は最も基本的な斜面対策である。斜面上の不安定な土や岩塊を除いたり，斜面を安定勾配まで切取ることで斜面崩壊を防止する。この安定勾配より急勾配で切土する場合は，数値計算による安定の確認やアンカーなど（　⑥　）の追加検討が必要となる。切土した斜面は，浸食や風化防止対策としてのり面保護工を施す。のり面保護工の基本は（　⑦　）であるが，岩盤斜面で植生が困難な場合や湧水がみられる場合は，構造物による対策が選択される。その中で（　⑧　）は吹付コンクリートなどで枠を組み，その内部を植生，砕石またはコンクリートなどで被覆する工法である。枠内を植生すれば緑化されて，周辺環境との調和も良好である。同様に（　⑨　）は（　⑩　）がなく，植生ができない場合に適用される。

【解答】①　粘性土　②　砂質土　③　地下水　④　抑制工　⑤　切土工　⑥　抑止工　⑦　植生工　⑧　のり枠工　⑨　吹付工　⑩　湧水

問題 14.4　液状化の地盤対策について，（　）に該当する用語を記せ。

液状化対策には2つの異なる取組みの姿勢がある。1つは液状化の（　①　）を防止する方法で液状化の地盤対策と呼ぶ。もう1つは構造物で対策を施す方

法で液状化の構造的対策と呼ぶ．液状化の地盤対策において，液状化に対して抵抗となる地盤の強度は，（ ② ）が大きいほど，（ ③ ）の骨格が安定しているほど，液状化しにくい（ ④ ）であるほど，（ ⑤ ）が低いほど増加する．密度を増大させる工法として密度増大工法，土粒子（土）の骨格を安定させる工法として（ ⑥ ），粒度を改良する工法として（ ⑦ ），飽和度を低下させる工法として（ ⑧ ）などがある．地震動で地盤に作用する応力に関しては，地盤の有効応力を増大させるほど，発生した過剰間隙水圧が速やかに消散するほど，地盤のせん断変形が小さいほど，液状化は発生しにくくなる．過剰間隙水圧の発生の抑制や消散に関する工法として（ ⑨ ）がある．せん断変形を抑制する工法として（ ⑩ ）がある．

【解答】① 発生　② 密度　③ 土粒子（土）　④ 粒度　⑤ 飽和度　⑥ 固結工法　⑦ 置換工法　⑧ 地下水位低下工法　⑨ 間隙水圧消散工法　⑩ せん断変形抑制工法

問題 14.5　液状化の構造的対策について，（　）に該当する用語を記せ．
　（ ① ）を行う液状化対策に対して，構造的対策は液状化した地盤に関係する構造物を（ ② ）して，被害を軽減，防止する対策である．（ ③ ）構造物の液状化対策は，コストのかかる（ ① ）ではなく，構造的対策で行われることが多い．構造的対策は，堅固な地盤による（ ④ ），基礎の（ ② ），浮き上がり量の低減，地盤（ ⑤ ）への追従，液状化後の（ ⑤ ）の抑制に対策原理が区分される．

【解答】① 地盤改良　② 強化　③ 既設　④ 支持　⑤ 変位

問題 14.6　液状化対策の密度増大工法について，（　）に該当する用語を記せ．
　代表的な工法は（ ① ）工法であるが，ゆるい（ ② ）地盤に対して

は液状化防止，粘土質地盤では支持力の向上や沈下量の減少を目的とする。（ ② ）を（ ③ ）で振動させながら地盤内に投入し，締固めた（ ② ）柱を構築する（ ④ ）工法と材料をそのまま圧入する（ ⑤ ）工法がある。両工法は施工時の周辺環境に及ぼす（ ⑥ ）の影響を考慮して選別される。

【解答】① サンドコンパクションパイル　② 砂　③ バイブロ（振動機）　④ 動的締固め　⑤ 静的締固め　⑥ 地盤振動

記述問題

記述 14.1　サンドドレーン工法を説明せよ。

記述 14.2　サンドコンパクション工法を説明せよ。

記述 14.3　深層混合処理工法を説明せよ。

記述 14.4　プレローディング工法を説明せよ。

記述 14.5　地すべりと斜面崩壊の差異を述べよ。

記述 14.6　抑制工と抑止工について，それぞれの特徴・差異を述べ，代表的な工法を1つずつ記せ。

記述 14.7　液状化の対策の2つの姿勢を述べ，それぞれに該当する工法を1つずつ述べよ。

記述 14.8　砂質土層において，土の密度が大きいほど液状化が発生し難いが，その理由を述べ，この原理に基づいた対策工法を1つ述べよ。

記述 14.9　杭基礎による既設の橋梁に対して，考えられる液状化対策を述べよ。

記述 14.10　住宅地に隣接した場所において，開削により地下鉄トンネル工事を行う場合，工事中に周辺環境に配慮すべき事項と対策方法を述べよ。

第15章　総合問題・公務員試験問題

目的：1章から14章までの個別の特性に関する演習問題に止まらず，章を横断する総合的な記述問題および公務員試験問題を通じて，土質力学の個別の特性を再認識するとともに，幅広い視野から理解を深める。

15.1　総合問題

問題1：軟弱地盤の盛土・堤防，橋梁基礎の安定性の評価

図1.1の軟弱地盤で，新設あるいは既設の盛土・堤防や橋梁基礎を対象とした，新たな設計あるいは補強の設計に際して，検討すべき事項およびその方法を考えたい。以下の問いに答えよ。

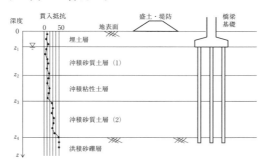

図 1.1　対象地盤と構造物

1.1　地盤条件に関する以下の問いに答えよ。
  (1) 地下水位の深度を記せ。
  (2) 地下水位の上層と下層の飽和度の差異を述べよ。
  (3) 図中の現地試験結果の"貫入抵抗"とは何かを示し，その工学的な意味を述べよ。

(4) 沖積粘性土層に関する鋭敏比の定義と施工上の留意点を述べよ。

(5) 先行圧密応力に関する現在の粘性土の評価指標およびその意味を述べよ。

(6) 工学的基盤の定義と工学的な意味を示し、本地盤ではどこに設定するかを述べよ。

1.2 土層構成から判断される設計上の検討課題に関する以下の問いに答えよ。

(1) 沖積砂質土層が2層あるが、検討すべき課題とその理由を述べよ。

(2) 沖積粘性土層について検討すべき課題およびその理由を述べよ。

1.3 沖積砂質土層に関する以下の問いに答えよ。

(1) 安定性の評価のための簡易な方法を例示せよ。

(2) 安定性の評価のための詳細な方法を述べよ。

1.4 沖積粘性土層に関する以下の問いに答えよ。

(1) 安定性の評価項目を述べよ。

(2) 安定性の評価方法を述べよ。

(3) (2)の評価のために必要な土質特性を挙げ、そのための試験法を述べよ。

1.5 軟弱地盤上の盛土・堤防の設計に関する以下の問いに答えよ。

(1) 盛土・堤防の安定性の評価項目を挙げ、評価方法を例示せよ。

(2) (1)のうちの地震時の安定性の評価に必要な1.3の沖積砂質土の特性（挙動）を述べよ。

1.6 軟弱地盤における地震時の橋梁基礎の設計に関する以下の問いに答えよ。

(1) 新設橋の場合、1.3の安定性の影響を述べ、その考慮方法を例示せよ。

(2) 既設橋の場合、1.3による不安定性に対する補強の意義と対策方法を例示せよ。

(3) 1.4の安定性の影響を述べ、対策方法を例示せよ。

【解答】

1.1 (1) 地下水位を表示する記号から、深度 z_1 である。

(2) 地下水位の上層は不飽和状態として扱い、下層は飽和度100%の飽和状態とする。

15.1 総合問題

(3) 図中の"貫入抵抗 0〜50"は，標準貫入試験により計測された N 値を示す．参考として，砂質土は締固まり具合（相対密度），粘性土は緊硬度を表し，その状態と N 値の相対関係は表解1.1のようである．

表解 **1.1** N 値と土の状態の対比

N 値	砂の相対密度
1〜4	非常に緩い
5〜10	緩い
11〜30	普通
31〜50	密な
51以上	非常に密な

N 値	粘性土の緊硬度
0〜1	非常に軟弱
2〜4	軟弱
5〜8	普通
9〜15	硬い
16〜30	非常に硬い
31以上	固結した

(4) 鋭敏比 $S_t = q_u/q_{ur}$ $\cdots$ q_u：練り返した（撹乱）試料の一軸圧縮強度，q_{ur}：乱さない（不撹乱）試料の一軸圧縮強度．鋭敏比は，乱すことによる強度の低下度合いを意味し，鋭敏比が大きいほど乱れに鋭敏である土であるので，施工時には乱して強度低下を起こさないように注意が必要である．

(5) 現在の圧密圧力に対する先行圧密応力の比は，過圧密比 OCR である．OCR $= 1$ の場合は正規圧密粘土，OCR > 1 の場合は過圧密粘土とするが，正規圧密性土と過圧密粘土は，強度特性などが異なるので，識別して取り扱うことが必要である．

(6) 工学的基盤は，橋梁基礎などの支持地盤とされる十分に堅固な地盤である．この十分堅固な地盤の定義の一つとして，道路橋示方書 V 耐震設計編（2012）（以下，道路橋示方書）では，せん断弾性波速度が 300m/s 程度以上である土層，粘性土層では N 値が 25 以上，砂質土層では N 値が 50 以上である剛性が高い土層としている．本地盤では，N 値が 50 以上である深度 z_4 以深の洪積砂礫層に設定する．

1.2 (1) 飽和した沖積砂質土層では，地震時の液状化が課題である．液状化は，地震動による土のせん断変形で発生する負のダイレイタンシー（体積収縮）により正の過剰間隙水圧が発生し，有効応力が低下する現象で

あり，構造物の安定に関わる．参考として，道路橋示方書では液状化の対象層は，地下水位以下～深度 20m までである．

(2) 軟弱な沖積粘性土層では，地表面の載荷重により発生する圧密が課題である．粘性土層の圧密により，構造物に対しては不等沈下やネガティブフリクションが発生し，構造物の不安定化に繋がる．

1.3 (1) 液状化に対する砂質土層の安定性の評価方法は多様であるが，簡易な方法としては，道路橋示方書などが規定している F_L 法がある．算定式は，平均的な地盤のものであり，当該地盤の状態を直接は反映していないことに留意し，必要に応じて詳細な方法によることが望ましい． F_L 法は，総合記述問題 2 を参照のこと．

(2) 液状化の判定の詳細な方法では，土の動的せん断強度は現地からサンプリングした不攪乱試料に対する振動三軸圧縮試験から決定し，動的せん断応力は対象地盤をモデル化した地震応答解析（代表は，一次元重複反射法）により算出し，両者を比較（F_L 法など）して，液状化の有無，程度を判定する．詳細法は，試験や解析に手間や経費が伴うが，対象地盤の直接的な評価が出来る利点がある．

1.4 (1) 軟弱な粘性土地盤では，圧密による沈下量と沈下時間の評価が必要である．なお，本事例は一次元地盤であるが，対象地盤が広く，面的な沈下量の分布がある場合は，複数の箇所の沈下量を出して面的な分布を把握する．

(2) 沈下量および圧密時間は，テルツァーギの一次元圧密理論に基づいて算出するのが基本である．

(3) 最終沈下量 $S_0 = m_v \cdot H \cdot \bar{u}_0$ および時間係数 $T = c_v t / H^2$ であることから，圧密係数 $c_v = k/(m_v \cdot \gamma_w)$（$k$：透水係数，$m_v$：体積圧縮係数，$\gamma_w$：水の単位体積重量）が必要である．圧密係数は，圧密試験（$\sqrt{t}$ 法あるいは $\log t$ 法）により求める．

1.5 (1) 盛土・堤防では，斜面の安定性解析にならい，常時あるいは地震時のすべり安全率により評価する．評価方法は，円弧すべり法（フェレニ

15.1 総合問題

ウス法など）が一般的である．沈下が問題となる堤防では，有限要素法などにより沈下量を算出することもある

(2) (1) の地震時の安定性の評価では，沖積砂質土の液状化の影響は，液状化による過剰間隙水圧の発生（言い換えると，有効応力の低下）で考慮する．参考として，過剰間隙水圧を算出方法には，地震応答解析もあるが，共同溝設計指針（1986.3）あるいは河川堤防の構造検討の手引き（改訂版）[2012.2，(財) 国土技術研究センター]（以下，手引き）では，液状化による過剰間隙水圧 Δu を算定する次式が示されている．

$$\begin{cases} F_\mathrm{L} > 1.0 \text{の場合} & \Delta u/\sigma'_\mathrm{v} = F_\mathrm{L}^{-7} \\ F_\mathrm{L} \leqq 1.0 \text{の場合} & \Delta u/\sigma'_\mathrm{v} = 1 \end{cases}$$

なお，上式では，$F_\mathrm{L} \leqq 1.0$ で厳しい評価になっているが，鉄道構造物等設計標準・同解説（1999, p.129）では，次式が示されており，$F_\mathrm{L} \leqq 0.5$ で $\Delta u/\sigma'_\mathrm{v} = 1$ である．

$$\begin{cases} 0.5 < F_\mathrm{L} & : ln(\Delta u/\sigma'_\mathrm{v}) = 0.6 - 1.2 F_\mathrm{L} \\ F_\mathrm{L} \leqq 0.5 & : \Delta u/\sigma'_\mathrm{v} = 1.0 \end{cases}$$

また，手引きでは，表解 1.2 の通り，過剰間隙水圧 Δu を考慮した地震時の堤防のすべり安全率 F_sd に対して，堤防の沈下量（上限値）を対応づけているので，堤防高に対する沈下量が推算できる．

表解 **1.2** 堤防天端の沈下量（上限値）と地震時安全率の関係

地震時安全率 F_sd		沈下量（上限値）
慣性力を考慮 $F_\mathrm{sd}(k_\mathrm{h})$	過剰間隙水圧を考慮 $F_\mathrm{sd}(\Delta_\mathrm{u})$	
$1.0 < F_\mathrm{sd}$		0
$0.8 < F_\mathrm{sd} \leqq 1.0$		（堤防高）×0.25
$F_\mathrm{sd}(k_\mathrm{h}) \leqq 0.8$	$0.6 < F_\mathrm{sd}(\Delta_\mathrm{u}) \leqq 0.8$	（堤防高）×0.50
	$F_\mathrm{sd}(\Delta_\mathrm{u}) \leqq 0.6$	（堤防高）×0.75

1.6 (1) 橋梁基礎に対する液状化の影響は，水平方向の支持力の低下であり，それにより橋梁基礎は大きく変形するとともに，杭の損傷が発生する。杭の支持力に対する液状化の影響の考慮方法について，道路橋示方書では，表解 1.3 の土質定数の低減係数 D_E を設計に用いる土質定数に乗じて考慮することが行われる。

表解 **1.3** 土質定数の低減係数 D_E

F_L の範囲	現地盤面からの深度 z (m)	動的せん断強度比 R			
		$R \leq 0.3$		$0.3 < R$	
		レベル1地震動に対する照査	レベル2地震動に対する照査	レベル1地震動に対する照査	レベル2地震動に対する照査
$F_L \leq 1/3$	$0 < z \leq 10$	1/6	0	1/3	1/6
	$10 < z \leq 20$	2/3	1/3	2/3	1/3
$1/3 < F_L \leq 2/3$	$0 < z \leq 10$	2/3	1/3	1	2/3
	$10 < z \leq 20$	1	2/3	1	2/3
$2/3 < F_L \leq 1$	$0 < z \leq 10$	1	2/3	1	1
	$10 < z \leq 20$	1	1	1	1

(2) 既設の橋梁基礎が液状化に対して不安定と評価された場合，対策が講じられることになる。液状化の対策の姿勢には，地盤改良と構造的強化があるが，図解 1.1 のように増杭あるいは地盤改良体による補強がよく行われる。

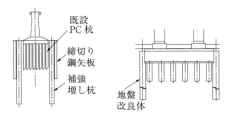

図解 **1.1** 増杭による既設橋梁基礎の補強

15.1　総合問題

(3) 軟弱な沖積粘性土が杭基礎に及ぼす影響には，NF（ネガティブフリクション）がある。支持地盤に支持された杭基礎周辺の地盤が沈下すると，杭に対して下向きの周面摩擦力（NF）が作用し，杭に対する軸力の荷重として付加され，杭の圧破に繋がる。対策としては，原因となる地盤の沈下対策の他に，杭表面をコーティングする方法，群杭にする方法，不完全支持杭にする方法などのNFの影響を低減する方法がある。

問題2：地盤調査結果に基づく地震動と液状化の評価

ある地盤において標準貫入試験および各種土質試験が実施され，表2.1（次ページ）の結果が得られた。以下の問いに答えよ。

2.1 この地盤は，沿岸域近くに位置しており，近い将来にその発生が懸念されている海溝型巨大地震において，気象庁計測震度で5.3程度の揺れが予想されている。この地震による揺れを経験的関係（$SI = 10^{-1.16+0.50 \cdot I}$）に基づいて$SI$値を推定せよ。

2.2 標準貫入試験の結果（N値の深度分布）より，対象地盤の固有周期を算定せよ。

2.3 2.2の結果を踏まえ，道路橋示方書の基準による地盤種別を判定せよ。

2.4 2.1で推定したSI値を用いて，液状化判定の対象土層内における地震時せん断応力比Lの深度分布を求めよ。

2.5 表2.1の地盤条件ならびに2.1の想定地震を踏まえて，動的せん断強度比Rの深度分布を求めよ。

2.6 2.4と2.5の結果に基づいて，F_L値を用いた液状化判定をせよ。

2.7 2.6の結果に基づいて，この地盤の液状化危険度を表す指標の一つであるP_L値を算定せよ。

第 15 章　総合問題・公務員試験問題

表 **2.1**　地盤調査結果

地盤種別	層厚 (m)	深度 (m)	N値 (—)	湿潤単位体積重量 (kN/m³)	(tf/m³)	Fc (%)
表土	1	1	2	1.6（地下水位以浅）		15
表土	1	2	3	1.6（地下水位以浅）		15
砂質土	1	3	10	19	1.9	51
砂質土	1	4	10	19	1.9	51
砂質土	1	5	8	19	1.9	51
砂質土	1	6	5	19	1.9	51
砂質土	1	7	6	19	1.9	51
粘性土	1	8	2	16	1.6	72
粘性土	1	9	2	16	1.6	72
粘性土	1	10	1	16	1.6	72
粘性土	1	11	2	16	1.6	72
粘性土	1	12	2	16	1.6	72
粘性土	1	13	3	16	1.6	72
粘性土	1	14	4	16	1.6	72
粘性土	1	15	1	16	1.6	72
粘性土	1	16	2	16	1.6	72
粘性土	1	17	2	16	1.6	72
粘性土	1	18	3	16	1.6	72
砂質土	1	19	7	20	2	9
砂質土	1	20	8	20	2	9
砂質土	1	21	9	20	2	9
砂質土	1	22	8	20	2	9
砂質土	1	23	8	20	2	9
砂質土	1	24	6	20	2	9
砂質土	1	25	10	20	2	9
砂質土	1	26	6	20	2	9
シルト	1	27	4	19	1.9	66
シルト	1	28	5	19	1.9	66
シルト	1	29	6	19	1.9	66
シルト	1	30	4	19	1.9	66
シルト	1	31	4	19	1.9	66
砂礫	1	32	24	21	2.1	5
砂礫	1	33	19	21	2.1	5
砂礫	1	34	21	21	2.1	5
砂礫	1	35	20	21	2.1	5
砂礫	1	36	23	21	2.1	5
砂礫	1	37	22	21	2.1	5
砂質土	1	38	24	20	2	13
砂質土	1	39	24	20	2	13
砂質土	1	40	23	20	2	13
砂礫	1	41	45	21	2.1	5
砂礫	1	42	47	21	2.1	5
砂礫	1	43	50	21	2.1	5
砂礫	1	44	50	21	2.1	5
岩盤	—		50	22	2.2	

【解答】

1.1　童・山崎が提唱している経験式 $SI = 10^{-1.16+0.50 \cdot I}$ を用いて，気象庁計測震度 5.3 から SI 値（SI）を算出すると，30.9cm/s になる．なお，気象庁計測震度は，国や地方公共団体からの強震動予測結果などに関する公表資料などから設定すればよい．

15.1 総合問題

1.2 表解 2.1 のように，道路橋示方書の N 値とせん断波速度の関係式（砂質土：$V_S = 80 \cdot N^{1/3}$ もしくは粘性土：$V_S = 100 \cdot N^{1/3}$）を用いて，せん断波速度 V_s の深度分布を計算する．次に，工学的基盤（本例では，深い方の砂礫層）以浅のせん断波速度の平均値（163m/s）を算定し，工学的基盤以浅の層厚 H（40m）を算定する．それらに 1/4 波長則（$T = 4H/V_s$）を適用すると，固有周期 $T = 0.98$s になる．

1.3 1.2 で得られた固有周期は 0.6s 以上なので，道路指示方書 V 耐震設計篇により III 種地盤であると判定する．なお，仮に固有周期が 0.2s 未満であれば I 種地盤，0.2s 以上 0.6 未満であれば II 種地盤である．

1.4 表解 2.1 のように，安田ほかが提唱している経験式 $L = 0.01 \cdot SI/(\sigma'_v)^{0.1}$ と各地盤深度での有効応力 σ'_v を用いて，層厚 20m 以浅の表層地盤を対象に 1m 間隔で算定する．算定結果は，表中の L である．

1.5 表解 2.1（表中の R の数式参照）のように，海溝型地震を想定していること，細粒分含有率 Fc などの土質試験結果などを踏まえて，層厚 20m 以浅の表層地盤を対象として，1m 間隔で動的せん断強度比 R を算定する．算定結果は，表中の R である．

1.6 1.5 の R を 1.4 の L で除することによって，判定の対象である層厚 20m 以浅の砂質土層について，1m 隔で F_L 値を算定する．算定結果は，表中の F_L である．F_L 値が 1.0 以下の砂質土層で液状化が発生すると判定する．

1.7 表解 2.1 のように，下の定義式 $P_L = \sum\limits^{n} F - W(z) \cdot \Delta z$ により，1.6 の F_L 値の分布から P_L 値を算出する．算定結果は，表解 2.1 に示すように，$P_L = 11.3$ である．

$$P_L = \int_0^{20} F \cdot W(z) dz \qquad F = \begin{cases} 1 - F_L & (F_L < 1.0) \\ 0 & (F_L \geqq 1.0) \end{cases}$$

$$\left(= \sum_{i=1}^{n} F \cdot W(z) \Delta z \right) \qquad W(z) = 10 - 0.5z$$

P_L：液状化抵抗指数，$W(z)$：重み係数，z：深度（m）

第 15 章　総合問題・公務員試験問題

表解 2.1　F_L と P_L 値の算出

地盤種別	深度 (m)	せん断波速度 (m/s)	有効応力 (kPa)	(tf/m²)	L	c_1	c_2	N_1	N_a	R_L	R	F_L	F	$W(z)$	P_L
表土	1	101													11.3
表土	2	115		3.2											
砂質土	3	172	41	4.1	0.268	1.82	2.278	3.542	8.724	0.200	0.200	0.745	0.000	8.500	0.000
砂質土	4	172	50	5.0	0.263	1.82	2.278	2.982	7.706	0.188	0.188	0.714	0.286	8.000	2.289
砂質土	5	160	59	5.9	0.259	1.82	2.278	2.061	6.028	0.166	0.166	0.642	0.358	7.500	2.686
砂質土	6	137	68	6.8	0.255	1.82	2.278	1.133	4.340	0.141	0.141	0.552	0.448	7.000	3.133
砂質土	7	145	77	7.7	0.252	1.82	2.278	1.214	4.488	0.143	0.143	0.569	0.431	6.500	2.803
粘性土	8	126	83	8.3	0.250	2.60	3.444	0.378	4.427	0.142	0.142				
粘性土	9	126	89	8.9	0.248	2.60	3.444	0.354	4.365	0.141	0.141				
粘性土	10	100	95	9.5	0.247	2.60	3.444	0.167	3.878	0.133	0.133				
粘性土	11	126	101	10.1	0.245	2.60	3.444	0.315	4.263	0.140	0.140				
粘性土	12	126	107	10.7	0.244	2.60	3.444	0.298	4.220	0.139	0.139				
粘性土	13	144	113	11.3	0.242	2.60	3.444	0.425	4.549	0.144	0.144				
粘性土	14	159	119	11.9	0.241	2.60	3.444	0.540	4.848	0.149	0.149				
粘性土	15	100	125	12.5	0.240	2.60	3.444	0.129	3.779	0.132	0.132				
粘性土	16	126	131	13.1	0.239	2.60	3.444	0.246	4.085	0.137	0.137				
粘性土	17	126	137	13.7	0.238	2.60	3.444	0.236	4.058	0.136	0.136				
粘性土	18	144	143	14.3	0.237	2.60	3.444	0.340	4.328	0.141	0.141				
砂質土	19	153	153	15.3	0.235	1.00	0.000	0.744	0.744	0.058	0.058	0.248	0.752	0.500	0.376
砂質土	20	160	163	16.3	0.234	1.00	0.000	0.800	0.800	0.061	0.061	0.259	0.741	0.000	0.000
砂質土	21	166													
砂質土	22	160													
砂質土	23	160													
砂質土	24	145													
砂質土	25	172													
砂質土	26	145													
シルト	27	159													
シルト	28	171													
シルト	29	182													
シルト	30	159													
シルト	31	159													
砂礫	32	231													
砂礫	33	213													
砂礫	34	221													
砂礫	35	217													
砂礫	36	228													
砂礫	37	224													
砂質土	38	231													
砂質土	39	231													
砂質土	40	228													
砂礫	41														
砂礫	42														
砂礫	43														
砂礫	44														
岩盤															

液状化に対する抵抗率（FL 値）下記の方法で算出する。

$$F_L = R/L$$

ここに，R：地盤の動的せん断強度比
L：地震時せん断の応力比

○地震時せん断応力比：L

1) 地表深度より，童・山崎（1996）による計測深度と SI 値との関係（①式）を用いて SI 値を求める。

$$SI = 10^{-1.16 + 0.50 \cdot I} \quad \cdots ①$$

2) SI 値と有効上載圧 σ_V' より，保田ら（1993）によるせん断応力比と SI 値の関係 ② 式を用いて，表層 20m までの地震時せん断圧力比（L）の分布を求める。

$$L = 0.01 \cdot SI/(\sigma_V')^{0.1} \quad \cdots ②$$

○地盤の動的せん断強度比：R

$$R = c_w R_L$$

$R_L = 0.0882 \sqrt{N_a/1.7}$ 　　$(N_a < 14)$
　　$= 0.0882 \sqrt{N_a/1.7} + 1.6 \times 10^{-6} (N_a - 14)^{4.5}$ 　　$(N_a \geq 14)$

ここで，

$N_a = c_1 \cdot N_1 + c_2$
$N_1 = 1.7 \cdot N/(\sigma_v' + 0.7)$
$c_1 = 1$ 　　　　　　　　　　$(0\% \leq FC < 10\%)$
　$= (FC + 40)/50$ 　　$(10\% \leq FC < 60\%)$
　$= FC/20 - 1$ 　　　　$(60\% \leq FC)$
$c_2 = 0$ 　　　　　　　　　　$(0\% \leq FC < 10\%)$
　$= (FC - 10)/18$ 　　$(10\% \leq FC)$

ここに，
R：動的せん断強度比（=液状化強度比）
c_w：地震動特性による補正係数（海溝型地震の場合，1.0）
R_L：繰り返し三軸強度比
N：標準貫入試験から得られる N 値
N_1：有効上載圧 1kgf/cm² 相当に換算した N 値
N_a：粒度の影響を考慮した補正 N 値
c_1, c_2：細粒分含有率による N 値の補正係数
FC：細粒分含有率（%）（粒径 75μm 以下の土粒子の通過質量百分率）

15.1 総合問題

問題3：共同溝の開削工事における土留めの安定性の評価

図3.1のように，地下水位が地表面から1mの深さにある地盤があり，共同溝を建設するため深さ5mの開削工事を行う．次の問いに答えよ．

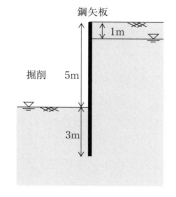

図 **3.1** 鋼矢板打設

3.1 この地盤から，掘削孔径66mmのボーリングにより，コアサンプリングを行った．高さ100mmの試料の質量を測定したところ，650gであった．この試料を炉乾燥し，乾燥重量542gを得た．別途，行った土粒子密度試験により，土粒子比重2.65を得た．水の密度を1.00g/cm^3として，この地盤の含水比，間隙比および湿潤密度，飽和密度を求めよ．

3.2 この地盤から採取した土試料を，十分な加水とともに練返し，一次元土槽内で圧密荷重を与えて再構成した．この供試体を用いて非排水三軸試験を行ったところ，表3.1の結果が得られた．このとき，強度定数のc', ϕ'を求めよ．

表 **3.1**

供試体	1	2	3
軸圧縮前のセル圧 σ'_0 (kN/m²)	300	400	600
破壊時の軸差応力 $\sigma_{q\,max}$ (kN/m²)	322	429	644
破壊時の過剰間隙水圧 Δu_f (kN/m²)	129	172	258

3.3 3.2の結果を用いて，ランキンの主働土圧係数，受働土圧係数を求めよ．

3.4 図3.1に示すように，鋼矢板によって土留めを行い，深度5.0mまで掘削を行う．掘削底面まで地下水位低下を行うとき，ボイリングに対する安全率を求めよ．ただし，重力加速度を10m/s^2とする．

3.5 矢板前面および背面に作用する土圧を求め，鋼矢板が倒れないようにするために背面側に設置するアンカーの張力を求めよ．

第 15 章 総合問題・公務員試験問題

【解答】

3.1 試料の含水比は $(650 - 542) \div 542 \times 100 = 19.9\%$　サンプリング体積は $342\mathrm{cm}^3$。よって，湿潤密度は $650 \div 342 = 1.9\mathrm{g/cm}^3$　土粒子密度より，試料に含まれる土粒子体積は $542 \div 2.65 = 205\mathrm{cm}^3$　間隙体積は $342 - 205 = 137\mathrm{cm}^3$　よって，間隙比は $137 \div 205 = 0.67$　飽和密度は，$(2.65 + 0.67) \div (1 + 0.67) = 2.0\mathrm{g/cm}^3$

3.2 表 3.1 より破壊時のモール円を描くと，図解 3.1 になる。図より $c' = 0$，$\phi' = 29°$

3.3 主働土圧係数：$K_\mathrm{A} = \dfrac{1 - \sin(29°)}{1 + \sin(29°)} = 0.35$，受働土圧係数：$K_\mathrm{P} = \dfrac{1 + \sin(29°)}{1 - \sin(29°)} = 2.88$

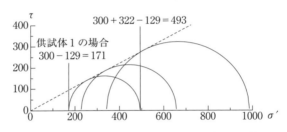

図解 **3.1**　モールの応力円：単位 ($\mathrm{kN/m}^2$)

3.4 重力加速度より，水の単位体積重量は $10\mathrm{kN/m}^3$。地盤の湿潤単位体積重量，飽和単位体積重量は，それぞれ $19\mathrm{kN/m}^3$，$20\mathrm{kN/m}^3$　よって，限界動水勾配は，$i_\mathrm{c} = \gamma'/\gamma_\mathrm{w} = (20 - 10)/10 = 1.0$　矢板沿い流れの平均動水勾配は，図解 3.2 から，$i_\mathrm{c} =$ 地下水位差/鋼矢板周長 $= 4.0/(4.0 + 3.0 \times 2) = 0.4$　よって，安全率は，$F_\mathrm{s} = 1.0/0.4 = 2.5$

3.5 矢板背面の主働土圧，前面の受働土圧分布は，図解 3.3 のそれぞれ σ_A，σ_P で表される。また，水圧の分布は背面と前面で差し引きを行い，u で表される。

　　鋼矢板に作用する土圧合力を求めると，矢板背面では，地下水面以上の

主働土圧合力 P_{A1}, 地下水面以下の主働土圧合力 P_{A2} および水圧合力 P_{A3} が作用し, 矢板前面では受働土圧合力 P_P が作用すると考えると,

$P_{A1} = 6.65 \times 1 \div 2 = 3.38 \text{kN/m}$　作用位置は矢板上端から 0.67m

$P_{A2} = (6.65 + 31.15) \times 7 \div 2 = 132.3 \text{kN/m}$　作用位置は矢板上端から 6.26m

$P_{A3} = (7+3) \times 40 \div 2 = 200 \text{kN/m}$　作用位置は矢板上端から 6.17m

$P_P = 86.4 \times 3 \div 2 = 129.6 \text{kN/m}$　作用位置は矢板上端から 7m

従って, 必要アンカー張力は $P_{A1} + P_{A2} + P_{A3} - P_P = 206.1 \text{kN/m}$

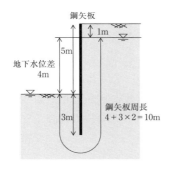

図解 **3.2**　動水勾配の算定

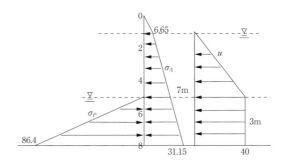

図解 **3.3**　矢板に作用する圧力分布：単位（kN）

問題4：盛土の安定性の評価

道路の新設工事に伴い, 図 4.1 に示すような盛土（のり面勾配 1:1.5, 盛土の奥行き 10m）を良好な砂礫地盤上に施工することとなった。以下の問いに答えよ。

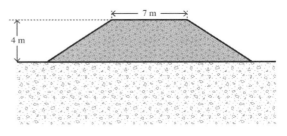

図 4.1　計画された道路盛土

第 15 章 総合問題・公務員試験問題

4.1 現場近くの土を採取し，粒度試験を行ったところ，図 4.2 の結果が得られた．均等係数ならびに曲率係数をそれぞれ算出し，どちらの試料が盛土材に適しているかを判定せよ．

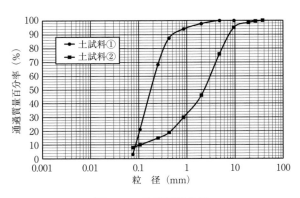

図 4.2 粒度試験結果

4.2 4.1 で適切と判定された土試料の土取り場での現場密度を求めるため，水置換法により湿潤密度を求めた．試験孔（置換孔）の体積を測定したところ，$0.310\mathrm{m}^3$ であり，掘削土の質量は 0.631ton であった．また，この掘削土の含水比 w を調べた結果，5.5% であった．土取り場での湿潤密度，乾燥密度 ρ_d ならびに間隙比を求めよ．ただし，土粒子の密度は，$2.65\mathrm{g/cm}^3$ とする．

4.3 4.1 で適切と判定された土試料の締固め特性を調べるため，突き固めによる締固め試験を行った結果，表 4.1 の結果が得られた．締固め曲線をゼロ空気間隙曲線とともに描け．また，最適含水比ならびに最大乾燥密度を求めよ．

表 4.1 締固め試験結果

No.	1	2	3	4	5	6
w(%)	6.2	8.1	9.8	11.0	12.3	14.2
ρ_d(g/cm^3)	1.690	1.872	1.968	1.978	1.941	1.870

4.4 土取り場から運搬してきた盛土材を巻きだし後，散水して含水比が 10% になるように調整後，重機を使って締固め度 90% になるように締め固めた．土取り場で採取すべき土の質量ならびに散水量を求めよ．なお，運搬中の盛土材の質量の変化はないものとする．

4.5 盛土のせん断強度定数を求めるため，所定の密度に締め固めた供試体を用いて一面せん断試験を行ったところ，表 4.2 の結果が得られた。内部摩擦角ならびに粘着力を求めよ．

表 **4.2** 一面せん断試験結果

No.	1	2	3
垂直応力 σ (kN/m^2)	50	100	150
最大せん断応力 τ_f (kN/m^2)	41	74	110

4.6 図 4.3 に示した想定すべり面での盛土のり面の安定性を，フェレニウス法を用いて評価せよ．ただし，盛土のり面の設計（許容）安全率を 1.20 とする．
＊ A_i：スライスの面積，l_i：横線方向のスライス長，α：スライスの横線勾配

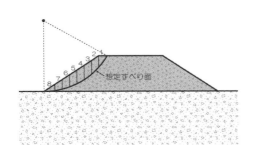

No.	A_i(m2)	l_i(m)	α_i(°)
1	2.64	1.51	53.5
2	5.81	1.14	45.4
3	6.51	1.00	37.0
4	6.04	0.95	30.1
5	5.82	0.88	23.6
6	4.84	0.84	17.4
7	3.52	0.80	11.4
8	1.40	1.16	5.0

図 **4.3** 盛土のり面の安定性の検討

【解答】

4.1 盛土材として適している土は，締固め特性の良い土，つまり粒度分布が良い土である．粒度分布が良い土の条件としては，均等係数 $U_c \geqq 10$，かつ，曲率係数 U_c' が 1～3 の土である．

土試料①の粒径加積曲線より，$D_{10} = 0.085$mm，$D_{30} = 0.13$mm，$D_{60} = 0.21$mm なので，

$$U_c = D_{60}/D_{10} = 0.21/0.085 = 2.47$$

$$U'_c = D_{30}^2/(D_{10} \cdot D_{60}) = 0.13^2/(0.085 \times 0.21) = 0.95$$

土試料②の粒径加積曲線より，$D_{10} = 0.106$mm，$D_{30} = 0.85$mm，$D_{60} = 3.00$mm なので，

$$U_c = D_{60}/D_{10} = 3.00/0.106 = 28.3$$
$$U'_c = D_{30}^2/(D_{10} \cdot D_{60}) = 0.85^2/(0.106 \times 3.00) = 2.27$$

土試料②は粒度分布が良い土の条件を満たすので，土試料②の方が盛土材に適する。

4.2 $\rho_t = m/V = 0.631/0.310 = 2.035$t/m^3 $= 2.035$g/cm^3
$\rho_d = \rho_t/(1 + w/100) = 2.035/1.055 = 1.929$g/cm^3
$e = \rho_s/\rho_d - 1 = 2.650/1.929 - 1 = 0.374$

4.3 試験結果をプロットすると，図解 4.1 に示す締固め曲線が得られる。図より，最適含水比ならびに最大乾燥密度を読み取ると，$w_{opt} = 10.5\%$，$\rho_{d\,max} = 1.980$g/cm^3 となる。

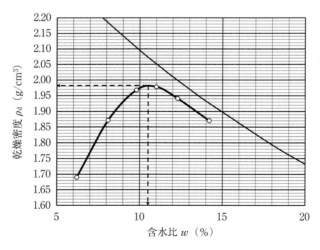

図解 **4.1** 締固め曲線

15.1 総合問題

4.4 対象盛土の体積 V を求めると，$V = \{7+(4\times1.5+7+4\times1.5)\}\times 4\times 10/2 = 520\mathrm{m}^3$　締固め度90%なので，盛土の乾燥密度は，$\rho_{\mathrm{df}} = \rho_{\mathrm{d\,max}}\times Dc/100 = 1.980\times 0.9 = 1.782\mathrm{g/cm}^3 = 1.782\mathrm{t/m}^3$　含水比を10%に調整しているので，盛土の湿潤密度は，$\rho_{\mathrm{tf}} = \rho_{\mathrm{df}}\times(1+w/100) = 1.782\times 1.1 = 1.960\mathrm{t/m}^3$　盛土の質量 $M = \rho_{\mathrm{tf}}\times V = 1.960\times 520 = 1019.2\mathrm{ton}$

このうち，盛土の土粒子部分の質量 $M_{\mathrm{s}} = \rho_{\mathrm{df}}\times V = 1.782\times 520 = 926.6\mathrm{ton}$　盛土内の水分量 M_{w} は $= M - M_{\mathrm{s}} = 1019.2 - 926.6 = 92.6\mathrm{ton}$　ここで，運搬中には質量が変化しないので，土取り場で採取すべき土の質量の土粒子部分の質量も変化ないので，$m_{\mathrm{s}} = M_{\mathrm{s}} = 926.6\mathrm{ton}$　一方，土取り場での含水比は5.5%なので，土取り場で採取すべき土の質量に含まれている水分量は，$m_{\mathrm{w}} = m_{\mathrm{s}}\times w/100 = 926.6\times 5.5/100 = 51.0\mathrm{ton}$

∴　土取り場で採取すべき土の質量　$m = m_{\mathrm{s}} + m_{\mathrm{w}} = 926.6 + 51.0 = 977.6\mathrm{ton}$

また，散水量は，$92.6 - 51.0 = 41.6\mathrm{ton}$

4.5 実験結果をプロットすると図解 4.2 のようになる。図からせん断強度定数を読み取ると，c=6.0kN/m^2，$\phi = 34.6°$

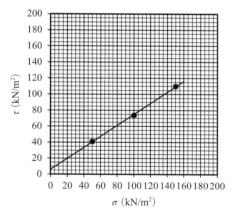

図解 **4.2**　一面せん断試験結果

4.6 盛土の湿潤単位体積重量は，$\gamma_\mathrm{t} = \rho_\mathrm{tf} \times g = 1.960 \times 9.81 = 19.23\mathrm{kN/m^3}$
各スライスの項目を計算すると表解 3.1 のようになる．

表解 **3.1**　斜面安定解析計算表

No.	$A_i(\mathrm{m^2})$	$l_i(\mathrm{m})$	$\alpha_i(°)$	W_i (kN/m)	cl_i (kN/m)	$\sin\alpha_i$	$\cos\alpha_i$	$W_i\sin\alpha_i$ (kN/m)	$W_i\cos\alpha_i\tan\phi$ (kN/m)
1	2.64	1.51	53.5	50.77	9.06	0.804	0.595	40.81	20.83
2	5.81	1.14	45.4	111.73	6.84	0.712	0.702	79.55	54.12
3	6.51	1.00	37.0	125.19	6.00	0.602	0.799	75.34	68.97
4	6.04	0.95	30.1	116.15	5.70	0.502	0.865	58.25	69.32
5	5.82	0.88	23.6	111.92	5.28	0.400	0.916	44.81	70.75
6	4.84	0.84	17.4	93.07	5.04	0.299	0.954	27.83	61.27
7	3.52	0.80	11.4	67.69	4.80	0.198	0.980	13.38	45.77
8	1.40	1.16	5.0	26.92	6.96	0.087	0.996	2.35	18.50
Σ					49.68			342.32	409.53

フェレニウス法による安全率は，$F_\mathrm{s} = \dfrac{\sum\limits^{n} cl_\mathrm{i} + \sum\limits^{n} W_\mathrm{i}\cos\alpha_\mathrm{i}\tan\phi_\mathrm{i}}{\sum\limits_{i=1}^{n} W_\mathrm{i}\sin\alpha_\mathrm{i}}$

から，

$$F_\mathrm{s} = \frac{49.68 + 409.53}{342.32} = 1.34 > 1.20 \qquad \therefore \quad \text{安定である．}$$

問題 5：地盤定数の設定

表 5.1 の地盤がある．設定根拠を示して，表中の単位体積重量 γ_t，粘着力 c，せん断抵抗角 ϕ および変形係数 E を求めよ．

表 **5.1**　対象地盤

年　代	地層区分	土質名	N 値	$\gamma_\mathrm{t}\,(\mathrm{kN/m^3})$	$\phi\,(°)$	$c\,(\mathrm{kN/m^2})$	$E\,(\mathrm{MN/m^2})$
現世・完新世	盛　土	砂質粘性土	2				
		礫まじり粘性土	3				
		礫まじり砂質土	4				
		礫質粘性土	24				
更新世	段丘堆積物	礫まじり砂	48				

15.1 総合問題

【解答】現世・完新世の盛土は，堆積年代が新しい人工地盤であるため，土粒子間の固結が発達していない。一方，更新世の段丘堆積物は1万年以上前に堆積した自然地盤で土粒子間は固結している。この考えに N 値から推定できる密実度やコンシステンシーの程度を加えて，表解5.1を参考に地盤定数を決定する。

① 単位体積重量 γ_t：表5.1の「砂質粘性土」および「礫まじり粘性土」のコンシステンシーはその N 値から「軟らかい」に分類され，表解5.1の盛土の粘性土に相当し $18\mathrm{kN/m^3}$ となる。「礫まじり砂質土」の密実度はその N 値から「非常にゆるい」に分類され，表解5.1の砂質土に相当し $19\mathrm{kN/m^3}$ となる。「礫質粘性土」は礫分を多く含むため，礫打ちによる N 値の過大評価を考慮する。表解5.1の礫及び礫まじり砂と粘性土の中間の $19\mathrm{kN/m^3}$ とする。「礫まじり砂」の密実度は，その N 値から「密な」に分類できる。表解5.1の自然地盤の礫まじり砂（密実なものまたは粒度の良いもの）に相当し $21\mathrm{kN/m^3}$ となる。

② せん断抵抗角 ϕ：「砂質粘性土」と「礫まじり粘性土」は，表解5.1から $15°$ となる。「礫質粘性土」は礫分が多いことから砂質土相当の $25°$ と判断する。「礫まじり砂質土」は表解5.1の砂質土相当として $25°$ となる。「礫まじり砂」は道路橋示方書の式から，$\phi = 15 + \sqrt{(15 \times N)} = 15 + \sqrt{(15 \times 48)} = 42°$ となる。

③ 粘着力 c：「砂質粘性土」はテルツァーギの式から $c = 6.25 \times N = 6.25 \times 2 = 13\mathrm{kN/m^2}$，「礫まじり粘性土」は $c = 6.25 \times 3 = 19\mathrm{kN/m^2}$ となる。「礫まじり砂質土」は表解5.1の礫まじり砂〜砂質土に相当しゼロとする。「礫質粘性土」は $c = 6.25 \times 24 = 150\mathrm{kN/m^2}$ となるが，礫打ちによる N 値の過大評価を考慮し，表解5.1の盛土の最大値の $50\mathrm{kN/m^2}$ とする。「礫まじり砂」は更新世堆積物で粘着力を有するが，表解5.1からゼロとなる。

④ 変形係数 E：「砂質粘性土」は $E = 700 \times N/1000 = 700 \times 2/1000 = 1\mathrm{MN/m^2}$，「礫まじり粘性土」は $E = 700 \times 3/1000 = 2\mathrm{MN/m^2}$，「礫まじり砂質土」は $E = 700 \times 4/1000 = 3\mathrm{MN/m^2}$，「礫質粘性土」は $E = 700 \times 24/1000 = 17\mathrm{MN/m^2}$，「礫まじり砂」は $E = 700 \times 48/1000 =$

34MN/m^2 と算定できる。

以上から，解表 5.2 のように地盤定数を決定する。

表解 5.1　土質と地盤定数の関係例

種類		状　　態		単位体積重量 (kN/m^3)	せん断抵抗角 (°)	粘着力 (kN/m^2)
盛土	礫及び礫まじり砂	締固めたもの		20	40	0
	砂	締固めたもの	粒度の良いもの	20	35	0
			粒度の悪いもの	19	30	0
	砂質土	締固めたもの		19	25	30以下
	粘性土	〃		18	15	50以下
自然地盤	礫	密実なものまたは粒度の良いもの		20	40	0
		密実でないものまたは粒度の悪いもの		18	35	0
	礫まじり砂	密実なものまたは粒度の良いもの		21	40	0
		密実でないものまたは粒度の悪いもの		19	35	0
	砂	密実なものまたは粒度の良いもの		20	35	0
		密実でないものまたは粒度の悪いもの		18	30	0
	砂質土	密実なものまたは粒度の良いもの		19	30	30以下
		密実でないものまたは粒度の悪いもの		17	25	0
	粘性土	固いもの（指で強く押し多少凹む）		18	25	50以下
		やや軟らかいもの（指で中程度の力で貫入）		17	20	30以下
		軟らかいもの（指が容易に貫入）		16	15	15以下
	粘土及びシルト	固いもの（指で強く押し多少凹む）		17	20	50以下
		やや軟らかいもの（指で中程度の力で貫入）		16	15	30以下
		軟らかいもの（指が容易に貫入）		14	10	15以下

表解 5.2　地盤定数の設定結果

年代	地層区分	土質名	N値	γ_t(kN/m^3)	ϕ (°)	c(kN/m^2)	E(MN/m^2)
現世・完新世	盛土	砂質粘性土	2	18	15	13	1
		礫まじり粘性土	3	18	15	19	2
		礫まじり砂質土	4	19	25	0	3
		礫質粘性土	24	19	25	50	17
更新世	段丘堆積物	礫まじり砂	48	21	42	0	34

15.2 公務員試験問題

国家公務員一次試験および二次試験から，平成27年度と平成28年度の土質力学に関する設問を参照する。各年度，一次試験で択一式の2問，二次試験で記述式の1問が出題されている。以下，設問内容は同じだが，編集上，体裁は異なっている。また，解答（特に，二次試験）は，正解が不明なため参考である。

国家公務員一次試験

平成27年度

【No.69】シルトの試料に，締固め試験を実施したところ，最大乾燥密度 $\rho_{d\,max}=1.25\text{g/cm}^3$，最適含水比 $w_{opt}=30\%$ となった。この最適含水比の状態にあるシルトの供試体へ徐々に水を浸透させて飽和状態にし，含水比を計算したところ w_0〔%〕となった。ここで飽和する過程において供試体の間隙比は一定とする。

いま，シルトの試料の含水比を w_1〔%〕に調整し，締固め試験を実施したところ，乾燥密度 $\rho_d=1.0\text{g/cm}^3$ を得ることができた。この時の飽和度を計算したところ，S_{r1}〔%〕であった。下の w_0〔%〕，w_1〔%〕，S_{r1}〔%〕の組み合わせのうち最も妥当なのはどれか。ただし，シルトの土粒子密度を $\rho_s=2.5\text{g/cm}^3$，水の密度を $\rho_w=1.0\text{g/cm}^3$ とする。

	w_0〔%〕	w_1〔%〕	S_{r1}〔%〕
1.	45	45	75
2.	45	40	75
3.	40	45	90
4.	40	45	75
5.	40	40	75

【解答】間隙比 $e=G_s\cdot\rho_w/\rho_d-1=(\rho_s/\rho_w)\cdot\rho_w/\rho_d-1=2.5/1.25-1=1$ であるので，$S_r=w_0\cdot G_s/e$ から，$w_0=S_r\cdot e/G_s=100\times 1/2.5=200/5=40\%$

また，乾燥密度が $1.0\,\mathrm{g/cm^3}$ の場合，$e = G_\mathrm{s} \cdot \rho_\mathrm{w}/\rho_\mathrm{d} - 1 = 2.5/1.0 - 1 = 1.5$ であり，$S_\mathrm{r1} = w_1 \cdot G_\mathrm{s}/e = (2.5/1.5)w_1$ から，$S_\mathrm{r1} = (5/3)w_1$ となる S_r1 と w_1 の組み合わせは，$w_1 = 45\%$，$S_\mathrm{r1} = 75\%$ である。　　　正解：4

【No.70】直立剛擁壁に接する一様な地盤内の土要素を考える。図Ⅰに示すように，土要素は静止土圧状態にあり，鉛直応力 σ_v，側方応力 σ_{h0} を受けている。いま，図Ⅱに示すように，直立剛擁壁が土要素から離れていく方向に移動し，土要素はランキンの主働土圧状態に至り，側方応力は σ_{ha} となった。さらに，図Ⅲに示すように，直立剛擁壁が土要素に近づく方向に移動し，土要素はランキンの受働土圧状態に至り，側方応力は σ_{hp} となった。これらの側方応力の比として最も妥当なのはどれか。

ただし，静止土圧係数は $K_0 = 1 - \sin\phi$ とし，強度定数は $c = 0$，$\phi = 30°$ とする。

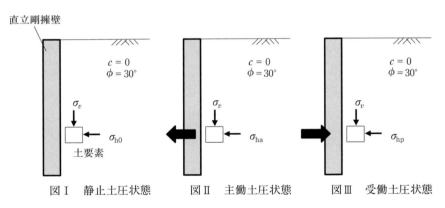

	σ_{h0} :	σ_{ha} :	σ_{hp}
1.	3	2	18
2.	3	2	6
3.	3	2	4
4.	2	1	9
5.	2	1	3

【解答】側方応力 σ_h ＝ 土圧係数 K × 鉛直応力 σ_v であり，σ_v を同一とすると，σ_h の比は K の比になる。$K_0 = 1 - \sin\phi = 1 - 1/2 = 1/2$ であり，ランキンの主働土圧係数が $K_a = \tan^2(\pi/4 - \phi/2) = \tan^2(30°) = 1/3$ であり，$K_a \cdot K_p = 1$ の関係から $K_p = 3$ である。∴ $\sigma_{h0} : \sigma_{ha} : \sigma_{hp} = K_0 : K_a : K_p = 1/2 : 1/3 : 3 = 3 : 2 : 18$
正解：1

平成 28 年度

【No.69】密度の異なる飽和砂の三軸供試体を二つ準備し，有効鉛直応力 σ_1' と有効側方応力 σ_3' をともに 75kPa となるように等方圧密した。その後，側方応力を一定に保ったまま，鉛直応力を増加させて，非排水三軸圧縮試験を実施した。供試体 A は，図のような有効応力経路をたどり，$(p', q) = ((\sigma_1' + 2\sigma_3')/3, \sigma_1' - \sigma_3') = (15\text{kPa}, 18\text{kPa})$ で破壊に至った。一方，供試体 B は，$(p', q) = (125\text{kPa}, 150\text{kPa})$ で破壊に至った。供試体 A と供試体 B の破壊時の過剰間隙水圧を u_A と u_B とするとき，ϕ'，u_A，u_B の組合せとして最も妥当なのはどれか。ただし，飽和砂の強度定数を c'，ϕ' とし，$c' = 0$ とする。

	ϕ'〔°〕	u_A〔kPa〕	u_B〔kPa〕
1.	50	66	12
2.	50	66	0
3.	50	60	12
4.	30	66	0
5.	30	60	12

【解答】$p' = (\sigma_1' + 2\sigma_3')/3$，$q = \sigma_1' - \sigma_3'$ から，$\sigma_1' = p' + (2/3)q$，$\sigma_3' = p' - (1/3)q$ である。供試体 A では，$\sigma_{1A}' = 27\text{kPa}$，$\sigma_{3A}' = 9\text{kPa}$ であり，供試体 B は，$\sigma_{1B}' = 225\text{kPa}$，$\sigma_{3B}' = 75\text{kPa}$ である。$u_A = 75\text{kPa} - \sigma_{3A}' = 66\text{kPa}$，$u_B = 75\text{kPa} - \sigma_{3B}' = 0\text{kPa}$ となる。また，供試体 A の有効応力円から，円

の中心が $(9+27)/2 = 18\text{kPa}$ であり，半径が $(27-9)/2 = 9\text{kPa}$ であるので，$\sin\phi = 9/18 = 1/2$　∴　$\phi = 30°$

正解：4

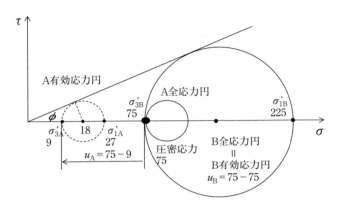

【No.70】飽和粘土供試体を切り出し，圧密リング内に移し，圧密容器に装着した。このときを初期状態とする。なお，飽和粘土供試体の初期の高さは 2.0cm であった。その後，所定の圧密圧力により載荷を行ったところ，供試体の高さは，最終的に 1.6cm になった。このときを試験後とする。圧密リングから供試体を取り出し，計測を行ったところ，試験後の含水比と乾燥密度は，それぞれ $w_\text{f} = 40\%$，$\rho_\text{df} = 1.25\text{g/cm}^3$ であった。供試体の初期状態の含水比 w_0，初期状態の間隙比 e_0，試験後の間隙比 e_f の組合せとして最も妥当なのはどれか。ただし，土粒子密度 $\rho_\text{s} = 2.5\text{g/cm}^3$，水の密度 $\rho_\text{w} = 1.0\text{g/cm}^3$ とする。

	w_0〔%〕	e_0	e_f
1.	60	1.2	1.0
2.	60	1.5	1.0
3.	60	1.5	1.2
4.	50	1.5	1.2
5.	50	1.2	1.0

【解答】間隙比 $e_f = G_s \cdot \rho_w/\rho_{df} - 1 = (\rho_s/\rho_w) \cdot \rho_w/\rho_{df} - 1 = \rho_s/\rho_{df} - 1 = 2.5/1.25 - 1 = 1.0$ である。あるいは，$S_r = 100\% = w_f \cdot G_s/e_f$ から，$e_f = w_f \cdot G_s/100 = 40 \times 2.5/100 = 1.0$ である。圧密結果から，$\rho_{df}/\rho_{d0} = 2.0\text{cm}/1.6\text{cm} = 5/4$ であるので，$\rho_{d0} = (4/5)\rho_{df}$ である。間隙比 $e_0 = \rho_s/\rho_{d0} - 1 = \rho_s/\rho_{df} \cdot 5/4 - 1 = 2.5/1.25 \cdot 5/4 - 1 = 1.5$ である。以上から正解が分かるが，$S_r = 100\% = w_0 \cdot G_s/e_0$ から，$w_0 = 100 \cdot e_0/G_s = 100 \times 1.5/2.5 = 60\%$ 　　　　　　　　正解：2

国家公務員二次試験

平成 27 年度

科目 19. 土質力学〔No.19〕　　　　　　　　　C1・2-27　　工学（記述）

【No.19】粘土の室内要素試験に関する以下の設問に答えよ。

ただし，回答は，その導出過程も記述すること。

(1) 粘土試料の含水比が，液性限界 w_L の 2 倍となるように加水し飽和させた。この試料をよく撹拌した後，圧密容器に入れたところ，粘土供試体の高さは H_0 となった。その後，上下端面から排水する条件で，上部から圧密応力 p_c を付加して圧密したところ，最終的に粘土供試体の含水比は，ちょうど液性限界 w_L まで減少した。ここで，粘土供試体の含水状態は，高さ方向に常に一様であるとする。

　　ただし，粘土の土粒子密度を ρ_s，水の密度を ρ_w とする。また，粘土の圧密係数を c_v，時間係数を T_v とする。

(a) 圧密容器に入れた直後の間隙比 e_0，圧密が終了したときの間隙比 e_F を，それぞれ w_L，ρ_s，ρ_w を用いて表せ。

(b) 圧密が終了したときの粘土供試体の高さ H_F を，H_0，w_L，ρ_s，ρ_w を用いて表せ。

(c) 粘土供試体の含水比が，液性限界の 1.5 倍の値まで減少するのに要する時間 t を，H_0，c_v を用いて表せ。ここで，圧密度 $U \leqq 0.6$ のとき，

$U = 2\sqrt{T_v/\pi}$ が成り立つとする。

(2) 圧密容器内に準備した粘土試料から，2つの三軸試験用の試料を切り出した。これらの供試体を，通水飽和した後，背圧をかけずに，圧密容器内の圧密圧力 p_c より十分に大きな拘束圧 σ_0 のもとで等方圧密を行い，正規圧密状態とした。その後，拘束圧 σ_0 を一定に保持したまま，供試体上部に圧縮荷重を加えていき，排水三軸圧縮試験と非排水三軸圧縮試験をそれぞれ行った。非排水三軸圧縮試験では，鉛直応力が $\Delta\sigma_v$ だけ増加したときに圧縮破壊に至った。

ただし，この飽和した正規圧密粘土の有効応力に関する強度定数は，排水・非排水条件にかかわらず，$c_N = 0$，ϕ_N とする。

(a) 排水三軸圧縮試験から得られる排水せん断強さ S_D を，σ_0，ϕ_N を用いて表せ。ここで，せん断強さとは，破壊時の最大せん断応力である。

(b) 非排水三軸圧縮試験から得られる非排水せん断強さ S_U を，σ_0，A_F，ϕ_N を用いて表せ。ここで，破壊時の間隙水圧係数 A_F は，過剰間隙水圧 Δu_F と鉛直応力増分 $\Delta\sigma_v$ の比，$A_F = \Delta u_F/\Delta\sigma_v$ である。

(c) 強度増加率 m を，A_F，ϕ_N を用いて表せ。ここで，強度増加率 m は，非排水せん断強さ S_U と圧密終了時の圧密圧 σ_0 の比，$m = S_U/\sigma_0$ である。

(d) 図Ⅰに示すように，非排水三軸圧縮試験から得られる全応力円について，全応力表示で定義される強度定数を ϕ_{CU} とする。$\sin\phi_{CU}$ を，m を用いて表せ。

(e) 2つのせん断強さの比，S_U/S_D を，A_F，ϕ_N を用いて表せ。

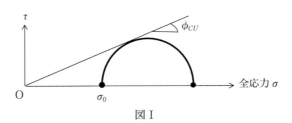

図Ⅰ

(3) 次に，圧密容器内に準備した粘土試料から，2つの三軸試験用の試料を切り出した．これらの供試体を，通水飽和した後，背圧をかけずに，圧密容器内の圧密圧力 p_c より十分に大きな拘束圧まで等方圧密を行い，正規圧密状態とした．その後，等方応力を保ちながら拘束圧 σ_0 まで減少させ，過圧密状態とした．その後，排水三軸圧縮試験と非排水三軸圧縮試験をそれぞれ行った．非排水三軸圧縮試験では，破壊時の間隙水圧を測定したところ，$\Delta u_F = 0$ であった．

ただし，この飽和した過圧密状態にある粘土の有効応力に関する強度定数は，排水・非排水条件にかかわらず，c_0，ϕ_0 とする．なお，ϕ_0 は正規圧密状態の ϕ_N より小さい値である．

(a) 排水せん断強さ S_D を，σ_0，c_0，ϕ_0 を用いて表せ．
(b) 非排水せん断強さ S_U を，σ_0，c_0，ϕ_0 を用いて表せ．

(4) いま，(2) と (3) を踏まえて，飽和粘土の排水せん断強さ，非排水せん断強さ，強度増加率の等方圧密圧力に伴う変化を，一般的に考える．強度増加率 m は，図Ⅱに示すように，正規圧密状態にある点 A，B，C において一定値をとるが，過圧密状態にある点 D において増加する．

(a) これらの点 A，B，C，D に着目し，A_F と $\sin\phi_{CU}$ が，等方圧密圧力 σ_0 によりどのように変化するか，横軸に σ_0，縦軸に A_F と $\sin\phi_{CU}$ をとった図をそれぞれ作成し，説明せよ．ただし，ϕ_{CU} の定義は図Ⅰに

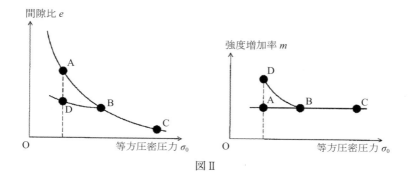

図Ⅱ

第 15 章　総合問題・公務員試験問題

示すとおりとする。

(b) 同様に，せん断強さの比 S_U/S_D が，等方圧密圧力 σ_0 によりどのように変化するか，横軸に σ_0，縦軸に S_U/S_D をとった図を作成し，説明せよ。

参考解答

(1) (a) $w = Sr \cdot e/Gs$ であり，$Sr = 100$ であるので，$e = w \cdot \rho_s/\rho_w/100$ である。従って，圧密開始時点では $e_0 = 2w_L \cdot \rho_s/\rho_w/100$ であり，圧密終了時では $e_F = w_L \cdot \rho_s/\rho_w/100$ である。

(b) $e = V_v/V_s$ であるので，圧密開始時の供試体の全体積は，$H_0 \cdot A = V_s + V_{v0} = V_s + e_0 \cdot V_s = V_s(1+e_0)$ であり，圧密終了時では $H_F \cdot A = V_s(1+e_F)$ である。両者の V_s/A は等しいので，$V_s/A = H_0/(1+e_0) = H_F/(1+e_F)$ である。従って，$H_F = H_0 \cdot (1+e_F)/(1+e_0) = H_0 \cdot (1 + w_L \cdot \rho_s/\rho_w/100)/(1 + 2w_L \cdot \rho_s/\rho_w/100)$

(c) $e = w \cdot \rho_s/\rho_w/100$ の関係から，間隙比の変化は含水比の変化と符合しており，圧密は含水比が $2w_L$ から w_L まで減少して終了したので，含水比が $1.5w_L$ に減少した時点の圧密度は 0.5 である。従って，$U = 0.5 = 2\sqrt{T_v/\pi}$ から，$T_v = (1/4)^2\pi = \pi/16$ である。ここで，両面排水の層厚 $H_0/2$ では，$T_v = \pi/16 = c_v t/(H_0/2)^2$ であり，$t = (\pi/64)H_0^2/c_v$

(2) (a) 排水三軸圧縮試験の結果は図解 I になるので，$\sigma_0 + S_D = S_D/\sin\phi_N$ が成り立つ。この式から，$S_D(-1 + 1/\sin\phi_N) = \sigma_0$，$S_D(1 - \sin\phi_N) = \sigma_0 \sin\phi_N$ となり，$S_D = \sigma_0 \sin\phi_N/(1 - \sin\phi_N) \cdots (2.1)$

(b) 非排水三軸圧縮試験の結果は図解 II になるので，$\sigma_0 - S_U/\sin\phi_N = A_F\Delta\sigma_V - S_U$ が成り立つ。$\Delta\sigma_V = 2S_U$ から，$\sigma_0 - S_U/\sin\phi_N = A_F \cdot 2S_U - S_U$ となり，$\sigma_0 = S_U(1/\sin\phi_N + 2A_F - 1)$ から，$S_U = \sigma_0 \cdot \sin\phi_N/\{1 + \sin\phi_N(2A_F - 1)\} \cdots (2.2)$

(c) (2.2) 式から，$m = S_U/\sigma_0 = \sin\phi_N/\{1 + \sin\phi_N(2A_F - 1)\}$

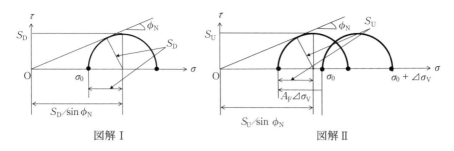

図解 I   図解 II

(d) 図解IIIから，$\sigma_0 + S_U = S_U/\sin\phi_{CU}$ が成り立つ。この式から，$S_U(-1 + 1/\sin\phi_{CU}) = \sigma_0$ であり，$S_U/\sigma_0 = m = \sin\phi_{CU}/(1 - \sin\phi_{CU})$ である。従って，$m(1 - \sin\phi_{CU}) = \sin\phi_{CU}$ であるから，$\sin\phi_{CU} = m/(1 + m)$ $\cdots$(2.3)

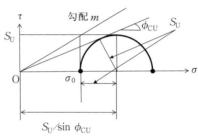

図解 III

(e) 式(2.1)，式(2.2) から，
$S_U/S_D = (1\sin\phi_N)/\{1 + \sin\phi_N(2A_F - 1)\}\cdots$(2.4)

(3) (a) 排水三軸圧縮試験の結果は図解IVになるので，$c_0/\tan\phi_0 + \sigma_0 + S_D = S_D/\sin\phi_0$ が成り立つ。これから，$S_D(1/\sin\phi_0 1) = c_0/\tan\phi_0 + \sigma_0$，さらに，$S_D(1\sin\phi_0) = c_0\cos\phi_0 + \sigma_0\sin\phi_0$ となり，
$S_D = (c_0\cdot\cos\phi_0 + \sigma_0\sin\phi_0)/(1\sin\phi_0)\cdots$(3.1)

(b) 非排水三軸圧縮試験の結果は図解Vになるので，$c_0/\tan\phi_0 + \sigma_0 - A_F\Delta\sigma_V + S_U = S_U/\sin\phi_0$ が成り立つ。ここで，$-A_F \geqq 0$，$\Delta\sigma_V = 2S_U$ であるから，$c_0/\tan\phi_0 + \sigma_0 - 2S_UA_F + S_U = S_U/\sin\phi_0$，さらに，$c_0\cos\phi_0 + \sigma_0\sin\phi_0 = S_U\{1 + (2A_F - 1)\sin\phi_0\}$ となり，
$S_U = (c_0\cos\phi_0 + \sigma_0\sin\phi_0)/\{1 + (2A_F - 1)\cdots\sin\phi_0\}\cdots$(3.2)

ここで，$\Delta u_F = 0$ から，$A_F = 0$ であり，

$$S_\mathrm{U} = (c_0 \cos\phi_0 + \sigma_0 \sin\phi_0)/(1 - \sin\phi_0)$$

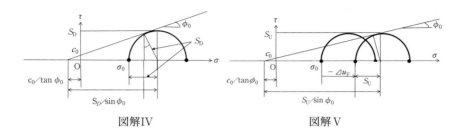

図解IV　　　　　図解V

(4)(a-1) 正規圧密では σ_0 が増加し間隙比が小さくなると，図解 VI–1 のように強度 $\Delta\sigma$ が比例的に増加（A，B，C）し，過圧密では正規圧密より強度が増加する（B → D）。他方，図解 VI–2 のように，正規圧密では発生する過剰間隙水圧も大きくなるが，過圧密ではマイナス（D）になる。図解 VI–1 と同 VI–2 から図解 VI–3 が得られるので，正規圧密では σ_0 が増加しても A_F は変わらないが，過圧密ではマイナスになり，σ_0 が大きいほど（D → B），A_F の絶対値は小さい。

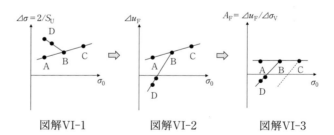

図解VI-1　　　　　図解VI-2　　　　　図解VI-3

(a-2) 設問の図II（下）から，図解 VII–1 が得られるが，式 (2.3) の $\sin\phi_\mathrm{CU} = 1/(1 + 1/m)$ から，図解 VII–2 が得られる。従って，$\sin\phi_\mathrm{CU}$ は，正規圧密（A，B，C）では σ に関わらず一定値であるが，過圧密（D）では，正規圧密より大きくなり，σ が大きいほど（D → B）小さい。

(b) 正規圧密（A，B，C）の場合，式 (2.4) から，

15.2 公務員試験問題

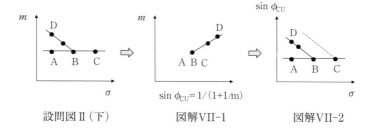

設問図Ⅱ（下）　　　図解Ⅶ-1　　　図解Ⅶ-2

$$S_\mathrm{U}/S_\mathrm{D} = (1 - \sin\phi_\mathrm{N})/\{1 + \sin\phi_\mathrm{N}(2A_\mathrm{F} - 1)\}$$

ここで，$A_\mathrm{F} \geqq 0$ であるため，$S_\mathrm{U}/S_\mathrm{D} \leqq 1$ であり，排水せん断強さが大きい。

過圧密（D）の場合，式 (3.1)，式 (3.2) から，

$$S_\mathrm{U}/S_\mathrm{D} = (1 - \sin\phi_0)/\{1 + \sin\phi_0(2A_\mathrm{F} - 1)\}$$

ここで，$-A_\mathrm{F} \geqq 0$ であり，$S_\mathrm{U}/S_\mathrm{D} \geqq 1$ であるので，非排水せん断強さが大きい。以上および (4)(a-1) の図解Ⅵ-3 の $A_\mathrm{F} \sim \sigma_0$ の関係から，図解Ⅷ のようになる。つまり，$S_\mathrm{U}/S_\mathrm{D}$ について，正規圧密の場合は σ_0 の影響はなく，1以下の比の値で一定であるが，過圧密の場合は，1 より大きくなり，σ が大きいほど（D→B）小さい。

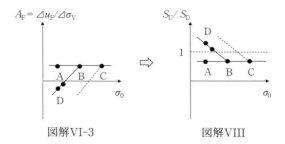

図解Ⅵ-3　　　図解Ⅷ

平成 28 年度
科目 19. 土質力学〔No.19〕　　　　　　　　　　　C1・2–28　工学（記述）

【No.19】粘土の圧密に関する以下の問いに答えよ。
　ただし，解答は，その導出過程も記述すること。
　下端（$z=h$）が非排水面で，上端（$z=0$）が排水面をなしている，高さ h の圧密容器内の飽和粘土に，上端から一定の圧密圧力 p_0 を載荷した時の，静水圧を上回る過剰間隙水圧（以下，間隙水圧）u の深さ分布の時間的に変化にする状況が，図 I に破線で示されている。

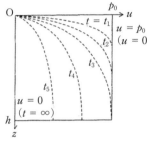 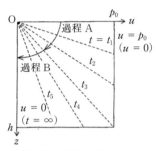

図 I　間隙水圧の深さ分布の時間変化　　図 II　簡略モデル

(1) 図 II のような，間隙水圧の分布を直線で近似した簡略モデルを考える。簡略モデルの境界において，直線近似に伴って現象を正確に表現できなくなる点を，図 I と比較することにより簡潔に説明せよ。

(2) 図 II に示す簡略モデルを，過程 A と過程 B に区分する。時間 $t=0$ から t_3 に相当する過程 A は載荷直後から，間隙水圧の分布形状が台形をなす間の時間変化とし，時間 $t=t_3$ から ∞ に相当する過程 B は，それ以降の三角形をなす間の時間変化とする。

　(a) 図 III に示す，過程 A の間隙水圧分布を考える。
　　(i) ダルシーの法則を仮定し，動水勾配 i の深さ分布を考えることにより，間隙水の排水速度 v の絶対値の深さ分布を示せ。ただし，透水係数 k は一定とし，水の単位体積重量を γ_w とし，図 III に定

義された l は，時間 t と共に変化するものとする。

(ii) 圧密沈下量 s の時間変化 ds/dt は上端排水面からの排水速度と等しいことを利用し，ds/dt を，p_0, l, k, γ_w を用いて表せ。

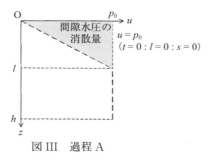

図III　過程 A

(b) 間隙水圧の消散量が有効応力の増加量 σ' と等しいことを利用し，有効応力の増加量 σ' の深さ分布を考えることができる。

  (i) 垂直ひずみ ε の深さ分布を示せ。ただし，体積圧縮係数 m_v は一定とし，$\varepsilon = m_v \sigma'$ と表されるものとする。

  (ii) 垂直ひずみ ε を深さ方向に積分することにより，圧密沈下量 s を，p_0, l, m_v を用いて表せ。

  (iii) (ii) を時間 t で積分することにより，ds/dt を，p_0, l, m_v, t を用いて表せ。ただし，l は時間 t と共に変化するものとする。

(c) (a)(ii) と (b)(iii) から ds/dt を消去した式を導出することができる。

  (i) 圧密沈下量 s を，p_0, k, γ_w, m_v, t を用いて表せ。ただし，微分方程式 $l dl/dt = a$ (a：定数) の解は，$l = \sqrt{2at}$（過程 A の初期条件として，図IIIにおいて，$t=0$ のとき $l=0$）である。

  (ii) 圧密度 $U = s/s_f$，時間係数 $T = kt/(m_v \gamma_w h^2)$ とするとき，U を T を用いて表せ。ただし，最終圧密沈下量を $s_f = m_v p_0 h$ とする。

  (iii) 過程 A の終了時の U と T を求めよ。

(3) 図IV に示す，過程 B の間隙水圧分布を考える。

(a) (2)(a)(i) と (2)(a)(iii) と同様に考えることにより，ds/dt を，u_r, h, k, γ_w を用いて表せ。ただし，u_r は図IVに定義する。

(b) (2)(b)(i)〜(2)(c)(i) と同様に考えることにより，圧密沈下量 s を，p_o, u_r, h, m_v を用いて表せ。

(c) (a) と (b) から u_r を消去した式を導出することにより，圧密沈下量 s を，p_o, k, γ_w, m_v, h, t を用いた式で表せ。

(d) U を T を用いて表せ。

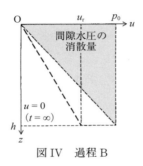

図IV　過程B

参考解答

(1) 図Ⅰの実際と図Ⅱの近似直線とでは，圧密の進行に関係する排水状態，言いかえると，間隙水圧分布が異なるので，簡略モデルと実現象との圧密の進行度合いはかい離する［なお，(3)(d) の解答の最後で，定量的に比較しているように，簡略モデルは圧密の進行が実際よりも遅くなることが分かるが，図Ⅰと図Ⅱの時間 t_i での間隙水圧分布は整合しないので，図Ⅰと図Ⅱだけでは圧密の進行度合の大小は判断できない］。

(2)(a)(i) ダルシーの法則から，全水頭を h とすると，$v = k \cdot i = k \cdot (-dh/dz) \cdots (1)$
ここで，ベルヌーイの定理を土の浸透に適用すると，深度 z では，
全水頭 $h =$ 圧力水頭（静水圧 $\gamma_w z +$ 過剰間隙水圧 u）$/\gamma_w - z$（位置の基準は $z = 0$）$= u/\gamma_w \cdots (2)$
また，$u = p_0/l \cdot z$　$(0 \leqq z \leqq l) \cdots (3)$

全水頭の変化 dh/dz は過剰間隙水圧の変化に等しいので,式 (1),式 (2),式 (3) から,流速 $v = k \cdot (-d(u/\gamma_\mathrm{w})/dz) = -k \cdot d(p_0/(\gamma_\mathrm{w} l) \cdot z)/dz = -k \cdot p_0/(\gamma_\mathrm{w} l)$ ($\leqq 0$:上向き流れ)

絶対値では,$v = k \cdot p_0/(\gamma_\mathrm{w} l)$

(2)(a)(ii) 設問から,$ds/dt = k \cdot p_0/(\gamma_\mathrm{w} l)$ ($\geqq 0$)

(2)(b)(i) 有効応力は,$\sigma' = p_0 - u = p_0 - p_0/l \cdot z = p_0(1 - z/l)$ ($0 \leqq z \leqq l$)
よって,$\varepsilon = m_\mathrm{v} \sigma' = m_\mathrm{v} p_0(1 - z/l)$

(2)(b)(ii) $0 \leqq z \leqq l$ で積分して,$s = \int \varepsilon dz = \int m_\mathrm{v} p_0(1 - z/l) dz = m_\mathrm{v} p_0 (l - l^2/2l) = m_\mathrm{v} p_0 l/2$

(2)(b)(iii) (2)(ii) から,$ds/dt = d(m_\mathrm{v} p_0 l/2)/dt = (m_\mathrm{v} p_0/2) dl/dt$

(2)(c)(i) (a)(ii) と (b)(iii) から ds/dt を消去して,$k \cdot p_0/(\gamma_\mathrm{w} l) = (m_\mathrm{v} p_0/2) dl/dt$
よって,$l dl/dt = k \cdot p_0/(\gamma_\mathrm{w}) \cdot 2/(m_\mathrm{v} p_0) = 2k/(\gamma_\mathrm{w} m_\mathrm{v}) =$ 定数 a
$\therefore \quad l = \sqrt{2at} = \sqrt{2 \cdot 2k/(\gamma_\mathrm{w} m_\mathrm{v})t} = 2\sqrt{kt/(\gamma_\mathrm{w} m_\mathrm{v})}$
(2)(b)(ii) から,$s = m_\mathrm{v} p_0 l/2 = (m_\mathrm{v} p_0/2) \cdot 2\sqrt{kt/(\gamma_\mathrm{w} m_\mathrm{v})} = p_0 \cdot \sqrt{k m_\mathrm{v} t/\gamma_\mathrm{w}}$

(2)(c)(ii) $U = s/s_\mathrm{f}$,$T = kt/(m_\mathrm{v} \gamma_\mathrm{w} h^2)$,$s_\mathrm{f} = m_\mathrm{v} p_0 h$
(2)(c)(i) から,$U = s/s_\mathrm{f} = p_0 \cdot \sqrt{k m_\mathrm{v} t/\gamma_\mathrm{w}}/m_\mathrm{v} p_0 h = \sqrt{kt/(\gamma_\mathrm{w} m_\mathrm{v} h^2)} = \sqrt{T}$

(2)(c)(iii) (2)(b)(ii) において,過程 A の終了は $l = h$ なので,$s = m_\mathrm{v} p_0 h/2$
よって,$U = s/s_\mathrm{f} = (m_\mathrm{v} p_0 h/2)/m_\mathrm{v} p_0 h = 1/2$ であり,$U = \sqrt{T}$ から,$T = 1/4$

ここで,過程 B の初期条件は,$T = 1/4 = kt/(m_\mathrm{v} \gamma_\mathrm{w} h^2)$ から,$t = (m_\mathrm{v} \gamma_\mathrm{w} h^2)/(4k)$ で,$s = m_\mathrm{v} p_0 h/2 \cdots$ (4)

(3)(a) $u = u_\mathrm{r}/h \cdot z$ ($0 \leqq z \leqq h$) であるので,流速は,
$v = -k \cdot d(u/\gamma_\mathrm{w})/dz = -k \cdot d(u_\mathrm{r}/(\gamma_\mathrm{w} h) \cdot z)/dz = -k \cdot u_\mathrm{r}/(\gamma_\mathrm{w} h)$
(2)(a)(ii) と同様にして,$ds/dt = k \cdot u_\mathrm{r}/(\gamma_\mathrm{w} h)$

(3)(b) 有効応力は,$\sigma' = p_0 - u = p_0 - u_\mathrm{r}/h \cdot z$ ($0 \leqq z \leqq h$)
よって,$\varepsilon = m_\mathrm{v} \sigma' = m_\mathrm{v}(p_0 - u_\mathrm{r} z/h)$ であり,

$$s = \int \varepsilon dz = \int m_v(p_0 - u_r z/h)dz = m_v(p_0 h - u_r h^2/2h)$$
$$= m_v h \ (p_0 - u_r/2)$$

(3)(c) (3)(b) から，$u_r = 2\{p_0 - s/(m_v h)\}$ であり，これと (3)(a) から，$ds/dt = 2k/(\gamma_w h) \cdot \{p_0 - s/(m_v h)\}$ よって，$s = 2k/(\gamma_w h) \cdot \{p_0 - s/(m_v h)\}t + C$

(2)(c)(iii) の初期条件は，式 (4) であるので，

$m_v p_0 h/2 = 2k/(\gamma_w h) \cdot \{p_0 - m_v p_0 h/(2m_v h)\}(m_v \gamma_w h^2)/(4k) + C$

よって，$C = (m_v h) p_0/4$

∴ $s = 2k/(\gamma_w h) \cdot \{p_0 - s/(m_v h)\}t + (m_v h)p_0/4$

よって，s について，$s = p_0\{2kt + m_v \gamma_w h^2/4\}/\{\gamma_w h + 2kt/(m_v h)\}$

(3)(d) $U = s/s_f = p_0\{2kt + m_v \gamma_w h^2/4\}/\{\gamma_w h + 2kt/(m_v h)\}/m_v p_0 h$

$= \{2kt + m_v \gamma_w h^2/4\}/\{m_v \gamma_w h^2 + 2kt\}$

$= \{2 + m_v \gamma_w h^2/(4kt)\}/\{m_v \gamma_w h^2/(kt) + 2\}$

$= \{2 + 1/(4T)\}/(1/T + 2)$

$= (8T+1)/(8T+4)$ 　　（ただし，$1/4 \leqq T$）

ここで，$T = \infty$ で $U = 1$　また，$U = 1/2$ の時に $T = 1/4$ であり，(2)(c)(iii) と合致。

なお，設問 (1) に関係して，以上から図解 I が描けるので，簡略モデルとのかい離が分かる。つまり，簡略モデルの方が圧密の進行（T）が遅く，圧密度（U）が大きくなるほど顕著になる。

15.2 公務員試験問題

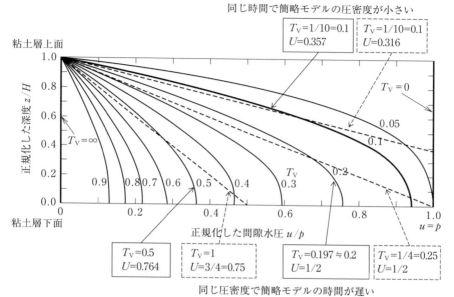

図解 I　実際（実線）と簡略モデル（破線）の U と T_v の比較例

記述問題

記述 15.1　正規圧密粘土と過圧密粘土について，土質工学的な差異を 3 つ挙げて，それぞれ説明せよ．

記述 15.2　地下水位が関係する土質力学上の問題を 4 つ挙げて，それらの理由を説明せよ．

記述 15.3　粘性土と砂質土について，それぞれに固有な現象と特性を述べよ．

記述問題：解答編

章ごとに設問した記述問題の解答を以下に示す。なお，解答に付した【p.**】は"基礎からの土質力学"（理工図書）の参照ページを示す（掲載されていない事項は，追補としている）。

第1章　土の生成と土質力学の基本

記述 1.1【p.3】
　火成岩：地球内部のマグマが固結あるいは噴出して固結した岩であり，花崗岩，流紋岩などがある。
　堆積岩：岩石が風化，侵食，運搬されて堆積した土が長期の続成作用により固結した岩であり，砂岩，凝灰岩，石灰岩などがある。
　変成岩：火成岩や堆積岩が高温や高圧による変成作用を受けて変化した岩であり，千枚岩，ホルンフェルスなどがある。

記述 1.2【p.3】
　岩石は，大気，水，植物などによる風化作用および運搬作用により砕けて，岩塊，岩屑，礫，砂，粘土へと変質し，細片化あるいは細粒化する。

記述 1.3【p.3】
　物理的作用：岩石の組成鉱物の温度変化による膨張の差異，水の凍結膨張，塩結晶の成長，水の吸水作用などにより，岩石に亀裂が発生し，細片化する。
　化学的作用：水や炭酸ガスにより，岩石中の鉱物が酸化し，分解することにより変質，細片化する。
　植物的作用：草木の根の作用や鉱物とのイオン交換などにより，岩石が変質，細片化する。

記述 1.4【p.5】

定積土：風化した土砂が，移動することなく，その場所に堆積して生成される土。

運積土：重力による崩落，流水よる流出，風による飛散，火山の噴出，氷河の移動などで移動，運搬されて堆積して生成される土。

記述 1.5【p.8】

土粒子の緩詰め状態および密詰め状態は，それぞれ，土粒子の密度が少ないおよび多いため，土粒子の接触の度合いも少ないおよび多い。一方，土のせん断強度は土粒子間の摩擦と土粒子のかみ合わせにより生じるため，土粒子間の接点が多い密詰め土の方が，少ない緩詰めの土よりも強度が大きく発現される。

記述 1.6【p.10】

ランダム構造：堆積のごく初期の状態あるいは練り返した状態で見られるが，土粒子が不規則に分布し，かつ密には接触していない状態であるため，間隙が極めて多く，圧縮性が高く，等方性を示す。

綿網構造：土粒子が不規則に分布，接触しているランダム構造より密な状態であり，間隙が多く，圧縮性が高く，等方性を示す。

配向構造：土粒子の細長片が平行に配列した密な状態であり，異方性を示す。

記述 1.7【p.10】

ランダム構造では，土粒子の分布は均質で異方性はないので，水の流れ方，透水性に方向性はない。配向構造では，土粒子の分布に異方性があるため，透水性には方向性がある。土層の水平方向および鉛直方向の透水係数について，ランダム構造では両係数の差異は小さいが，配向構造では水平方向が大きいなどの差異がある。

記述問題：解答編

記述 1.8【p.11】

粘土やシルトの細粒土は，砂や礫の粗粒土と比較して，間隙が大きいために，圧縮性が高く，荷重の作用により圧密が発生，進行する。他方，土粒子の粒径が大きく，間隙が少ない砂や礫の粗粒土は圧縮し難く，圧密は発生しないとされる。

記述 1.9【p.12～13】

微小ひずみ領域は，土に発生するひずみが概ね 10^{-5}（0.001％）程度以下の場合であり，"地盤内応力と変位"の特性が相当し，土を弾性体として扱う。一方，土の破壊ひずみ，破壊点で考えるのは，"土圧"，"支持力"，"斜面のすべり"の特性が相当し，土のせん断強度が前提となる。

記述 1.10【p.8, 10】

荷重あるいは透水の方向により，土層の強度や透水性が変わらない性状を等方性と言う。他方，方向により変わる性状を異方性と言う。例えば，配向構造堆積層では，鉛直方向と水平方向の透水係数が異なる（水平方向が大きい）が，異方性のためである。

記述 1.11【p.3】

約2万年前の最終氷河期以降の海進に伴い，現在の平野などの堆積地盤が形成されたが，1万年以降の完新世において，川の上流からの流出土砂の堆積などにより形成された地盤は，軟弱地盤と呼ばれる。軟弱地盤は地質年代的に新しいために柔らかく，強度が小さいことから，圧密，液状化，支持力などの工学的な課題が発生する。

記述問題：解答編

第2章　土の物理的特性と試験法

記述 2.1【p.18】
　土は土粒子と間隙から成り，間隙は水と空気で構成され，土粒子，水および空気の体積と質量（重量）が基本構造であり，三相構造と呼ばれる。

記述 2.2【p.21, 25】
　土は異なる大きさや質量（重量）の土粒子から構成されているが，これらの土粒子の粒径ごとの質量（重量）の占有割合・分布を表現するのが"粒径加積曲線"であり，この曲線により，土の区分（粘土，シルト，砂，礫など）と分布特性が分かる。ここで，分布特性には平均粒径，細粒分含有率，均等係数などがあり，例えば，液状化の発生の可能性がある土の判定に用いられる。

記述 2.3【p.22】
　土の懸濁液の密度が大きいと，比重計に働く浮力が大きいので，比重計の竿の水面からの突出長は長い（目盛の数値が大きい）が，時間経過により土粒子が沈降すると，懸濁液の密度が低下するので，比重計に働く浮力が低下し，比重計は沈降し，比重計の竿の目盛の数値は小さくなる。

記述 2.4【p.20, 36】
　土の間隙には水と空気が存在するが，間隙の体積に占める水の割合により土の特性が異なる。その状態を示す指標が"飽和度"であり，間隙の体積に対する水の体積の比で定義される。飽和度は0〜100％の範囲にあり，100％の土の間隙は水で満たされており，地下水位より下の土，地盤は飽和度が100％とされ，圧密や液状化の発生が関わるとされる。また，飽和度が低下するとサクションと呼ばれる負圧が増加して，土の強度が増加し，あるいは土の透水性が低下する。

記述 2.5【p.26】

粘性土は含まれる水の量により状態が変化し，水分が多いと液状，やや減ると塑性状，さらに減ると半固体状に変化する。これらの状態を含水比により区分する指標として，塑性限界と液性限界がある。塑性限界は塑性状から半固体状に変化する境界の含水比，液性限界は塑性状から液状に変化する境界の含水比で定義される。塑性限界が大きいほど，含水比が増加しても塑性化し難い土であることを意味し，液性限界が小さいほど，少しの含水比の増加でも液状になる土であることを意味する。

記述 2.6【p.28, 29】

ある固有な液性限界（w_L）と塑性限界（w_p）を持つ粘性土が，ある含水比にある時，その粘性土がどのような状態にあるかを示すのが，液性指数（I_L）とコンシステンシー指数（I_c）である。液性限界と塑性限界の差は，塑性指数（I_p）であり，$I_L = (w - w_p)/I_p$，$I_c = (w_L - w)/I_p$ で定義される。ここで，I_L は粘性土の流動性の程度を意味し，他方，I_c は I_L と逆の関係にあり，流動に対する抵抗性の程度を意味する。従って，I_L が大きい粘性土は I_c が小さく，流動性が大きい，言い換えると，流動に対する抵抗性が小さい状態にある。

記述 2.7【p.20, 21】

砂質土は，詰まり具合・締まり具合により，密度が変わり，それにより強度などの砂質土の特性が変化する。ある密度にある砂質土の詰まり具合・締まり具合を表す指標が"相対密度"である。ある砂質土において，最も詰めた状態の乾燥密度と最も緩く詰めた状態の乾燥密度が固有な特性として得られるが，前者を最大乾燥密度（$\rho_{d\,max}$），後者を最小乾燥密度（$\rho_{d\,min}$）という。ある砂質土がある詰まり具合の乾燥密度（ρ_d）である場合について，相対密度（D_r）は，$D_r = (1/\rho_{d\,min} - 1/\rho_d)/(1/\rho_{d\,min} - 1/\rho_{d\,max}) \times 100\%$ で定義される。このため，相対密度は 0〜100% で変化するが，相対密度が高いほど，最大乾燥密度に近いので密に詰まっていることを意味し，密度が大きいほど強度が大きい状態

にある。

記述 2.8【p.21】　＊三角座標は追補

　土の粒度は，粘土とシルトの細粒分（粒径が 0.075mm 未満），粗粒分の砂分（同 0.075〜2mm）と礫（同 2〜75mm）の3つに区分され，それぞれの粒度割合を合算すると 100％になる。これらの3つの粒度割合によって土の特性が変わることに基づいて，土質が分類されている。三角座標は三角形の三辺のそれぞれを細粒分，砂，礫の粒度割合（0〜100％）とする座標であり，ある土の3つの粒度割合が与えられると，三角形の中のある点によりその土の粒度特性が表示できる。このため，全ての土は三角形の中に包含されるので，三角形内の位置，ゾーンによって土質分類が視覚的に分かり易く表現できる。

第3章　有効応力と間隙水圧

記述 3.1【p.39】

　土は，土粒子，水，空気の三相構造から成るが，飽和状態の土に応力（全応力 σ）が作用すると，土粒子の骨格構造の粒子間力による有効応力（σ'）と間隙水に発生する間隙水圧（u）が抵抗する。これらの3つの応力は釣り合うので，$\sigma = \sigma' + u$ となるが，この関係をテルツァーギの有効応力の原理と呼ぶ。これは土質力学の基本原理であり，液状化，圧密など，土の強度・変形特性などの基本となる。

記述 3.2【p.39, 274】

　有効応力は土粒子間で伝達される応力であり，土に作用する外力に対して抵抗力になるので，その大小は土，地盤の強度や支持力に深く関わる。例えば，液状化は，地震動によるせん断変形により発生する過剰間隙水圧により，有効応力が減少し，杭基礎，盛土などに対する支持力が減少して，変形，沈下などの被害が発生する。

記述 3.3【p.44, 45】

　池や海底などの水底の地盤において，水位や水深の増加は全応力の増加になるが，地盤内の水圧も増加するので，有効応力は変わらず，水位の影響を受けない。

記述 3.4【p.45】

　地下水位が低下すると，低下した地下水位を原点とした静水圧分布に変わるが，粘性土層では低下直後では直ぐには水位は低下せず，他方，砂質土層では直ぐに低下する。これは，土層の透水性，透水係数が違うためであり，透水性が悪い（透水係数が小さい）粘性土層では，水位低下に繋がる間隙水の移動が遅れて生じるためであり，他方，透水性が良い砂質土層では，間隙水が即時に移動し，地下水位が低下することによる。

記述 3.5【p.46】

　地表面に等分布荷重（p）が作用すると，その荷重はそのまま地盤の深度方向に一様な全応力（σ）の増分（$\sigma + p$）として伝達する。

第4章　締固め特性

記述 4.1【p.56～58】

　盛土などの施工において，現地で締固め度を検証するための現場密度の計測方法には，砂置換法，RI（ラジオアイソトープ）法，突き砂法，水置換法，コアカッター法がある。一般的な砂置法は，盛土表面に穴を空け，掘り出した土の全重量（W）と含水比（w）を計測し，穴に投入した乾燥砂の重量から換算して穴の体積（V）を計測し，湿潤密度 $\rho_t = (W/V)g$ から，$\rho_d = \rho_t/(1+w/100)$ により現場乾燥密度を求める。別途，求めてある盛土材の最大乾燥密度から，締固め度を算出する。また，RI法は放射性同位体（RI）のガンマ線源あるいは中性子線源により，湿潤密度と含水量を計測し，乾燥密度を算出する。

記述 4.2【p.52〜54】

　土の締固め試験において，締固め度に影響する要因には，ランマー重量（W_R），ランマーの落下高さ（H），締固め層数（N_L），各層当たりの突き固め回数（N_b），突き固められる土の体積（V）があり，これらは締固めエネルギー（E_c）に関係する。締固めエネルギーは，$E_c = W_R \cdot H \cdot N_L \cdot N_b / V$ で定義されるが，分子の4つの要因（W_R, H, N_L, N_b）はそれぞれの増加により締固めエネルギーが増加するので，締固め密度は増加し，他方，分母の要因（V）はその増加により締固めエネルギーが減少するので，締固め密度は減少する。締固め試験には，5通り（A法〜E法）あるが，通常A法（プロクター試験）とD法（修正プロクター試験）がよく用いられ，粒径が大きい土あるいは重荷重が作用する場合は，締固めエネルギーの大きいD法が用いられる。

記述 4.3【追補】

　土の締固め曲線において，最適含水比で最大乾燥密度になるが，透水係数は密度が最大である最適含水比では最小にはならず，最適含水比よりも2〜3%大きい含水比で最小になる。そのため，遮水性が重要なフィルダムなどの締固めでは，最適含水比よりやや大きい含水比で管理を行っている。

第5章　透水特性

記述 5.1【p.63】

　透水係数に影響する要因とその影響は，(1) 間隙液（水など）の粘性係数（μ）が増加すると，透水係数は低下し，液温（T）が増加すると増加し，間隙率（n）が増加すると増加し，飽和度（S_r），あるいは粒径（例えば，有効径 D_{10} の2乗）が大きくなると増加する。

記述 5.2【p.75】

　水平方向の成層構造の地盤の透水係数は，堆積による地盤の異方性（水平方向の方が透水性がよい）から水平方向の透水係数は鉛直方向の透水係数より大

きい傾向がある。

記述 5.3【p.64, 65】
　ベルヌーイの定理は，$\gamma_w v^2/(2g) + \gamma_w z + u = $ 一定，つまり，運動（速度）のエネルギー＋位置のエネルギー＋圧力のエネルギー＝一定の関係であるが，土中の流れでは流速 v が遅いことから，流速の 2 乗で定義される運動エネルギーは他に比べて極めて小さいとされて，土中の透水では無視される。

記述 5.4【p.65】
　土中の水の流れでは，速度水頭は無視され，全水頭（h），位置水頭（h_e），圧力水頭（h_p）の 3 種類があり，それらには，$h = h_e + h_p$ の関係がある。

記述 5.5【p.65】
　土中の水の流れでは，全水頭（h）＝位置水頭（h_e）＋圧力水頭（h_p）の関係があり，地下水は全水頭の高い所から低い所に流れる。ここで，標高は位置水頭であるが，位置水頭が小さく（標高が低く）とも，圧力水頭が高ければ，位置水頭が大きい（標高が高い）所に流れることになる。

記述 5.6【p.69〜71】
　土中の流れについて，任意の場所の水圧，流量などを求める方法には，流れの基礎方程式（ラプラスの方程式）を解く詳細な方法と，フローネットの図解法による簡易な方法がある。フローネットによる図解法は，二次元の流れの場を流線群と等ポテンシャル線群，つまりフローネットで区切り，区切られた分割数から流量を算出し，ポテンシャル線との相対位置から圧力水頭（水圧）を算出する。フローネットの描き方には，流線と等ポテンシャル線を直交させること，区切る区画は正方形に近づけることなどの条件があるため，フローネットの描き方により算出結果は変動し，概略的である欠点はあるが，簡易に求められる利点がある。

記述 5.7【p.71】

　明らかな等ポテンシャル線は，矢板の上流側の水位の底面と下流側の水位の底面である。明らかな流線は，地盤内の矢板の上流側および下流側の面と透水層の下の不透水層の上面である。

記述 5.8【p.71】

　フローネットを描く場合の留意点は，(1) 透水の場の幾何学的な対称軸に関して，同一形状にすること，(2) 等ポテンシャル線と流線は直交させること，(3) ネットの形状は，正方形に近似させること（ただし，端部は困難であるが，影響は小さい）である。

記述 5.9【p.76～78】

　不透水層上の締切り土堤の左右に水位差があると，締切り堤内を浸透し，浸潤面高が変化する二次元浸透流になる。この場合，浸潤面高の変化が小さく，鉛直方向の流れが無視できるとするのが"デュプイの仮定"であり，これによると，等ポテンシャル線は鉛直線に近似でき，水平方向のみの一次元流に置き換えられるので，流量が簡易に算出できる利点がある。揚水に用いる井戸公式は，デュプイの仮定に基づいている。

記述 5.10【p.78】

　重力井戸と掘り抜き井戸による揚水試験の目的は，現場透水係数を直接的に把握することである。計測項目は，井戸からの汲み上げ流量と井戸から離れた2地点における地下水位である。なお，得られる透水係数は，設置した井戸の周囲の地盤における平均的，代表的な透水係数である。

第6章　圧密特性

記述 6.1【p.85, 107】

　圧密量〜時間曲線において，圧密理論による圧密度100％まで時間が経過した後も圧密は少しずつ進行する。このため，圧密度100％までの圧密を一次圧密とし，過剰間隙水圧の消散過程とされる。それ以降の圧密を二次圧密と呼び，圧密理論では土の粘性を考慮していないが，二次圧密は粘土骨格の粘性に起因して発生し，一定の応力の下で時間経過とともに進行するクリープ現象ともいわれる。

記述 6.2【p.102】

　層厚 H，圧密係数 c_v，時間係数 T_v の粘土層において，片面排水と両面排水の圧密時間は，それぞれ，$T_v \cdot H^2/c_v$ および $T_v \cdot (H/2)^2/c_v$ であるので，圧密に要する時間は，両面排水が片面排水の1/4であるが，層厚が等しいので，最終圧密量は等しい。

記述 6.3【p.85】

　圧密荷重（p）が作用した直後では，圧密荷重に相当する間隙水圧（p）が発生し，その後の排水による圧密の進行に伴って，間隙水圧は減少するが，圧密荷重は不変であるので，間隙水圧の減少分は，有効応力に置き換わる。圧密の終了により，過剰間隙水圧はゼロになり，有効応力は圧密応力の大きさ（p）まで上昇する。このように，圧密応力により発生する間隙水圧の減少量は，有効応力の上昇量と等しい関係にある。

記述 6.4【p.89】

　先行圧密応力（p_B）は，或る土層が過去に受けた最大の応力であり，圧密降伏応力（p_C）は圧密試験により得られる圧縮曲線で勾配が急増する点の応力で定義される。ここで，先行圧密応力は求められないので，$p_B = p_C$ として，圧

密試験により圧密降伏応力を求めて，先行圧密応力とする。

第7章　せん断特性

記述 7.1【p.123】

　土の破壊時の間隙水圧係数は，正規圧密粘土の場合は正の値となり，過圧密粘土の場合は負の値になるこれは，軸差応力に起因して発生する間隙水圧の正負が異なることであり，正規圧密粘土では正の間隙水圧，過圧密粘土では負の間隙水圧が発生することを意味する。

記述 7.2【p.131，139，140】　　＊全応力法，有効応力は追補

　飽和した土の要素では，外からの応力（全応力）の作用に対して，粒子間力（有効応力）と間隙水圧が発生して抵抗する。ここで，土の強度・特性や変形特性を考える際に，全応力だけで取り扱う場合は全応力法といい，有効応力と間隙水圧に区分して取り扱う場合は有効応力法という。有効応力法では，間隙水圧の発生の予測が必要になるので，取り扱いが難しくなるが，液状化など間隙水圧の発生を考慮する場合は必須である。

記述 7.3【p.111，120】

　土の要素のあらゆる方向の面上に作用する垂直応力（σ）とせん断力（τ）の座標（σ, τ）は，$\sigma \sim \tau$ 座標系の円として表示されるが，これをモールの応力円と呼ぶ。一方，破壊は粘着力 c と摩擦力によるとする，$\tau_f = c + \sigma \tan \phi$ の直線関係はクーロンの破壊基準である。ここで，土の破壊時のモールの応力円の包絡線は，通常，曲線になるが，クーロンの破壊基準に倣って直線表記し，$\tau_f = c + \sigma \tan \phi$ としたものをモール・クーロンの破壊基準と呼ぶ。

記述 7.4【p.128，129】

　粘性土の乱さない試料と，これを同じ含水比のままで練り返した練り返し試料の，それぞれの一軸圧縮試験などによる非排水せん断強さを q_u および q_{ur} と

すると，その比 $S_t = q_u/q_{ur}$ を鋭敏比という．鋭敏比が大きい粘性土は，撹乱による強度低下が顕著であるので，施工時には撹乱させないような注意が必要である．

記述 7.5【p.111】

モールの応力円上において，ある面上の応力の座標 (σ, τ) 点を通り，その応力が作用している面の方向に引いた直線と応力円との交点は，"極"（P_p）と定義される．この極を用いて，ある応力の作用面あるいは或る方向の面上の応力を，モールの応力円上で図解法により求めるのが用極法である．従って，用極法によると，極を通る任意の方向の直線の交点の座標から，任意の方向の面上の応力が求まり，あるいは，あるモールの応力円上の応力の座標と極を結ぶ直線から，その応力が作用している面の方向が求まる．

記述 7.6【p.116】

土には，せん断作用を受けると体積変化する固有な特性があるが，これをダイレイタンシーと呼ぶ．体積変化には，膨張と収縮があるが，前者は正のダイレイタンシー，後者は負のダイレイタンシーとよぶ．液状化は，負のダイレイタンシーにより正の過剰間隙水圧が発生し，それにより有効応力が減少する現象である．

記述 7.7【p.139, 140】

ストレスパスは，土のせん断過程において，応力（ストレス）状態の変化を2つの応力成分を両軸にとった応力平面上の点の軌跡（パス）として表示したものである．全応力表示あるいは有効応力表示があるが，それぞれ全応力経路および有効応力経路と呼ぶ．ストレスパスは，応力状態の変化の軌跡が捉えられる利点があり，全応力経路と有効応力経路を併記すると，両者の差は間隙水圧になる．

記述問題：解答編

第 8 章　地盤特性と調査法

記述 8.1【p.144, 145】

　標準貫入試験（Standard Penetration Test：SPT）は，標準貫入試験用サンプラーを先端に付けたロッドを，63.5kg の質量の重錘を高さ 76cm から落下させて打撃して地盤中に貫入し，30cm の貫入に必要な打撃回数を計測する代表的な原位置試験法である。得られた打撃回数は N 値と呼ばれ，通常，深度方向に 1m 間隔で実施されるので，1m 間隔の N 値の深度分布が得られるが，これにより地盤の締固め度などが推定できる。また，サンプラーによる採取試料により，土の含水比試験，土粒子の密度試験，粒度試験，液性・塑性限界試験などの乱した試料に対する試験ができ，土質分類，粒度特性などが把握できる。

記述 8.2【p.153〜156】

　N 値は，砂質土では締固まり具合，粘性土では硬軟に関係しており，間接的に土の強度を表す指標である。例えば，砂質土では N 値 50 以上の土層は非常に密，粘性土では 30 以上の土層は固結とされ，工学的な支持地盤と判断されている。また，土の粘着力，せん断抵抗角，相対密度などの土質特性を間接的に算定するために使われており，種々の算定式が提示され，各種基準類でも規定されている。

記述 8.3【p.148〜151】

　スウェーデン式サウンディング試験は，荷重による貫入と回転による貫入を併用した原位置試験である。先端にスクリューポイントを装着したロッドを地表に垂直に立て，1kN までのおもり W_{sw} を段階的に載荷して各段階で沈下量を記録し，$W_{sw}=1$kN で沈下しない場合にロッドを回転させ，貫入 1m 当たりの半回転数 N_{sw} を記録する。土質が確認出来ないため，土質判定は貫入に伴う感触や貫入状況で行う。試験結果は N 値や一軸圧縮強さ，平板載荷試験より求めた許容支持力 q_a との関係式がある。

記述 8.4【p.149, 150】

国土交通省告示第 1113 号（2001 年 7 月 2 日）によれば，長期許容支持力 $q_a (\mathrm{kN/m^2}) = 30 + 0.6 \overline{N}_\mathrm{sw}$ で与えられる。$\overline{N}_\mathrm{sw}$ とは基礎底部から下方 2m 以内の N_sw の平均値である。なお，基礎底部から 2m 以内に $W_\mathrm{sw} = 1\mathrm{kN}$ 以下の自沈がある場合，基礎底部 2m から 5m 以内に $W_\mathrm{sw} = 500\mathrm{N}$ 以下の自沈がある場合は，変形や沈下が生じないことを確かめることとされ，上式で長期許容支持力を求めることはできない。

記述 8.5【p.153】

調査深度は構造物の種類や重要度に応じて決定され，決定する条件として，①地質種類：堆積年代とその環境を推定し，基礎地盤としての安定度から判定，②土質特性：工学的特性を評価し，基礎地盤としての適正から判定，③密実・硬軟：N 値などから支持層として必要な密実度や硬さから判定，④地層連続：荷重影響深度まで，③の支持層が連続するという確認から判定，⑤計画深度：構造物規模や重要度と建設コストのバランスから判定，⑥耐震設計：耐震設計上の基盤面を確認するかしないで判定の 6 つがある。

記述 8.6【追補】

礫質土は最大粒径 100mm（D_{90} で 50mm 程度）以下，粘性土は N 値 4 程度以上，砂質土は N 値 10 程度以上が信頼できる値とされている。

記述 8.7【追補】

乱した試料（標準貫入試験で得られた試料）を用いて行う物理試験は，同一性状と判断される層毎に実施を検討する。乱さない試料（シンウォールサンプラーなどで採取）を用いて行う力学試験は，軟弱な粘性土（N 値 $\leqq 4$）や砂質土（N 値 $\leqq 10$）が確認され，標準貫入試験で得られた N 値の信頼性が低いと判断される場合に，地層の連続性や層厚から試験位置を定め，拘束圧や排水条件を適切に設定して実施を検討する。

記述 8.8【p.274】

　液状化判定は各設計基準類に従って実施するが，概ね深度 20m 以浅の地下水位下の沖積層の場合に実施する。例えば，液状化に対する抵抗率 F_L を求めるのは，砂質土層で，細粒分含有率が 35% 以下，35% を越えても塑性指数 I_P が 15 以下，D_{50} が 10mm 以下，D_{10} が 1mm 以下の場合であるので，必要な室内試験は，①粒度試験（ふるい分け法），必要に応じて沈降分析と土粒子の密度試験を追加，②土の含水比試験，③粘性土の場合はコンシステンシー限界試験（液性限界と塑性限界）の 3 つである。

記述 8.9【追補】

　道路橋示方書 V 耐震設計編によれば，①現地盤面から 3m 以内にある粘性土層およびシルト質土層で一軸圧縮強さ $20kN/m^2$ 以下（N 値 2 程度以下），②液状化する可能性が高く，耐震設計上の地盤反力が期待できない土層（低減係数がゼロ）とされている。

記述 8.10【追補】

　算定式の精度や特性を考慮し，当該地盤の平均的な値と考えられるものを選択するのが基本である。その際に留意すべきことは，①データや計算結果を鵜呑みにしないこと，②データを吟味し必要な場合は補正を行うこと，③強度定数は試験条件で大きく異なることを念頭に置くこと，④N 値から求めた地盤定数は精度が低いこと，⑤N 値 ≤ 4 の粘性土は N 値からせん断強度を推定できないこと，⑥信頼できる乱さない砂質土の採取は困難かつ高価で，実施に際しては設計手法とバランスをとる必要があること，⑦礫質土は N 値が過大となること，⑧更新世の砂や砂れき層は粘着力が期待できること，⑨完新世の砂や砂れき層は粘着力があまり期待できないこと，⑩岩盤は土砂地盤よりも不均一であること，などである。

記述 8.11【p.155】
　土質試験による場合，信頼できる自立する塊状の土があれば，土の湿潤密度試験で求められる。乱された土からでは求められないが，標準貫入試験から得られた N 値と土質が判っている場合，粘性土は N 値からコンシステンシーを評価し，砂・砂質土は密実度を評価し，設計基準類などに記された値など（例えば，要点の表 8.6 や表 8.7）から決定する。

記述 8.12【p.155，156】
　土質試験による場合，粘性土は一軸圧縮試験，三軸圧縮試験（UU 条件，CU 条件，間隙水圧を測定する $\overline{CU}$ 条件）から求める。ただし，塑性指数 $Ip < 30$ 〜35%の土は，三軸圧縮試験（UU 条件）で行うのが好ましい。砂・砂質土の場合は，三軸圧縮試験（CD 条件または間隙水圧を測定する $\overline{CU}$ 条件）から求める。粘性土で N 値 >4 であれば，要点の表 8.4 や表 8.7 などの，テルツァーギ・ペックの式 (8.9) などから求める。砂・砂質土は表 8.6 などを参考にする。

記述 8.13【p.155〜157】
　土質試験による場合，粘性土の短期安定問題であれば UU 条件，長期安定問題であれば間隙水圧を測定する $\overline{CU}$ 条件の三軸圧縮試験で求める。砂・砂質土は CD 条件または間隙水圧を測定する $\overline{CU}$ 条件の三軸圧縮試験から求める。粘性土については，設計基準類などに記された値や表 8.7 などから 10°〜25°が目安とされている。砂・砂質土は要点の表 8.5 や表 8.7，式 (8.10) などを参考にする。

記述 8.14【p.125，155，156，187】　＊ポアソン比の目安：追補
　室内試験による場合，粘性土は一軸圧縮試験，シルト分や砂分の多い土は再圧密を行う三軸圧縮試験で求める。原位置試験による場合は，孔内水平載荷試験，平板載荷試験，弾性波速度検層などから求められる。なお，ポアソン比の目安は，砂・砂礫で 0.3，砂質土は 0.33，粘性土 = 0.33〜0.5 程度である。

記述 8.15 【p.290, 追補】

　斜面で想定されるすべり面の位置を挟んで，地山側に固定点，すべり土塊側に移動点を設け，両点をピアノ線で結び，すべりによるピアノ線の伸長，すべり土塊の変位の経時変化を計測監視（モニタリング）する。計測データの推移から，すべりの進行の有無，程度（速度）などが分かるが，変位が急増する場合は，すべり崩壊の発生が予想されるので，交通規制避難などの措置を行う。

記述 8.16 【p.145, 追補】

　土木構造物の計画・調査・設計あるいは災害発生時の対応のプロセス（過程）において，重要な作業として現地踏査がある。業務などの担当者が自ら，実際に現地に行き，歩き回り，現地が置かれている状況，環境などについて，見聞，写真撮影，試料採取・簡易計測などにより，情報収集し，把握することである。現地踏査に際しては，事前に現地に関する地図などの既存資料を収集して，概況を把握し，踏査計画をたて，装備を準備することなどが必要である。また，季節，天候，時間帯により，現地の状況が変わる場合は，それらを考慮することが必要である。さらに，現地では，危険を伴う場合があるので，安全な行動に注意するとともに，民有地などへの立ち入りに際しては，許可を取るなどの準備が必要である。

第9章　地盤内の応力と変位

記述 9.1 【p.162, 163】

　地表面に集中荷重などが載荷した条件の下で，地盤内の応力や変位を算定する場合，地盤を弾性体として扱うのが一般的である。言い換えると，地盤の応力〜変位関係は線形として扱え，荷重に比例して応力や変位が発生するため，異なる荷重を載荷した場合でも，それらを個別に作用させた場合の応力や変位を加減することができることになるが，これを重ね合わせの原理と言う。

記述 9.2【p.173〜175】

　影響円法では，半無限の広がりを持つとした地表面を，複数（m 個）の同心円と複数（n 線）の放射線により $n \times m$ 個の区画に分割した影響円図を描く。各区画が同心円直下の鉛直応力に及ぼす影響度合，言い換えると，影響値は $1/(n \times m)$ であり，各区画に作用する分布荷重 p による同心円の直下の鉛直応力は，$p \times$（影響値 × 区画の面積）で定義され，各区画で同じである。ここで，同心円の中心から離れた区画に作用する分布荷重 p により同心円の直下に発生する鉛直応力は小さいので，$p \times$（影響値 × 区画の面積）による応力が同じであるためには，区画の面積が大きくなければならない。そのため，影響円図の区画は，同心円の中心に近いほど小さく，離れるほど大きくなる。なお，最も外側の区画は，半無限の広さになっているが，応力を算出する同心円の中心から離れているため，算出する応力に及ぼす影響は小さいとされている。

記述 9.3【p.177, 178】

　地表面に集中荷重，帯荷重などが作用した状態において，地盤内では鉛直応力などの応力が等しい等応力面がある。この面は，地表面の荷重の載荷点あるいは載荷幅両端を通り，鉛直応力ごとに，紡錘状に深度方向と水平方向に広がるが，これらの等応力面群の鉛直断面の形状が球根の断面形状に似ていることから，圧力球根（アインバール）と呼ばれる。なお，紡錘状の形状は荷重条件により異なるが，応力の伝達状況を知ることができるので，土質調査の実施深度や設計で考慮すべき地盤の範囲の検討の参考となる。

第 10 章　土圧

記述 10.1【p.185, 198】

　静止土圧から土圧が増加して受働土圧に漸近してゆくが，受働土圧以上の土圧の最小値が受働土圧であるので，最小値を求め，受働土圧とする。一方，静止土圧から土圧が減少して主働土圧に漸近してゆくが，主働土圧以下の土圧の最大値が主働土圧であるので，最大値を求めて，主働土圧とする。

記述 10.2【p.193】
　粘着力のある地盤の主働土圧の応力は，数式上，粘着力により地表面の土圧応力がマイナス値になり，或る深さ（h_c）で土圧応力がゼロになり，それ以深では土圧応力がプラス値で増加する。そのため，地表面からの土圧の合力がゼロとなる深度（$2h_c$）があり，理論上，この深度までは正負の土圧応力が相殺してバランスするので，土圧が作用せず，掘削した溝は土留めが無くとも，自立することになる。この深度 $2h_c$ を鉛直自立高さと言い，粘着力がある地盤に固有な特性である。

記述 10.3【p.203】
　擁壁の安定性に関わる土圧は，擁壁の背面には擁壁の滑動や転倒の作用力として主働土圧が作用し，他方，擁壁の前面に根入れがある場合は，滑動や転倒の抵抗力として受働土圧が作用する。

記述 10.4【p.203～205】
　擁壁の安定性では，擁壁背面に作用する主働土圧に対して，滑動，転倒および支持力を照査する。まず，滑動は擁壁が土圧により前面方向に滑って不安定になるか否かを照査し，転倒は擁壁が土圧により前面に倒れ込んで不安定になるか否かを照査し，支持力は土圧により擁壁の底面に作用する鉛直力に対して地盤の支持力による安定性が確保できるか否かの照査を行う。

記述 10.5【p.205】
　擁壁の基礎底面に主働土圧などによる合力が作用する位置を，基礎底面中央からの偏心距離 e とした場合，底面幅 B を 3 等分した中央の $B/3$ の範囲（ミドルサードと呼ぶ）に作用位置がある，言い換えると，$|e| \leqq B/6$ である場合，擁壁の背面の踵の部分に反力が発生しており，浮き上がっていない。よって，転倒しないことは明らかであり，転倒安全率の計算，照査は不要とされる。

記述問題：解答編

記述 10.6【p.208, 209】

　ボイリングとヒービングがある。ボイリングは，透水性の大きい砂質土地盤で掘削が進み，土留め背面側と掘削側の水位差が拡大すると，掘削底面下の地盤内で上向きの浸透流が発生し，浸透圧が地盤の有効重量を超えて，砂が湧きたつ現象である。ヒービングは，掘削に伴い，土留め壁の背面土の重量や土留め壁に近接した地表面の上載荷重などにより，土留め壁のはらみ出し，周辺地盤の沈下を伴う，掘削底面が隆起する現象である。

記述 10.7【p.208, 209】

　パイピングは，高い地下水位を有する砂質土地盤で，杭や矢板の打設，引抜きやボーリングの調査孔跡などで地盤が緩められると，付近の土粒子が浸透流によって洗い流され，水みちが形成し，水と土砂が噴出する現象である。また，盤膨れは，掘削底面下の粘性土層のような難透水層，不透水層の下に被圧地下水がある場合，被圧地下水の力により掘削底面が変形を起こして膨れあがる現象である。

記述 10.8【追補】

　理論上の土圧と実際の土圧が異なる理由は，(1) 土圧理論では仮定を設けていること，(2) 擁壁背面の形状が一定でないこと，(3) 背面が盛土の場合と切土の場合があること，(4) 背面の土の正確な物性の把握が困難であること，(5) 降雨，地下水，風化などの影響により背面土の物性が変化すること，(6) 裏込め土となる土の特定が困難な場合が多いこと，(7) 裏込め土が同じでも，施工条件が異なると土圧も異なることなどによる。

記述 10.9【p.185, 186】

　土圧を受ける構造物を設計する場合に，主働土圧，静止土圧および受働土圧のいずれの土圧を考慮するかは，土圧の作用する壁の変位の条件を考えて設定する。擁壁の背面では，一般に擁壁が前方に変位するため主働土圧，擁壁の前

面の根入れ部分は，押し込まれるように変位するので受働土圧，地下壁面や地中にある地下壁は，壁面の変位が無いので静止土圧により設計される。

第11章　支持力

記述 11.1【p.218, 219】
　浅い基礎の地盤の支持力は，基礎底面下の土の自重による摩擦抵抗力，すべり面の粘着力に起因する粘着抵抗力および基礎周辺に作用する分布荷重あるいは根入れ部分の土の自重によるサーチャージに起因する摩擦抵抗力により構成される。

記述 11.2【p.213, 214】
　地盤の支持力とは，地盤が破壊して塑性流動が発生し始める時の強度，言いかえると，極限支持力である。ここで，塑性流動とは，支持力に関係する領域の土に加わるせん断応力が全ての非排水せん断強度に等しくなる状態であり，地盤の支持力の発揮は，関係する領域の全ての土が持つ非排水せん断強度が発揮されている状態にある。

記述 11.3【p.220, 221】
　底面が粗い場合は，地盤と基礎底面の摩擦力が発生し，地盤内の広い範囲に荷重が伝達し，地盤の支持力が発揮される。底面が滑らかで荷重が伝達し難い場合よりも支持力は大きくなる。

記述 11.4【p.230～232】
　軟弱地盤内に杭が打設された場合，時間の経過に伴い，杭周囲の地盤沈下が発生すると，杭周面に下向きの摩擦力が発生するが，これがネガティブフリクション（負の摩擦力）である。ネガティブフリクションは，杭の軸力および杭下端の支持地盤の荷重の増加として作用するので，杭の圧壊，支持地盤の破壊などに対する照査が必要となる。なお，ネガティブフリクションは中立点より

上で作用するが，中立点では杭に作用する軸力が最大になる。

記述 11.5【p.232】
　ネガティブフリクションの影響を低減する対策には，杭の表面にアスファルトなどを塗布して摩擦低減を図る方法，ダミーの杭を併設して地盤沈下の影響を低減する方法，基礎地盤に支持させない摩擦杭として沈下の影響を低減させる方法などがある。

記述 11.6【p.214～216】
　全般せん断破壊（全体破壊）は，明確なすべり面を伴う破壊が発生する，荷重～沈下曲線で明確な折れ線が現れる，極限支持力を求めることができるなどの特徴があり，密な砂，過圧密粘土，底面が粗の基礎で発生する。局部せん断破壊（局部破壊）は，載荷直下の土の圧縮により荷重が支持されて塑性域が拡大しない，明確なすべり面が現れない，荷重～沈下曲線で明確な折れ線が現れない，極限支持力が求めにくいなどの特徴があり，緩詰めの砂，正規圧密粘土，底面が滑らかな基礎で発生する。

第12章　斜面の安定

記述 12.1【p.258, 259】
　斜面の安定性の照査は，すべり面の位置を変えて，それぞれのすべり面毎に安全率を求め，それらのうちの最小安全率により行うが，最小安全率になるすべり円弧を臨界円と呼ぶ。最小安全率が 1.0（許容安全率では 1.2 など）より小さい場合，すべりが発生すると判断し，最小安全率が 1.0（あるいは許容安全率）以上になるように，設計あるいは対策をする。

記述 12.2【p.254, 255】
　ヤンブの方法は，フェレニウス法やビショップ法と同じ分割（スライス）法であるが，すべり面は任意形状であるので，その設定が課題である。すべり崩壊

が発生した斜面では，すべり面が明らかであるので，そのすべり面による崩壊前の安全率をヤンブ法により算出できる。一方，すべりが発生していない斜面でのすべり安全率を算出するためには，すべり面を設定する必要があるが，地形や土層構造などに基づいて設定する。

記述 12.3【p.248】

フェレニウス法とビショップ法により算出されるすべり安全率は，前者が後者よりも 0.1〜0.4 程度小さいのが一般的である。そのため，ビショップ法による算出される安全率は，危険側の評価になることに注意が必要である。

記述 12.4【p.242，追補】

斜面のすべり面の形状について，表層厚に比べて斜面長が長い長大斜面では，直線すべりになるが，表層厚がある斜面や盛土などの斜面において，すべり崩壊した斜面によると，すべり面が円弧状であることが多いために，便宜的かつ簡便的に円弧と見なしている。円弧すべり法は，その典型である。

記述 12.5【p.240〜242】

斜面に降雨があると，斜面内に降雨が浸透し，地下水位が上昇するが，その結果，土層の単位体積重量の増加による作用力の増加，また，間隙水圧の増加，有効応力の低下，浸透力の発生により抵抗力が低下し，不安定化（安全率が低下）し，すべり崩壊に繋がる。

記述 12.6【追補】

斜面を不安定化させる素因とは，斜面が元来有する要因であり，地形，地質（土質），植生などがある。また，誘因とは，斜面が外から与えられる要因であり，崩壊を引き起こす引き金（トリガー）となり，地震，降雨，融雪，人為的作用などがある。

記述 12.7【p.256〜258】

　短期とは，建設中または建設直後で，発生した間隙水圧が平衡状態に達していない状況，長期とは，建設後長期間が経過し，間隙水圧が平衡状態に達した状況を指す。粘性土で構成されている斜面の安定問題は，粘性土の透水性が低いことなどから，間隙水圧の変化状況に応じて短期と長期に分ける。一般に，短期安定問題では全応力解析法，長期安定問題では有効応力解析法が用いられる。

第13章　自然災害と地盤防災

記述 13.1【p.261，追補】

　海洋プレート型の地震は，プレートの移動，沈み込みにより，境界面（断層面）にひずみが蓄積してゆき，ある限界に達すると断層面がずれて地震が発生する。ここで，プレートの移動は，マントルの対流によりほぼ一定の速度で継続的に続くため，地震発生後も再度，ひずみの蓄積が始まり，限界状態もほぼ変わらないために，ほぼ同じ時間経過後に断層のずれが発生するために，地震は周期的に発生する。

記述 13.2【p.263，264】

　震源から伝播する地震動（実体波）には，P波（縦波）とS波（横波）があるが，P波の伝播速度（5〜7km/s）はS波（3〜4km/s）より早い（概ね2倍）ため，震源から離れたある地点にはP波が先に到達し，その後，揺れの大きいS波が到達する。緊急地震速報は，両者の到達時間の差を利用して，地震の発生によるP波を検知して震源を特定し，S波の到来を警報するものである。なお，P波を検知して警報を発するまでの時間遅れがあるので，震源が近い場合は，警報の発令がS波の到達後になるので，緊急地震速報は利用できない。

記述 13.3【p.265】

　震源から離れた場所でも，厚く堆積した軟弱地盤の場合は，地震動の増幅により地震動が大きくなることがある。

記述問題：解答編

記述 13.4【p.267, 268】

　成層地盤内を下方から上方に向かう水平地震動の作用により，土はせん断変形し，せん断ひずみが発生する。そのため，土の非線形特性（応力のひずみ依存性）により，せん断剛性は低下し，減衰は増加する。

記述 13.5【p.266, 267】

　加速度応答スペクトルは，ある地震動の周期ごとの応答加速度の分布であり，地震動の周期特性を示す。そのため，加速度応答スペクトルにより，短周期地震動であるとか，長周期地震動であるとかの判別ができる。

記述 13.6【p.264】

　地震動は水平2方向と鉛直方向の3次元方向に揺れるので，土木構造物の設計においても3次元の地震動を考えて，構造物に対する地震動の影響を考えることが合理的である。しかし，通常，鉛直地震動よりも水平地震動が大きいことが一般的であり，橋梁の落橋，擁壁の転倒などの被害には，水平方向の地震動が卓越することなどから，水平方向のみの設計地震動を考えるのが一般的である。

記述 13.7【p.269】

　地震動の大きさ（振幅）は時間的に不規則に変化しているが，そのまま作用させるためには複雑な時刻歴応答解析をすることが必要になる。そのため，物部・岡部は，地震動を静的な作用力に置き換えて構造物に作用させる震度法を提案し，現在でも使用されている。静的な作用力は自重の何倍かの力として作用させるが，その倍率は設計震度と呼ばれる。

記述 13.8【p.274】

　液状化の発生に必要な地盤，土層の素因となる条件は，地下水位以下（飽和）であること，砂質土であること，緩詰め状態にあることである。

記述問題：解答編

記述 13.9 【p.275, 276】

F_L は，せん断応力に対するせん断強度の比で定義される液状化の判定指標である。道路橋の設計では，1.0 以下の場合に液状化すると判定するが，1.0 以下の数値は液状化の程度を表し，1.0 の場合は完全液状化，0.0 より大きく 1.0 未満の場合は，不完全液状化と呼ぶ。

記述 13.10 【p.273, 274】

地表面下の土層で液状化が発生すると，間隙水圧が上昇するが，上昇した間隙水圧により間隙水は上方に排水し，地表に噴水する。この水の噴出に伴い，土粒子も一緒に流出するが，これが噴砂である。さらに，間隙水，土粒子の噴出により，土層の体積が減少して地表面は沈下する。

記述 13.11 【p.274】

土層の液状化により間隙水圧が上昇するが，全応力は変わらないので，有効応力が減少する。間隙水圧の上昇は，地中構造物の浮力の増加に関係し，有効応力の減少は，水平方向あるいは鉛直方向の支持力の低下に関係する。その結果，それぞれ地中構造物の浮き上がり，杭基礎の変形，盛土の沈下などの被害が発生する。

記述 13.12 【p.281】

洪水時に河川の水位が上昇すると，堤防内への浸透が発生し，浸潤面が上昇する。これは，土質力学的に，透水による動水勾配に関わるパイピングの発生，法面のすべり崩壊が深く関係する。また，河川水位の上昇により，堤防を越流する場合は，越流水による法面あるいは法尻の地盤の侵食（掃流力と侵食抵抗力の関係）が関係する。

記述 13.13 【p.280, 281】

豪雨による土石流の発生要因には，渓流の上流における山腹斜面のすべり崩

壊，渓流の堆積土の流出がある。土質力学的に，前者は降雨による斜面の安定性，後者は流水による河床の堆積土の侵食などが関係する。

第14章 地盤の技術基準類と安定化対策

記述 14.1【p.288, 289】

　サンドドレーン工法は，粘性土地盤中に，所要の圧密時間に基づいて設定した間隔で，鉛直方向に人工的にサンドパイル（砂杭）を造成し，載荷重によって発生した過剰間隙水圧により被圧した間隙水を水平方向の流れとして砂杭に向かわせ，砂杭を排水路として地表に排水する圧密促進工法。砂杭の設置により，排水距離が短縮される。砂杭の造成前に，粘性土地盤の表面にサンドマット（砂層）を敷設し，砂杭の打設機械の足場にするとともに，砂杭からの水を水平方向に排水させるのが一般的である。

記述 14.2【p.296, 297】

　サンドコンパクション工法は，振動あるいは衝撃荷重により，地盤内に良く締まった砂杭群を造成するとともに，砂杭周辺の地盤を改良して，軟弱（砂質土，粘性土）地盤を強化する工法。緩い砂質土地盤では，圧入した砂による密度増加，地盤全体の均質化により，地盤の支持力の改善，液状化防止を図る。また，軟弱粘性土地盤では，良質材（砂）による置換，圧密促進により，地盤の支持力，圧縮性の改善を図る。

記述 14.3【p.298】

　深層混合処理工法は，化学的安定処理の代表的な工法であり，改良を行う地盤内の深部の土に，石灰やセメントなどの化学的安定剤を添加して，強制的に撹拌混合して，強固な地盤を造成する固結工法。改良土は固結土の杭体になるがこの杭体は群杭状，連続させた壁状・格子状あるいはブロック状に配し，複合地盤を形成する。なお，施工方法には，機械撹拌工法，高圧噴射撹拌工法およびこれらを組み合わせた機械・高圧噴射撹拌工法があるが，改良範囲に対す

る安定剤の体積比は，高圧噴射撹拌工法の方が機械撹拌工法よりも大きい。

記述 14.4【p.287, 288】

プレローディング工法（予圧密工法）は，軟弱地盤上に構造物を建設する場合，建設前に構造物と同等あるいはそれ以上の荷重を載荷して圧密沈下させて，土の密度増加，圧縮性の低下，せん断強度の増加を図る工法。圧密沈下後，荷重を除去して構造物を建設するが，事前の過剰載荷，圧密，除荷により，過圧密状態になった地盤は，ほとんど沈下しないという性質を利用している。

記述 14.5【p.290】

地すべりは，特定の地質，地質構造において，傾斜 5〜30°の緩斜面で粘性土をすべり面として大規模に発生するが，移動速度は 0.01〜10mm／日で遅く，亀裂，陥没，地下水位変動などの兆候があり，地下水の変動などによる影響により，持続的に変状する。他方，斜面崩壊は，傾斜 30°以上の急斜面で，降雨や地震により，兆候は少なく，局所的，突発的に発生する。

記述 14.6【p.291, 292】

抑制工と抑止工は，斜面の安定対策であり，抑制工は，雨水作用を受けないようにして斜面の安定化を図るものであり，地表水や地下水の排水工，侵食防止の植生工，侵食防止や崩落防止ののり面保護工（吹付工，張工，法枠工）がある。また，抑止工は，力のバランスをとり斜面の安定化を図るものであり，安定勾配などによる切土工，山留めの擁壁工，崩壊防止のアンカー工，すべり土塊の抑止の杭工などがある。

記述 14.7【p.295】

液状化対策の2つの姿勢とは，地盤に液状化を発生させない地盤側の強化対策および液状化が発生しても影響を受けないような構造物側の強化対策である。前者では，液状化層の強度増加と排水性を向上させる SCP（サンドコンパク

ションパイル：sand compaction pile）工法などがあり，後者では，既設橋梁の杭基礎の強化を行う増し杭工法などがある．

記述 14.8【p.296】
　液状化層の密度を大きくすると，正のダイレイタンシーが生じやすくなり液状化に対するせん断強度，言い換えると，液状化に対する抵抗力が増加し，液状化し難くなる．この原理による液状化対策には，地盤内に密度の大きい砂杭を構築する SCP（サンドコンパクションパイル）工法がある．

記述 14.9【p.300】
　液状化により支持力が低減し，水平方向の変位が増加して耐震性が問題になる既設杭基礎に対しては，増し杭などにより耐震性を向上させる．

記述 14.10【p.208, 209, 追補】
　開削し，土留めが行なわれるが，土留めの変形による地盤沈下の発生，掘削に伴うボイリング，ヒービングなどの変状による地盤沈下の発生，掘削底面の排水による地下水位の低下，工事中の工事車両の出入りに伴う騒音・振動・排気ガス・粉じんなどの発生に配慮すべきである．対策としては，土質特性に応じた強固な土留め構造，土留めの根入れ長の確保，遮水性土留め壁，車両の運行方法，変状の計測管理などがある．

第 15 章　総合問題・公務員試験問題

記述 15.1【7 章，10 章，11 章】
(1) 土はせん断応力により，せん断変形だけでなく体積変化（ダイレイタンシー）をするが，正規圧密粘土は縮小（負のダイレイタンシー）し，過圧密粘土は膨張（正のダイレイタンシー）する．
(2) 非排水状態の土に応力が作用して発生する間隙水圧は，等方応力と軸差応力による成分に区分でき，軸差応力の成分は軸差応力に間隙水圧係数をか

けて求められるが，土の破壊時の間隙水圧係数は，正規圧密粘土では正，過圧密粘土では負の値になる。

(3) 地表面に荷重が作用した地盤の破壊形態について，正規圧密粘土は局部破壊（局部せん断破壊）をし，過圧密粘土は全体破壊（全般せん断破壊）をする。

なお，これら以外には，(4) 土の強度増加率は過圧密比により変化（増加）する．(5) 静止土圧係数は過圧密比により変化（増加）する．

記述 15.2【6章，10章，12章，13章】

(1) 液状化は地下水位より下の砂質地盤で発生するので，地下水位が高い地盤ほど，液状化の発生が地表に近くなるので，発生と影響の規模が拡大する。

(2) 降雨などにより斜面の地下水位が上昇すると，単位体積重量の増加，有効応力の低下，浸透力の増加により，安定性は低下する。

(3) 擁壁に作用する土圧は，背面の地下水位が高いほど，単位体積重量の増加，水圧の増加により増加する。

(4) 軟弱粘性土地盤において，地下水の汲み上げなどにより地下水位を低下すると，土層の排水により圧密沈下が発生する。

記述 15.3【1章，2章，6章，7章，10章，12章，13章】

粘性土地盤に固有な現象や特性は，ランダム構造・綿網構造・配向構造，沈降分析，アッターベルグ限界，液性限界・塑性限界，液性指数・コンシステンシー指数，地盤沈下，圧密，過圧密，過圧密比（OCR），1軸圧縮試験，鋭敏比，細粒分含有率，鉛直自立高さ，ヒービング，粘着力，長期安定問題などがある。

また，砂質土地盤に固有な現象や特性は，ふるい分析，相対密度，パイピング，内部摩擦角，液状化，短期安定問題などがある。

〈著者略歴〉

常田　賢一（ときだ　けんいち）
大阪大学名誉教授
博士（工学）・技術士（建設部門）
専門分野：土質基礎工学・地盤防災工学

澁谷　啓（しぶや　さとる）
神戸大学大学院工学研究科　市民工学専攻　教授
Ph.D.博士（工学）
専門分野：地盤工学・地盤安全工学

片岡　沙都紀（かたおか　さつき）
神戸大学大学院工学研究科　市民工学専攻　助教
博士（工学）
専門分野：地盤工学，地盤材料学

河井　克之（かわい　かつゆき）
近畿大学　理工学部　社会環境工学科　教授
博士（工学）
専門分野：地盤工学・環境地盤工学

鳥居　宣之（とりい　のぶゆき）
神戸市立工業高等専門学校　都市工学科　教授
博士（工学）
専門分野：斜面防災工学・地盤工学

新納　格（にいろ　ただし）
大阪府立大学工業高等専門学校　総合工学システム学科　教授
博士（工学）・技術士（土質及び基礎・建設環境，総合技術監理）
専門分野：地質調査

秦　吉弥（はた　よしや）
大阪大学　大学院工学研究科　地球総合工学専攻（社会基盤工学）元准教授
博士（工学）
専門分野：地盤地震工学・強震動地震学

理解を深める土質力学 320 問

| 2017 年 4 月 23 日 | 初版第 1 刷発行 |
| 2022 年 10 月 26 日 | 初版第 3 刷発行 |

著　者　　常田　賢一
　　　　　澁谷　　啓
　　　　　片岡　沙都紀
　　　　　河井　克之
　　　　　鳥居　宣之
　　　　　新納　　格
　　　　　秦　　吉弥
発行者　　柴山　斐呂子

〒102-0082　東京都千代田区一番町 27-2
電話 03（3230）0221（代表）
FAX03（3262）8247
振替口座　00180-3-36087 番
http://www.rikohtosho.co.jp

発行所　理工図書株式会社

Ⓒ 常田　賢一　2017 年
Printed in Japan　ISBN978-4-8446-0858-5
印刷・製本：藤原印刷

＊本書の内容の一部あるいは全部を無断で複写複製（コピー）することは、法律で認められた場合を除き著作者および出版社の権利の侵害となりますのでその場合には予め小社あて許諾を求めてください。

★自然科学書協会会員★工学書協会会員★土木・建築書協会会員